真空获得设备
技术原理及应用

张志林　主　编
王　军　副主编

Technical Principles and Applications of Vacuum Acquisition Equipment

化学工业出版社
·北京·

内容简介

本书从基础理论和工程实践角度系统介绍了真空处理工程及真空泵的工作原理、结构特点、应用设计等内容。在基础理论篇章中，从真空的研究对象及其特征入手，建立气体宏观与微观的逻辑及数学关系，并对气体的特征进行分析讲解，运用数学公式对其关键特征进行描述，帮助读者建立从理论到工程实践的桥梁思维。在工程实践篇章中，本着工程技术实践从 0 到 1 的思路，帮助读者快速建立产品工程化能力，展开产品设计及研制工作，真正达到学以致用的目的。

本书共分 11 章：第 1 章和第 2 章介绍了真空技术基础知识和真空处理技术原理；第 3 章介绍真空系统的组成、设计与模拟仿真等；第 4 章至第 9 章分别介绍了螺杆真空泵、罗茨真空泵、油封机械真空泵、往复真空泵、爪式真空泵、分子真空泵与低温真空泵的工作原理、结构特点及设计；第 10 章介绍真空系统部件材料及制造要求等知识；第 11 章介绍真空设备应用与展望。

本书可供从事真空技术研究和真空应用工程的技术人员参考使用，也可作为普通高等院校相关专业的教材使用。

图书在版编目（CIP）数据

真空获得设备技术原理及应用 / 张志林主编；王军副主编. -- 北京：化学工业出版社，2026. 1. -- ISBN 978-7-122-49282-1

Ⅰ. TB75

中国国家版本馆 CIP 数据核字第 2025L81F03 号

责任编辑：卢萌萌　　文字编辑：温潇潇
责任校对：田睿涵　　装帧设计：王晓宇

出版发行：化学工业出版社
(北京市东城区青年湖南街 13 号　邮政编码 100011)
印　　装：北京建宏印刷有限公司
787mm×1092mm　1/16　印张 13½　字数 305 千字
2026 年 2 月北京第 1 版第 1 次印刷

购书咨询：010-64518888　　售后服务：010-64518899
网　　址：http://www.cip.com.cn
凡购买本书，如有缺损质量问题，本社销售中心负责调换。

定　　价：98.00 元　

PREFACE

前言

真空技术及真空获得设备被广泛应用到医药、化工、冶金、电子、材料及航天航空等多个领域，伴随科技进步其作用越发重要。

近年来国内诸多科研机构和企业加大了对真空技术的研究工作，我国在真空获得设备领域取得了显著进步，但与国外企业（如 Edwards、pfeiffer、EBARA、Busch 等）相比，仍存在一定差距，例如氢泵。

目前市面上关于真空技术方面的多数书籍甚至高校教材一般较为单一地呈现真空内容，更多的是从机械方面阐述，部分高校也是把其等同于纯机械技术。实际上真空技术涉及多个学科，需要整合高等数学、工程数学、物理学、材料科学、机械工程、电气工程和化学等多个领域的知识，但是市面上很少有这样的综合书籍。高校师生、行业技术人员都急需一本能体现真空整体技术或解决方案的书籍，帮助大家“补基础、找方向、引思路、给方法”。

为了从这些角度切中读者的诉求，本书力求将复杂的技术概念和操作步骤转化为易于理解的语言和图片，帮助读者从实践的角度深入掌握真空技术和真空获得设备的基本原理。每一章都配有丰富的实例和图表，旨在加深读者对真空设备工作的理解，并提供在实际工作中可能遇到的问题和解决方案。此外，本书还涵盖了真空设备的最新发展趋势和技术创新，帮助读者了解行业前沿信息。除了技术细节，本书还探讨了真空技术在不同领域的实际应用案例。通过这些案例，读者能够更好地理解真空技术如何在实际应用中发挥作用，从而激发他们在各自领域中的创新思维。希望通过这些实际案例的介绍，能够启发读者在自己的专业领域中应用真空技术，推动技术进步。

本书由张志林任主编，王军任副主编。在本书编写过程中，特别感谢厦门东亚机械工业股份有限公司总经理韩文浩先生、北京京仪集团有限责任公司总经理沈洪亮先生、东北大学张世伟教授对本书编写给予的指导和帮助，也十分感谢化学工业出版社编辑在出版过程中的大力支持。本书最后由张志林统稿并定稿。

由于作者本身水平及编写时间所限，书中难免存在疏漏和不足之处，恳请广大读者批评指正。

编者

目录

CONTENTS

第1章 真空技术基础

本章主要是使读者了解真空、气体压力、真空度等概念，熟悉真空区域的划分，了解真空技术的发展历程和应用领域。掌握真空处理气体的基础理论知识，了解气体运动的本质，理解气体系统本质和研究气体所必备的基础定理和方程，帮助大家理解气体宏观量和微观模型的逻辑关系，并介绍在真空气体处理中需要考虑的因素等。

1.1 真空的基本概念

1.1.1 真空定义与区域划分

真空是指气体压力低于大气压的状态，通常在科学和工程领域中被定义为低于1个标准大气压（101.3kPa）。随着技术的发展，真空的研究和应用越来越广泛，从基础科学研究到工业生产，真空技术在多个领域中发挥着重要作用。理想“真空”是完全没有物质的状态，理论上其压力为零。然而，实际真空中由于物质的微量存在，压力通常不会降至绝对零，故绝对真空状态是很难获取的。

通常所说的真空度是指气体的稀薄程度，沿用压力来表示，其单位为帕斯卡（Pa）。也可以用分子密度、分子平均自由行程、碰撞频率等来描述真空度。科学研究与工程实践中通常根据气体分子不同的物理特征、真空获得设备和测量方法工作范围等进行真空区域的划分，具体如下。

① 我国的《真空技术 术语》（GB/T 3163—2024）中对真空有如表1-1所示的明确描述。

表1-1 国标GB/T 3163—2024对真空的划分

低（粗）真空	$\geqslant 1\times10^{2}$ Pa～$<$大气压（31kPa～110kPa）
中真空	$\geqslant 1\times10^{-1}$ Pa～$<1\times10^{2}$ Pa
高真空	$\geqslant 1\times10^{-6}$ Pa～$<1\times10^{-1}$ Pa
超高真空	$\geqslant 1\times10^{-9}$ Pa～$<1\times10^{-6}$ Pa
极高真空	$<1\times10^{-9}$ Pa

② 真空理论工作者推荐的真空划分如表1-2所示。

表 1-2 理论研究真空划分

粗真空	$10^3 \sim 10^5$ Pa
低真空	$10^{-1} \sim 10^3$ Pa
高真空	$10^{-6} \sim 10^{-1}$ Pa
超高真空	$10^{-12} \sim 10^{-6}$ Pa
极高真空	$<10^{-12}$ Pa

③ 按照气体分子平均自由程 $\bar{\lambda}$ 与容器特征尺寸 d 的比值来划分，如表 1-3 所示。这种划分主要考虑气体分子之间的相互碰撞和气体分子与器壁的相互碰撞。

表 1-3 按照分子碰撞特征来划分

粗真空	$\dfrac{\bar{\lambda}}{d}<10^{-3}$
低真空	$10^{-3}<\dfrac{\bar{\lambda}}{d}<10$
高真空	$\dfrac{\bar{\lambda}}{d}>10$

将高真空和超高真空的界限定为 10^{-6} Pa，主要是考虑真空物理吸附机制只有在压力 $p<10^{-6}$ Pa 时才开始显著，才可由扩散泵抽气获得。至于超高与极高真空的划分界限在 10^{-12} Pa，那是因为 $p<10^{-12}$ Pa 时，将出现统计涨落（大于 5×10^{-2}）。由于目前仍以压力表示真空度，故上述的真空区域划分均表示一个压力范围。上述各个区域的真空有着不同的物理特性，为了得到对应的真空特征，通常需要采用不同真空获得设备和真空计进行测量，具体如表 1-4 所示。

表 1-4 真空物理特征

<table>
<tr><th rowspan="2">真空区间</th><th colspan="2">物理特点</th><th rowspan="2">主要采用的
真空泵</th><th rowspan="2">主要采用的
真空计</th></tr>
<tr><th>平均自由程</th><th>气体密度</th></tr>
<tr><td>粗真空
$10^3 \sim 10^5$ Pa</td><td>$\bar{\lambda}<d$
① 气体分子之间的碰撞为主；
② 黏滞流</td><td>很大</td><td>往复泵
水环泵
罗茨泵
喷射泵</td><td>弹性元件真空计
U 形管真空计
放射性电离计
振膜式真空计</td></tr>
<tr><td>低真空
$10^{-1} \sim 10^3$ Pa</td><td>$\bar{\lambda}\approx d$
过渡流</td><td rowspan="3">服从统计规律</td><td>旋片泵
滑阀泵
余摆线泵
油增压泵
罗茨泵</td><td>热传导真空计
压缩式真空计
放射性电离计
振膜式真空计
放电管指示器</td></tr>
<tr><td>高真空
$10^{-6} \sim 10^{-1}$ Pa</td><td>$\bar{\lambda}>d$
① 气体分子与器壁碰撞为主；
② 分子流</td><td>扩散泵
涡轮分子泵</td><td>热阴极电离真空计
冷阴极电离真空计</td></tr>
<tr><td>超高真空
$10^{-12} \sim 10^{-6}$ Pa</td><td></td><td>加阱扩散泵
涡轮分子泵
钛离子泵</td><td>各种改进型电离计
磁控式电离真空计</td></tr>
</table>

续表

真空区间	物理特点		主要采用的真空泵	主要采用的真空计
	平均自由程	气体密度		
极高真空 $<10^{-12}$Pa		较小 统计涨落大于 5×10^{-2}	冷凝泵 冷凝升华钛泵	磁控电离真空计 冷阴极或热阴极

1.1.2 真空度的表示方法

真空度是描述气体稀薄程度的概念。若所测设备内的压强低于大气压强，其压力测量需要真空表。从真空表所读得的数值称为真空度。真空度是系统压强实际数值低于大气压强的数值，即：真空度＝大气压强－绝对压强，绝对压强＝大气压＋表压(－真空度)。真空应用与计算中会用到多种单位，这些单位都可以用来表示大气压强。为了大家后续计算学习方便，我们用表 1-5 描述大气压强的各种换算关系。

表 1-5　大气压强单位换算

基准单位	Pa（帕）	bar（巴）	hPa（百帕）	μbar（微巴）	Torr（托）	atm（标准大气压）	at(千克/厘米^2)	psi（磅/英寸^2）	psf(磅力/英尺^2)
1Pa	1	1×10^{-5}	1×10^{-2}	10	7.5×10^{-3}	9.87×10^{-6}	1.02×10^{-5}	1.45×10^{-4}	2.09×10^{-2}
1bar	1×10^{5}	1	1×10^{-3}	1×10^{6}	750	0.987	1.02	14.5	2.09×10^{3}
1hPa	100	1×10^{-3}	1	1000	0.75	9.87×10^{-4}	1.02×10^{-3}	1.45×10^{-2}	2.09
1μbar	0.1	1×10^{-6}	1×10^{-3}	1	7.5×10^{-4}	9.87×10^{-7}	1.02×10^{-6}	1.45×10^{-5}	2.09×10^{-3}
1Torr	1.33×10^{2}	1.33×10^{-3}	1.33	1330	1	1.32×10^{-3}	1.36×10^{-3}	1.93×10^{-2}	2.78
1atm	1.01×10^{5}	1.013	1013	1.01×10^{6}	760	1	1.03	14.7	2.12×10^{3}
1at	9.81×10^{4}	0.981	981	9.81×10^{5}	735.6	0.968	1	14.2	2.04×10^{3}
1psi	6.89×10^{3}	6.89×10^{-2}	68.9	6.89×10^{4}	51.71	6.8×10^{-2}	7.02×10^{-2}	1	144
1psf	47.8	4.78×10^{-4}	0.478	478	0.359	4.72×10^{-4}	4.87×10^{-4}	6.94×10^{-3}	1

其中：

帕斯卡（Pa）：这是国际单位制（SI）中压强的基本单位。1Pa 等于 $1N/m^2$。

千帕（kPa）：1kPa 等于 1000Pa，常用于气象学中表示大气压。

巴（bar）：1bar 等于 100000Pa，接近于 1 个大气压（1 atm ≈ 1.01325 bar）。

大气压（atm）：标准大气压定义为 101325Pa，通常用于描述地球表面的平均大气压。

托（Torr）：1Torr 等于 1mmHg，因此托与毫米汞柱相等。1 标准大气压等于 760Torr。

磅每平方英寸（psi）：这是在美国常用的压力单位，尤其是在工业和汽车领域。1 psi 约等于 6894.76Pa。

百帕（hPa）：气象学中的单位，在气象学中，气压常用百帕（hPa）表示，1hPa 等于 100Pa。标准大气压为 1013.25hPa。

工程大气压单位（at）：1 千克力垂直作用于 $1cm^2$ 所产生的压强。

1.2 真空处理气体理论基础

气体动力学是物理学中研究气体行为及其与周围环境相互作用的学科。随着科学技术的不断进步，真空技术在许多领域中扮演着越来越重要的角色，如半导体制造、材料科学、粒子物理学等。理解气体动力学对有效应用真空技术至关重要。真空是指气体压力显著低于大气压力的状态。在真空环境中，气体分子稀少，分子运动和相互作用的方式与常态下截然不同，因此气体动力学将为我们提供研究这些变化的理论基础，使我们能够理解和预测在真空条件下气体的行为，对我们研究真空学科及其应用有着重要的作用。在学习或者重温气体动力学的过程中，我们需要重点学习和理解如下几个方面的基础知识。

① 分子运动理论：气体由大量分子组成，分子间的碰撞和运动决定了气体的性质。在真空状态下，分子数量减少，碰撞频率降低，气体的流动行为会发生显著变化，那么我们需要基于分子运动的微观研究开展气体的宏观研究，进而应用到实际的科学实践工程。

② 理想气体定律：基于一定条件下，气体的压力 P、体积 V 和温度 T 之间有一定关系，我们对不同条件做学习和推导，理解分子这些宏观量产生的关系和原理，有助于设计和优化真空系统，使真空获得设备更好地满足各种应用场景的要求。

③ 流体动力学：在高真空条件下气体的流动往往表现出复杂的非线性特征。而气体动力学提供了流体动力学的理论框架，可以更好地帮助我们分析和解决实际问题。

上述可见，气体动力学是真空领域的关键基础学科，气体动力学在真空应用的不同行业发挥着关键的作用。在真空系统设计中气体动力学帮助工程师预测气体的流动模式、压降和泄漏问题。通过对气体流动的深入理解，可以优化真空获得设备比如真空泵的选择与布局，从而提高真空系统的效率。在材料科学中，真空环境常用于薄膜沉积和热处理等工艺。气体动力学能够有效预测在不同压力和温度下气体与材料的相互作用，为材料性能的提升提供理论支持。在粒子物理学中，粒子加速器内需要维持高真空状态，以减少粒子与气体分子的碰撞。气体动力学理论为设计有效的真空腔和维护真空状态提供了重要依据。在电子器件和光学设备的制造中，真空镀膜技术广泛应用。气体动力学帮助我们理解蒸发和沉积过程中的气体行为，从而优化镀膜质量。

为了能够更好理解和掌握该部分知识，在这个章节中，我们将会围绕如下内容展开介绍。

（1）气体动理论与热力学的微观与宏观关系

主要探讨微观方法提出的气体动理论和宏观方法所引出来的热力学理论，并阐述推导宏观状态是如何被微观状态所决定。微观状态的变化是如何影响宏观状态转变的。同时，阐述热力学的宏观研究方法，包括从宏观角度研究系统与外界能量交互时的物理规律。详细介绍系统理论中的气体动理论，包括平衡态和理想气体的固态方程，以及平衡态的特点和稳定性。

（2）气体压强和温度的定义与表达

主要探讨气体的体积和温度的定义与表达，强调了气体压强的概念及其与固体和液体压强的区别。书中详细解释了压强的定义，即单位面积上所受到的正压力的大小。并强调了气体压强的计算是由气体分子撞击器壁所感受到的压力的大小来反映的。同时书中还介绍压强单位的使用，包括帕斯卡（Pa）、毫米汞柱（mmHg）等，并强调了在技术单位的使用中，要了解标准单位和单位之间的换算关系。同时书中还提到气体体积的定义，即指气体所能充满空间体的大小，而具体的体积不是由气体本身决定，而是由气体容器的容积所决定的。本章节还会探讨温度的定义及其在气体环境中的表现，并介绍热力学温标和摄氏温标的关系。探讨理想气体在平衡状态下的状态参数（P、V、T），并推导它们之间的函数关系，演绎推导气体系统在不同状态下的状态参数变化，有助于大家更好理解基础知识。

（3）标准状态下的气体平衡方程

主要讨论固态方程的概念及其在不同状态下的表现，特别强调了标准状态的特性，如压强 P、温度 T、体积 V 等。详细解释标准状态下的摩尔数和摩尔体的概念，并推导出理想气体物态方程。理解固体的热力学状态，气体物态方程也是热力学第一定律和第二定律的基础，有助于我们更加系统性地理解和应用热力学知识。

综上所述，气体动力学在科学研究和工业应用领域的重要性，体现在其理论基础和实际应用的广泛性上。它为科研和工业应用提供了关键的支持，推动了技术的进步。随着科学的不断发展，深入理解和应用气体动力学将成为各个领域创新与发展的重要驱动力。因此，在研究学习真空领域知识之前，我们有必要重温大学物理学科中的热力学和气体动力学的知识，帮助大家在后续的科研和工业应用中打下坚实的基础。

1.2.1 气体运动研究分类

众所周知，气体由大量分子组成，分子做永不停息的无规则热运动。分子间存在作用力（引力和斥力），分子的运动遵循牛顿力学定律。气体这种看似无规律的运动给我们的研究带来了一定的困难，如何研究甚至控制气体的宏观特征在一定时间内给大家带来了困扰。直到 19 世纪中叶，气体分子运动理论的建立让这一困扰得到解决。气体分子运动论主要是针对气体热现象的微观统计理论研究，采用统计方法来考察分析大量分子的集体行为，为气体的宏观热学性质和规律，如压强 P、温度 T、物态方程、气体内能及输运过程（扩散、热传导、黏滞性）等提供了定量的微观科学解释。

气体分子运动论揭示了气体宏观热学性质和气体过程的微观本质，即给出了气体系统宏观量与微观量之间的关系，为我们构建了气体分子的集体运动和相互作用的物理框架。19 世纪克劳修斯（Clausius）、麦克斯韦（Maxwell）、玻尔兹曼（Boltzmann）、吉布斯（Gibbs）等科学家在经典力学基础上又建立了经典统计物理学。

热学是物理学中的重要组成部分，是研究热性质以及热运动规律的一门学科，其研究的对象比较宽泛。自然界一切的宏观物质系统都可以是这些研究的对象。从分子运动论的角度来讲，宏观物质系统内部的分子结构、运动状态都可以给予定义描述。从运动论的角度来说，所有的物质都是由大量的分子组成，这里所说的大量是天文数字级别的大量，物理学上有一个标志性的参数 N_A 阿伏伽德罗常数（Avogadro's number），其精确数值为 6.02214076×10^{23}，一般计算时通常取 6.02×10^{23}。这个常数表示 1mol 任何物质中所含的基本单元数，这些基本单元可以是原子、分子或离子等。阿伏伽德罗常数是一个比值，即一个样本中所含的基本单元数 N 与它所含的物质的量 n（单位为 mol）间的比值，公式表示为 $N_A=N/n$。阿伏伽德罗常数的测定和定义在科学和教育中具有重要意义，它联系了物质的摩尔质量与其所含基本单元的数量，是化学和物理学中的一个基础且关键的概念。所有物体里面含有的分子个数是以阿伏伽德罗常数为单位基数的分子群体，且这个基数的分子群体在永不停息地运动，我们称为分子的热运动，分子这种热运动所表现出来的状态是永恒的。

同时这些组成物质的大量的分子之间还存在着相互作用力，叫作分子力，分子力实际上是一个短程力，只有两个分子距离近到达一定程度的时候，分子之间才表现出这种相互作用力：斥力和引力。两个分子由远及近，当接近到一定程度的时候才会发生力的作用。最开始发生的分子力表现出引力特征，当距离近到一定程度的时候，又表现出斥力的特征，例如分子之间存在着间隔。从分子运动论的角度来讲，我们可以把组成物质的大量微观粒子分子所表现出来的微观状态，进行概括和分析。那么如何用大量的宏观物质系统来开展热学研究呢？虽然单个分子气体的运动具有无序性，但是大量气体分子的整体行为却具有统计学规律。我们可以根据理想气体分子模型，利用统计的方法，研究气体的宏观规律及其表现。对此科研界给出两种热学研究方法：一种方法叫作微观方法；另一种方法叫作宏观方法。具体如图 1-1 所示。

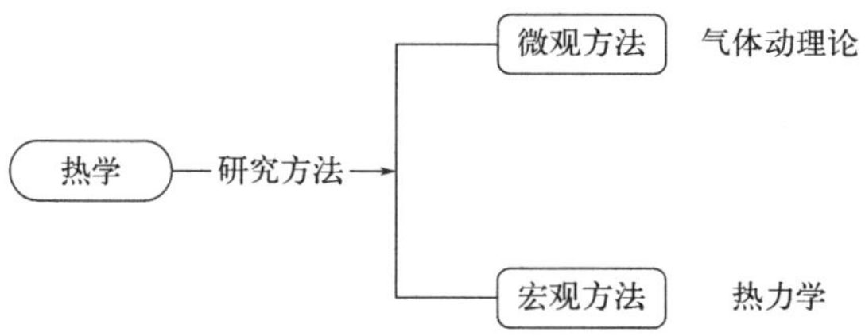

图 1-1　热学研究方法分类

微观方法提出的分支被称为气体动理论，从宏观方法所引出来的理论分支称为热力学。两种方法都是研究热学理论基础的物理方法，二者不同点在于动理论是从微观的角度借助力学规律、统计规律来研究微观量跟宏观量之间的关系。通常一切系统所表现出来的宏观状态，都是由看不见的微观状态所决定的，那么究竟什么因素在影响着宏观状态？客观世界所存在的一些宏观状态都是由大量的分子无规则地做热运动的一种具体表现。当热运动的状态发生变化的时候，它带来的宏观性质状态也发生了改变。比如热胀冷缩、凝固、蒸发、溶解等，这些常见的物理现象，都是热学所表现出来的物理特征。这些宏观状态的转变，均是由这些微观的看不见的微观粒子的运动状态的变化所引起的。热力学是从宏观的角度来研究系统与外界做能量交互时所表现出来的物理规律。对于气体动理论而言，它是从分子热运动的角度出发，运用统计方法研究气体分子均匀动作的宏观性质和变化规律，寻求宏观量与微观量之间的关系，从而进一步揭示具体宏观热现象及其规律的微观问题。

1.2.2 气体系统本质

对于任何一个气体系统，其实是一个热系统，因此必然存在与外界交换能量或者交互物质，因此不论其初始状态如何，在经过足够长的时间后，最终会自发演化到一种均匀的状态并保持稳定（不再随时间变化），这样的状态被称为热力学平衡态，简称平衡态。平衡态要求系统各种宏观性质都达到均衡和稳定。根据热力学过程的中间状态的不同，热力学过程可以分为准静态过程和非静态过程，所谓的准静态过程如图 1-2 所示。

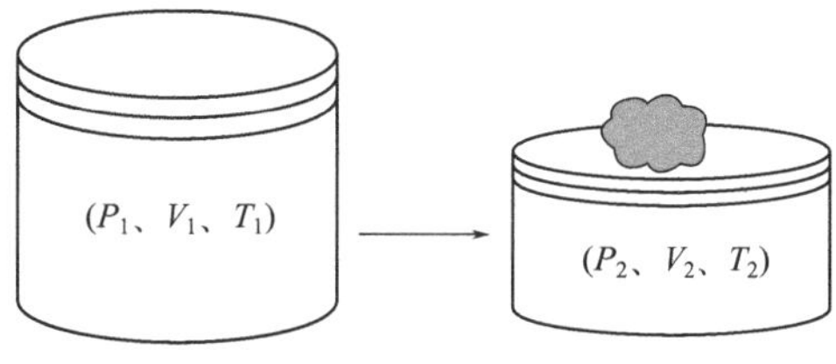

图 1-2　准静态过程模拟图

实际上平衡态是一个理想的概念，是在一定条件下对实际问题的概括处理。但是在许多实际问题中，我们可以把系统的实际状态近似看作平衡态来处理。如果系统的宏观性质随时间发生改变，就把这一过程称为一个热力学过程，简称过程。

带有活塞的容器储有一定量气体，假设活塞与器壁之间不存在摩擦，开始时容器内气体处于平衡状态，状态参量为（P_1、V_1、T_1），在活塞的上部缓慢放置一个砂粒，容器气体最终的状态参量变为（P_2、V_2、T_2）。由于整个放置砂粒的过程是非常平缓的，因此可以近似认为容器中的气体在这一过程中始终处于平衡态（有确定的压强、体积和温度）。但是实际过程中，活塞的运动不可能做到无限平缓，因此准静态过程是对实际过程进行理想化处理，但这种过程对热力学的理论研究有非常重要的意义。

在实践中对气体的研究，一般是在准静态下研究气体平衡态及理想气体的物态方程。通过图 1-2，可以这样定义平衡态：一定量的气体，在不受外界的影响下，经过一定的时间系统达到一个稳定的宏观特征，这种不随时间变化的状态就是平衡态。平衡态有如下几个特征：

① 单一性（P、T 处处相等）；

② 物态的稳定性与时间无关；

③ 自发过程的终点；

④ 热动平衡。

对于单一性特征，是指系统达到平衡态的时候，气体系统内部具有固定状态参数，通常用三个参数来表达，压强 P、体积 V、温度 T，且这一组参数一定与某一个状态相对应，如图 1-3 所示。

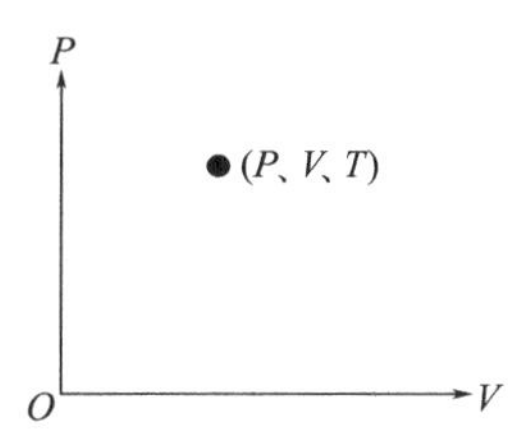

图 1-3　平衡态单一性示意图

平衡态除了具有单一性特征之外，还具有稳定性，即呈现出来的这些确定的宏观参数（P、V、T）不随时间变化。如果周围环境对系统没有任何影响的话，这组参数会保持到永远。平衡态是自发过程的一个终点，系统开始可能处于非平衡态，但最终达到的状态一定是平衡态。因此所有的自发进行的过程，最终达到的状态都是平衡态。虽然气体系统内部含有固有的状态参数，但不意味着系统或者物质内部的分子处于静止状态，个体分子从来没有停止过运动，即使在平衡态时也处于运动状态，但这种运动不影响它的平衡特征，运动是各向同性的。某一段时间，各方向运动的分子个数都是一样的，所以整体不影响各个位置气体密度的大小，所以这种平衡是热动平衡。

对于确定的平衡态下的（P、V、T）我们称为气体的物态参量。下面介绍一下，气体压强、气体体积、气体温度的定义和表达。

① 压强 P：单位器壁面积上所承受的分子作用的平均冲力。气体的压强不同于固体的压强，也不同于液体的压强。由于气体分子的运动是杂乱无章的，它会向着各个方向做运动。气体压强大小不是从气体本身来衡量，而是看承受气体分子撞击的器壁所感受到的压力大小，且是多个分子不停对器壁的撞击，进而产生了压强，在这个过程当中应该遵从明确的统计规律。我们常用帕斯卡（Pa）、标准大气压（atm）、毫米汞柱（mmHg）来表示压强。

② 体积 V：指气体所能充满空间体的大小，气体体积大小跟气体的量没关系，而与装气体的容器的容积有关。它的标准单位为立方米（m^3）、升（L）或者毫升（mL），它们之间遵循这样的换算关系：

$$1m^3 = 10^3 L = 10^6 mL$$

③ 温度 T：表示系统冷热程度的物理量，常用摄氏温标 t（℃）和国际热力学温标 T（K）表示。二者的换算关系如下：

$$T = 273.15 + t$$

上述三个方面的参数即为一个理想气体处于平衡状态时所对应的状态参数。

1.2.3 真空研究必用的三大定律

气体三大定律是气体动理论及热学重大理论实验定律，为气体动理论及热学研究提供了重要的奠基作用。这三大定律分别是玻意耳定律、查理定律和盖吕萨克定律。这些定律描述了一定质量的气体在温度不太低、压强不太大的情况下，其状态参数（压强 P、体积 V 和温度 T）之间的关系。

（1）玻意耳定律

当温度 $T_1 = T_2$ 时，$P_1V_1 = P_2V_2$。这个定律描述了在温度不变的情况下，气体的压强与其体积成反比。

（2）查理定律

当 $V_1 = V_2$ 时，$P_1/T_1 = P_2/T_2$。这个定律表明在体积不变的情况下，气体的压强与其热力学温度成正比。

（3）盖吕萨克定律

当 $P_1 = P_2$ 时，$V_1/T_1 = V_2/T_2$。这个定律说明在压强不变的情况下，气体的体积与其热力学温度成正比。

这些定律共同构成了理想气体物态方程的三种表述形式，它们描述了理想气体在不同条件下的状态变化规律。这些定律是热力学和气体动力学的基础，对于理解气体的行为和性质至关重要。它们不仅适用于理想气体，也在一定程度上适用于实际气体，尤其是在温度和压强不太极端的情况下。

1.2.4 真空研究气体物态方程

真空研究常用的物态方程是理想气体物态方程，理想气体物态方程又称为理想气体状态方程（ideal gas equation of state），是描述理想气体在处于平衡态时，压强 P、体积 V、温度 T 间关系的状态方程。它是在气体三大定律基础上，由法国科学家克拉珀龙（Benoit Pierre Emile Clapeyron）于 1834 年提出。

对于一个一定容器内装有的理想气体，当处于平衡状态时，其具有固定的状态参数，状态参数（P、V、T）三者之间是什么样的关系？是相互独立的还是相互依存的？事实上三者之间存在着一种函数方程关系，这个方程我们称为理想气体的物态方程 $f(P,V,T)=0$。

假如气体系统由一个状态（P_1、V_1、T_1）变化到另一个状态（P_2、V_2、T_2），即气体系统跟外界有能量交流的时候，它的状态参数一定会发生变化。大量的实验事实证明，无论状态参数发生什么变化，总有如下推导成立：

$$\frac{PV}{T}=\text{常量}$$

也就是说系统无论如何过渡到第三态，当达到平衡的时候，初始态与最终平衡态总是满足如下公式：

$$\frac{P_1V_1}{T_1}=\frac{P_2V_2}{T_2} \tag{1-1}$$

式中，P_1，P_2 分别为系统初态和终态的压强，Pa；V_1，V_2 分别为系统初态与终态的体积，m^3；T_1，T_2 分别为系统初态与终态的热力学温度，K。

通常研究中我们要考虑一个标准状态。标准状态有着如下特征：

$$\begin{cases} P_0=1\text{atm} \\ T_0=273.15\text{K} \\ V_0=22.4\text{L/mol} \end{cases} \tag{1-2}$$

标准状态下 V_0 代表处于这个状态下所对应的摩尔体积，不管什么种类的气体，当处于标准状态时，1mol 气体的体积为 22.4L。气体的标准状态对气体的物理和化学计算非常重要。在实际应用中，需要根据不同气体的特性进行修正，以获得更加精确的计算结果。如果 1mol 气体最终平衡态为标准状态，则式（1-1）可以变化为式（1-3）：

$$\frac{PV}{T}=\frac{P_0V_0}{T_0} \tag{1-3}$$

那么对于一定质量 M 的气体，按照公式（1-3）推导如下：

$$\frac{PV}{T}=\frac{P_0V_0}{T_0}\frac{M}{\mu} \tag{1-4}$$

式中，μ 为气体摩尔质量，g/mol；M 为气体质量，g；P 为气体压强，Pa；T 为气体热力学温度，K。

将式（1-2）的数值代入式（1-4）简化得到式（1-5）：

$$R=\frac{P_0V_0}{T_0}=8.31\text{J}/(\text{mol}\cdot\text{K})\text{或}\ 0.082\text{atm}\cdot\text{L}/(\text{mol}\cdot\text{K}) \tag{1-5}$$

式中，R 为普适气体常量。

故公式（1-4）可以进一步化简为公式（1-6）：

$$PV=\frac{M}{\mu}RT \tag{1-6}$$

公式（1-6）即为理想气体的物态方程。

大家知道摩尔质量是指在化学方程式计算中使用的单位物质的量，它等于物质的相对分子质量，而阿伏伽德罗常数（N_A）是衡量物质中所含粒子数量的标准，其近似值为 6.02×10^{23}。假设气体由 N 个分子组成，每个气体分子的质量为 m，则可以得到 $M=Nm$，对于 1mol 气体而言其分子数为阿伏伽德罗常数（N_A），故其摩尔质量 $\mu=mN_A$，代入公式（1-6）中可以得到公式（1-7）：

$$\begin{aligned}PV&=\frac{M}{N_Am}RT\\P&=\frac{M}{mV}\frac{R}{N_A}T\\P&=nkT\end{aligned} \tag{1-7}$$

式中，n 为单位体积内的分子数目，即分子密度；k 为玻尔兹曼常数，$k=R/N_A=1.38\times10^{-23}$J/K；$T$ 为热力学温度，K。

上述推导给出了理想气体三个状态参数的函数关系，这些关系对于我们解决实际问题有着重要指导意义。

1.2.5 气体分子微观模型与宏观量研究

本节主要通过对气体微观量的研究来讨论气体系统的宏观量变化，特别是压强和温度的产生原因，并从中解释理想气体的统一假设。通过这个章节的学习，让我们建立气体微观与宏观的逻辑关系，为我们后续的科学实践及应用提供重要的理论基础。本节主要从如下几个方面进行介绍。

（1）分子的微观模型与统计全局性关系

主要介绍气体动理论的微观模型，包括理想气体的分子模型特征、统计全局性的概念及其在物理参数表达中的应用。统计规律的对象是大量偶然事件，而统计规律则是在一定条件下，系统处于某种状态的概率。通过这些研究探讨宏观量与微观量的关系，并通过统计平均值来解释宏观热现象的本质。

（2）理想气体压强与温度的形成原因

主要探讨气体系统中压强和温度的产生原因，强调微观粒子分子运动对宏观量的影响。详细解释理想气体的统一假设，并通过速度的分量计算得出压强的平均值。通过推导理想气体压强公式，阐述气体压强的微观本质，即大量分子对器壁不停碰撞的统计平均值。最后通过设计的容器，详细解释理想气体压强公式的推导过程。

（3）分子碰撞对力学效果的影响

主要讨论分子与器壁碰撞的力学效果，包括碰撞速度、碰撞次数、碰撞冲击量等，并通过对分子作用力的计算，推导分子在容器内的作用数量。进一步通过对分子数量的求和，推导出分子在单位时间内的作用气体总数量。最后，通过对分子总数的计算，推导出分子数密度的表达式。

（4）分子数密度与平均频度对气体系统压强大小的影响

主要讨论气体系统内部分子的平均动能及其对压强大小的影响，得出了分子数密度和平均频度对压强大小的影响，并推导出了理想气体的过程模式。书中还将探讨温度公式的推导，通过推导得出温度与分子平均动能的关系，并指出宏观上的温度大小与微观分子运动激烈程度有关。揭示了分子运动对宏观温度的影响，并通过压强公式和温度公式解释了宏观量压强与气体温度的关系。鉴于实际的问题讨论中气体系统往往是以混合型气体的方式存在，通过例题解释混合气体压强与气体分压的关系，并通过温度公式解释分子平均动能的概念。最后通过道尔顿分项公式解释混合气体压强的概念，再次强调混合气体的宏观量压强和温度之间的关系。

1.2.5.1 气体统计假设规律

通常我们所做的研究都是基于理想气体的平衡态假设，对于理想气体的微观模型及平衡态的统计假设，理想气体分子模型包含如下几个特征：

① 在平衡态下，气体分子运动具有各向同性，即分子各个方向运动概率相等；

② 分子可视为质点，其直径 $d \approx 10^{-10}$m，间距 $r \approx 10^{-9}$m；

③ 除碰撞瞬间，分子间无相互作用力；

④ 分子可视为弹性质点，分子发生的碰撞均为完全弹性碰撞；

⑤ 分子的运动遵从经典力学的规律。

基于分子模型运动的统计规律，揭示宏观量与微观量的关系。统计规律性与概率的定义如下：

① 统计规律性：大量偶然事件从整体上反映出来的一种规律性。

② 概率：某一事件 i 发生的概率为 P_i，N_i 是事件 i 发生的总次数，N 为各种事件发

生的总次数，则 $P_i=\lim\limits_{N\to\infty}\dfrac{N_i}{N}$。

统计规律的几个特点：

① 只针对大量的偶然事件，这里所说的偶然事件是指随机发生的、不受外界约束的事件，即自然产生的事件。

② 不同于个体规律的整体规律，统计规律给出的是在一定条件下，系统处于某种状态的概率，它所反映的总是与某种宏观量相关的微观量的统计平均值。

③ 统计的结果总是伴随着涨落或起伏现象，事件样本总数 N 越少，涨落越明显，因此统计规律只适合样本总数 N 很大的情形。

借助统计办法，可以解决微观量跟宏观量的关系问题。宏观量我们可以通过仪器仪表测量出来，特别是对气体来讲，当它处于平衡态时候，所有宏观量都是确定的，是那些看不见的大量微观分子运动的结果体现。揭示宏观量的微观本质，可以借助一些相应的公式来完成，比如通常要利用算术平均值、几何平均值等计算公式。

1.2.5.2 封闭容器气体压强计算

对于气体系统所表现出来的宏观量，特别是压强和温度，究竟是怎么产生的呢？是否与组成气体的大量的微观粒子的运动有关？答案是肯定的。

假设一个分子（i）沿 x 轴运动，其速度具有方向性，可能为正，也可能为负，沿 y 轴与 z 轴运动也如此，运动速度在三个方向上满足公式（1-8a）：

$$\text{分子运动速度}\quad \boldsymbol{v}_i=v_{ix}\boldsymbol{i}+v_{iy}\boldsymbol{j}+v_{iz}\boldsymbol{k} \tag{1-8a}$$

式中，v_{ix}、v_{iy}、v_{iz} 分别是 $\boldsymbol{v}_i$ 在 x 轴、y 轴、z 轴方向上的速度分量。

那么各个方向上统计速度平均值必然等于 0 即

$$\overline{v_x}=\overline{v_y}=\overline{v_z}=0$$

由于各方向运动概率均等的原则，则任意一个分子在 x 轴、y 轴、z 轴方向的速度必然满足公式（1-8b）：

$$\overline{v_x^2}=\overline{v_y^2}=\overline{v_z^2}=\frac{1}{3}\overline{v^2} \tag{1-8b}$$

式中，v_x、v_y、v_z 分别是 $\boldsymbol{v}_i$ 在 x 轴、y 轴、z 轴方向上的速度分量。

x 轴上 N 个分子的速度平均值必然满足这个关系：

$$\overline{v_x^2}=\frac{1}{N}\sum_{i=1}^{N}v_{ix}^2 \tag{1-9}$$

气体压强的本质是大量的分子与器壁不停碰撞作用力的统计平均值，在数值上等于单位时间内碰撞单位气体面积的总冲量。

下面我们从理论上做一下气体压强的推导过程。如图 1-4 所示，一个边长分别为 l_1、l_2、l_3的长方体中有 N 个相同的质量为 m 的气体分子，计算 A_1 壁面所受压强。容器中每个分子都永不停息地运动着，且速度都是随机变化的，包括大小、方向。在运动过程中，分子之间有碰撞，它跟器壁之间也有碰撞。对理想气体来讲，我们说所有碰撞都是弹性碰撞，对于压强的产生，取决于分子对器壁的碰撞结果。那么下面看一看，一个分子跟器壁的碰撞会产生怎样的力学效果呢？

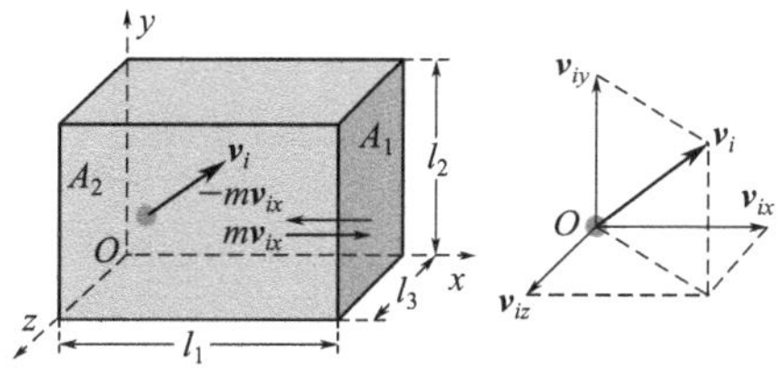

图 1-4　气体压强示意图

容器中一个分子以 v_i 速度运动，如果分子与容器壁面 A_1 碰撞的话，它在 x 轴的有效速度为 v_{ix}，分子对器壁面 A_1 的弹性碰撞结果遵循动量定理，则对 A_1 的作用冲量为：

$$I_i = 2mv_{ix} \tag{1-10}$$

一次碰撞的时间为 $\dfrac{2l_1}{v_{ix}}$

则在 Δt 的时间内，分子 i 与器壁面 A_1 的碰撞次数为：

$$\Delta t \frac{v_{ix}}{2l_1} \tag{1-11}$$

在 Δt 的时间内该分子作用在器壁面 A_1 上的总冲量为：

$$2mv_{ix}\frac{v_{ix}}{2l_1}\Delta t = m\frac{v_{ix}^2}{l_1}\Delta t \tag{1-12}$$

那么在 Δt 的时间内，N 个总分子对器壁面 A_1 的总冲量为：

$$I = \sum_{i=1}^{N} m\frac{v_{ix}^2}{l_1}\Delta t \tag{1-13}$$

根据气体压强的定义，压强为单位面积上所受到的气体分子的平均总冲量，则可得出器壁面 A_1 上气体压强 P 为：

$$P = \frac{I}{\Delta t l_2 l_3} = \frac{m}{l_1 l_2 l_3}\sum_{i=1}^{N} v_{ix}^2 \tag{1-14}$$

进一步对公式（1-14）进行化简得到：

$$\begin{aligned} P &= \frac{m}{V}(v_{1x}^2 + v_{2x}^2 + v_{3x}^2 + \cdots + v_{Nx}^2) \\ &= \frac{Nm}{V}\left(\frac{v_{1x}^2 + v_{2x}^2 + v_{3x}^2 + \cdots + v_{Nx}^2}{N}\right) \\ &= Nm\overline{v_x^2} \\ &= \frac{1}{3}Nm\overline{v^2} \end{aligned} \tag{1-15}$$

式中，m 为分子质量，g；V 为容器体积，m^3；N 为分子数目；$\overline{v_x^2}$ 为分子速度 $\bar{v}$ 在 x 轴上的速度分量平方值。

可以对公式（1-15）做进一步推导：

$$P=\frac{1}{3}Nm\overline{v^2}=\frac{2}{3}N\left(\frac{1}{2}m\overline{v^2}\right)=\frac{2}{3}N\overline{\omega} \tag{1-16}$$

式中，$\overline{\omega}=\frac{1}{2}m\overline{v^2}$ 是分子平均动能。

通过上述推导可以得到分子数密度越大，单位面积上，单位时间内碰撞的次数会越多，进而产生的压强也会越大。压强与分子平均动能成正比，分子平均动能越大，就意味着分子做热运动的程度越剧烈，冲量越大，进而产生的压强也会越大。由此可见，气体系统表现的宏观上的压强是可以用微观本质进行推导和计算的。

1.2.5.3 气体温度与其动能的关系

接下来我们看一看温度公式，研究推导气体温度的微观本质。根据公式（1-7）和公式（1-16），假设分子数为 n，则对应的压强 $P=nkT=\frac{2}{3}n\overline{\omega}$，分子平均动能 $\overline{\omega}$ 可以用公式（1-17）表示：

$$\overline{\omega}=\frac{3}{2}kT \tag{1-17}$$

式中，k 为玻尔兹曼常数，$k=1.38\times10^{-23}\text{J/K}$。

通过上述公式，可以看出气体系统温度与分子平均动能直接相关，二者之间构成一一对应的关系。宏观上所表现出来的温度与微观上大量看不见分子运动的激烈程度有关。分子的运动越剧烈，在宏观上所表现出来的温度就会越高，上述公式充分地反映了产生气体温度的微观本质。

1.2.5.4 混合气体压强计算

实际上，只有一种气体的情况非常少见。多数情况下气体系统是由不同气体组成的混合物，对于混合气体，每个单一成分都会产生对应的压力，该压力可进行单独测量，单一成分气体所产生的压力被称为分压力。在理想气体中，各种成分的分压力加起来等于总压力，且互不干扰，所有分压力之和等于混合气体的总压力。同样对于混合气体，其混合气体的单位体积分子总数 N 为各种气体分子数之和即

$$N=N_1+N_2+N_3+\cdots+N_n \tag{1-18}$$

式中，N_1，N_2，N_3，…，N_n 为 n 种不同气体的分子数。

在相同温度下，混合气体中各种气体的平均动能也是相等的，m_1、m_2 代表不同气体质量，即

$$\frac{1}{2}m_1\overline{v_1^2}=\frac{1}{2}m_2\overline{v_2^2}=\cdots=\frac{1}{2}m\overline{v^2}=\frac{3}{2}kT \tag{1-19}$$

根据气体压强公式及式（1-16）和式（1-17），则混合气体的压强为：

$$P=\frac{2}{3}N\left(\frac{1}{2}m\overline{v^2}\right)=\frac{2}{3}(N_1+N_2+N_3+\cdots+N_n)\left(\frac{1}{2}m\overline{v^2}\right)=P_1+P_2+P_3+\cdots+P_n \tag{1-20}$$

式中，P_1，P_2，P_3，…，P_n 代表不同气体产生的压强，Pa。

从上面的推导可以得到，容器中混合气体对器壁所产生的压强等于在同样温度、体积条件下组成混合气体各成分单独存在时的分压强之和。这个公式由英国化学家约翰·道尔顿提出，称为道尔顿公式。进一步可以得出在相同温度下一个气体混合物中每种气体的压强与该气体的摩尔分数成正比。

通过这个章节的介绍，相信大家对气体系统的宏观量产生的本质即微观量有了深刻的理解，这些微观模型有助于我们解决在实际科学研究中遇到的问题。

1.2.6 影响真空气体处理的因素

1.2.6.1 能量均分定理

能量均分定理（equipartition theorem）是经典统计力学中的一个基本原理，它描述了在热平衡状态下，系统的能量被等量分配到各种形式的运动中。具体来说，一个分子在平移运动时的平均动能应等于其在旋转运动时的平均动能。这个定理在预测系统的温度和平均能量方面起着重要作用。在讨论分子热运动时，除单原子分子外，一般分子的运动并不限于平动，还有转动和分子内原子的振动。为了确定分子的各种运动形式运动能量的统计规律，需要引入自由度的概念。自由度就是确定一个物体在空间的位置所需的独立坐标的数目，下面我们分类讨论一下物质的自由度。

（1）质点自由度

① 一个质点在空间任意运动，需用三个独立坐标（x,y,z）确定其位置。所以自由质点有三个平动自由度 $i=3$。

② 如果对质点的运动加以限制（约束），自由度将减少。如质点被限制在平面或曲面上运动，则 $i=2$；如果质点被限制在直线或平面曲线（不是空间曲线）上运动，则其自由度 $i=1$。

（2）刚体自由度

一个刚体在空间任意运动时，可分解为质心 O 的平动和绕通过质心某直线的定轴转动，它既有平动自由度还有转动自由度。确定刚体质心 O 的位置，需三个独立坐标（x,y,z），即自由刚体有三个平动自由度 $t=3$。

刚体通过质心轴的空间方位三个方位角（α,β,γ），其中两个方位角是独立的，因此需两个转动自由度；另外还要确定刚体绕通过质心轴转过的角度 θ，即还需一个转动自由度。则刚体绕通过质心轴的转动，共有三个转动自由度 $r=3$。所以，一个任意运动的刚体，总共有 6 个自由度，即 3 个平动自由度和 3 个转动自由度，即 $i=t+r=3+3=6$。

（3）分子自由度

单原子分子有 3 个自由度，双原子、非线性三原子、线性三原子不考虑振动相当于刚体，分别有 5 个（3 平 2 转）、6 个（3 平 3 转）、5 个（3 平 2 转）自由度，考虑振动后，双原子加 1 个，非线性三原子加 3 个，线性三原子加 4 个。

① 单原子分子：如氦 He、氖 Ne、氩 Ar 等分子，只有一个原子，可看成自由质点，所以有 3 个平动自由度 $i=t=3$，如图 1-5 所示。

② 刚性双原子分子：如氢、氧、氮、一氧化碳 CO 等分子，两个原子间连线距离保持不变，就像两个质点之间由一根质量不计的刚性细杆连接着（如同哑铃），确定其质心 O 的空间位置，需 3 个独立坐标（x,y,z）。质点连线的空间三个方位角（α,β,γ）满足 $\cos^2\alpha+\cos^2\beta+\cos^2\gamma=1$，所以只有两个是独立的，有两个转动自由度，即 $r=2$。所以刚性双原子分子自由度既有平动也有转动，因此总自由度为 $i=t+r=3+2=5$，如图 1-6 所示。

③ 多原子分子或刚性三原子分子：如 H_2O、氨等，只要各原子不是直线排列的，就可以看成自由刚体，共有 6 个自由度，$i=t+r=3+3=6$。若原子直线排列，如 CO_2 等，共有 5 个自由度，$i=t+r=3+2=5$，如图 1-7 所示。

一般在常温下，气体分子都近似看成刚性分子，振动自由度可以不考虑。

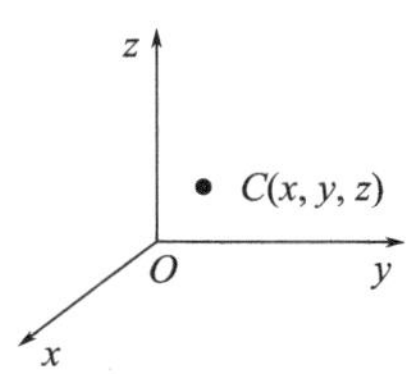

图 1-5　单原子分子

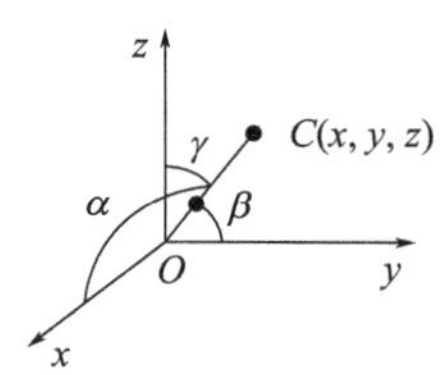

图 1-6　刚性双原子分子

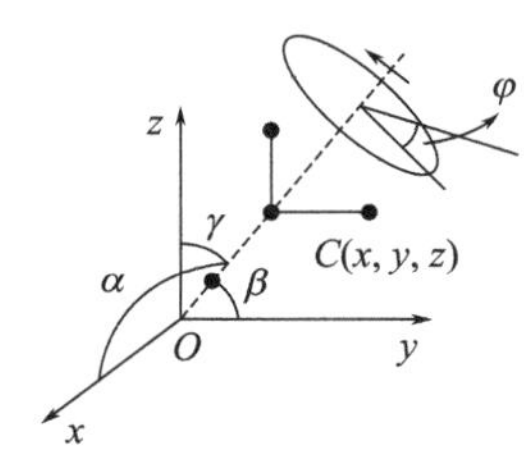

图 1-7　多原子分子或刚性三原子分子

结合对自由度的理解，我们可以推导一下能量均分的逻辑公式。

对于单原子分子，根据公式（1-8b）和公式（1-17）

$$\begin{cases}\overline{v_x^2}=\overline{v_y^2}=\overline{v_z^2}=\dfrac{1}{3}\overline{v^2}\\ \overline{\omega}=\dfrac{1}{2}m\overline{v^2}=\dfrac{3}{2}kT\end{cases}$$

则不同方向的动能为：

$$\frac{1}{2}m\overline{v_x^2}=\frac{1}{2}m\overline{v_y^2}=\frac{1}{2}m\overline{v_z^2}=\frac{1}{2}kT \tag{1-21}$$

即对于单原子分子气体分子沿 x、y、z 三个方向运动的平均平动动能完全相等。可以看出，在每个方向上的动能为分子平均平动动能 $\frac{3}{2}kT$ 在每个自由度上的均匀分配。由此我们可以得到能量均分定理的定义：温度为 T 的平衡态理想气体，气体所具有的平均总动能会按照分子自由度平均分配，且分配在每个自由度上的能量均为$\frac{1}{2}kT$。从这样一个表述，可以得到对于一个分子来讲，在温度为 T 的情况下，它所表现出来的平均总动能取决于这个分子的自由度 i 个数，即为

$$\overline{\omega}=\frac{i}{2}kT \tag{1-22}$$

式中，k 为玻尔兹曼常数，$k=1.38\times10^{-23}$J/K；T 为热力学温度，K；i 为分子自由度。

对于 1mol 的分子，其平均总动能为：

$$\overline{\omega}=N_A\times\frac{i}{2}kT=\frac{i}{2}RT \tag{1-23}$$

式中，R 称为普适气体常量，$R=8.31$J/(mol·K) 或 0.082atm·L/(mol·K)；N_A 为阿伏伽德罗常数，$N_A=6.02\times10^{23}$。

那么对于质量为 M 的气体物质在温度一定的情况下，分子所具有的总动能可以表示为公式 (1-24)

$$\overline{\omega}=\frac{M}{\mu}\times\frac{i}{2}RT \tag{1-24}$$

式中，M 为气体物质质量，g；μ 为摩尔质量，g/mol；R 为普适气体常量，$R=$ 8.31J/(mol·K) 或 0.082atm·L/(mol·K)；T 为热力学温度，K。

1.2.6.2 气体内能与压强之间关系

利用能量均分定理可以很好解决气体内能问题，内能是系统内部分子运动的动能、分子间相互作用的势能以及分子中原子、电子运动的能量总和。对于真空系统的气体，我们可以用理想气体来讨论。对于理想气体而言，它的内能如何来确定和表达呢？由于理想气体分子之间的间距远远大于能够发生相互作用力的距离，分子之间的相互作用力就可以忽略，忽略了分子之间的相互作用力分子之间相对位置所需的势能就可以忽略。

对于质量为 m，摩尔质量为 M 的理想气体，在温度为 T 的情况下，其内能公式为：

$$E=\frac{m}{M}\times\frac{i}{2}RT=\frac{N'}{N_A}\times\frac{i}{2}RT=\frac{i}{2}PV \tag{1-25}$$

式中，P 为压强，Pa；V 是体积，m^3；R 为普适气体常量，$R=8.31$J/(mol·K) 或 0.082atm·L/(mol·K)；i 为分子自由度。

对一定量的某种理想气体，在温度一定的情况下，内能只与温度有关系，而温度是系统的一个状态量。对于一个系统而言，当状态确定时温度确定，只要改变系统的温度其内能就会发生变化。因此理想气体的内能变化可以用如下公式表示：

$$\Delta E=\frac{M}{\mu}\times\frac{i}{2}R\times\Delta T \tag{1-26a}$$

式中，M 为气体的质量，g；μ 为气体的摩尔质量，g/mol；ΔT 为热力学温度，K。

用微分形式可以表示为：

$$\mathrm{d}E=\frac{M}{\mu}\frac{i}{2}R\mathrm{d}T \tag{1-26b}$$

在状态和温度有变化的时候，压强和体积也会随之改变。所以内能的变化也可以用压强、体积的变化量来表达，具体公式为：

$$\Delta E=\frac{M}{\mu}\times\frac{i}{2}R\times\Delta T=\frac{i}{2}(P_2V_2-P_1V_1) \tag{1-27}$$

式中，P_1，P_2 分别为气体初态和终态压强，Pa；V_1，V_2 分别为气体初态和终态体积，m^3；ΔT 为热力学温度，K。

例题 1：一种混合气体由（质量占比）76％的 N_2、23％的 O_2 和 1％的 Ar 组成，已知 N_2、O_2、Ar 的摩尔质量分别为 28g/mol、32g/mol、40g/mol，现有该混合气 57.8g，其所处的状态为标准状态（0℃，1atm），求该混合气体的内能？

具体分析如下，混合气体中：

N_2 质量 $M_1=57.8\times76\%=43.928\text{g}$

N_2 对应物质的量 $n_1=M_1/M_{\text{mol1}}=43.928/28=1.569\text{mol}$

O_2 质量 $M_2=57.8\times23\%=13.294\text{g}$

O_2 对应物质的量 $n_2=M_2/M_{\text{mol2}}=13.294/32=0.415\text{mol}$

Ar 质量 $M_3=57.8\times1\%=0.578\text{g}$

Ar 对应物质的量 $n_3=M_3/M_{\text{mol3}}=0.578/40=0.014\text{mol}$

则该混合气体在标准状态下的内能为：

$$\begin{aligned}E&=\frac{i_1}{2}n_1RT+\frac{i_2}{2}n_2RT+\frac{i_3}{2}n_3RT\\&=\frac{1}{2}(i_1n_1+i_2n_2+i_3n_3)RT\\&=\frac{1}{2}(5\times1.569+5\times0.415+3\times0.014)\times8.31\times273\\&=1.13\times10^4\text{J}\end{aligned}$$

例题 2：将水蒸气分解成相同温度的氢气和氧气，求内能增加的百分比。

因为 $2H_2O=2H_2+O_2$ 所有关系成立

2mol 水 $\cdots\cdots\to U_{H_2O}=2\times3RT=6RT$

2mol 氢气 $\cdots\cdots\to U_{H_2}=2\times(5/2)RT=5RT$

1mol 氧气 $\cdots\cdots\to U_{O_2}=(5/2)RT=2.5RT$

故 $$\frac{(U_{H_2}+U_{O_2})-U_{H_2O}}{U_{H_2O}}=\frac{7.5-6}{6}=25\%$$

本章节根据理想气体特征，对能量均分定理进行推导，进而得出不同自由度下分子总动能的关系。结合理想气体的特征，进一步得到理想气体的内能推导公式，并进一步得出影响内能改变的因素，为我们计算气体系统内能变化提供了依据。

1.2.6.3 影响气体分子速率的因素

在某一时刻，某一特定分子的速度大小是不可预知的，且运动方向也是随机的。分子动理论认为，气体系统内大量分子无规则热运动导致分子之间频繁地相互碰撞，分子以大小不同的速率向各个方向运动，在频繁碰撞过程中，分子间不断交换动量和能量，使每个分子的速度不断变化。处于平衡态的气体，每个分子瞬时速度的大小、方向都在随机地变化，但就大量分子的整体来看，在一定的条件下，气体分子的速度分布也遵从一定的统计规律，这个规律叫麦克斯韦速率分布律。在真空处理中，气体的流动速率直接影响其真空度效率，因此我们需要考虑不同情况下的速率分布，便于我们设计符合要求的真空系统。

麦克斯韦速率分布函数描述在温度为 T 的平衡态下，理想气体系统中分子热运动速率的统计分布规律。这个分布函数 $f(v)$ 表示的是在速率 v 附近的单位速率区间内分子数占总分子数的百分比。换句话说，它反映了在给定速率 v 附近，单位速率区间内的分子数占总体分子数的比例，如图 1-8 所示。这一概念在物理学中非常重要，因为它帮助我们理解和预测气体分子的运动状态及其对系统的影响。

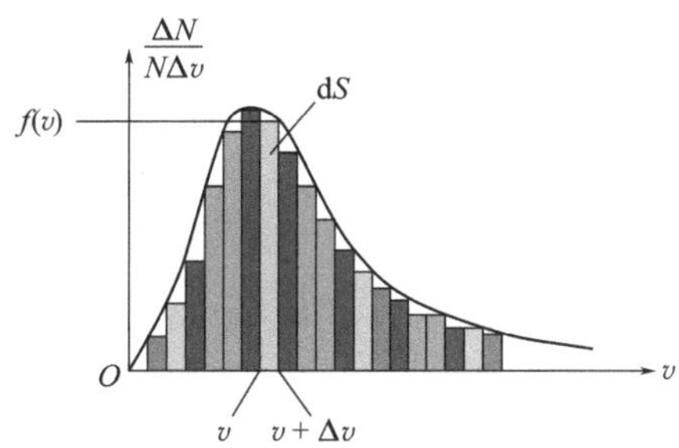

图 1-8　麦克斯韦速率分布曲线

图 1-8 中横坐标是速度，宽度 Δv 为速度 $v \longrightarrow v+\Delta v$ 的变化量，纵坐标为速率分布函数。

$$f(v)=\lim_{\Delta v\to 0}\frac{\Delta N}{N\Delta v}=\frac{1}{N}\lim_{\Delta v\to 0}\frac{\Delta N}{\Delta v}=\frac{1}{N}\frac{\mathrm{d}N}{\mathrm{d}v} \tag{1-28}$$

式中，N 为分子总数；ΔN 为速度由 v 到 $v+\Delta v$ 时的分子数。

如图 1-8 所示，阴影部分面积 dS，表示的是速率在 Δv 到 $v \rightarrow v+\Delta v$ 区间内的分子数占总分子数的百分比，即

$$\mathrm{d}S=f(v)\mathrm{d}v=\frac{\mathrm{d}N}{N} \tag{1-29}$$

1.2.6.4 气体分布速率计算

麦克斯韦在 1859 年从理论上推导出理想气体在平衡态下分子的速率分布函数：

$$f(v)=4\pi\left(\frac{m}{2\pi kT}\right)^{3/2}v^2\mathrm{e}^{-\frac{mv^2}{2kT}} \tag{1-30}$$

式中，k 为玻尔兹曼常量，$k=1.38\times10^{-23}$J/K；m 为质量，g；v 为速度，m/s；T

为热力学温度，K。

从式（1-30）可以看出，在一定平衡态下速率的分布与温度相关。当温度确定时速率分布函数与质量 m 和速率 v 有关。根据这个曲线函数可以得出三种分子统计速率。

（1）最大概然速率v_p

结合曲线函数，当 $v=v_p$ 时 $f(v)$ 导数为零，则 v_p 就是最大概然速率。

$$\frac{\mathrm{d}}{\mathrm{d}v}f(v)\bigg|_{v=v_p}=0$$

$$\frac{\mathrm{d}}{\mathrm{d}v}\left[4\pi\left(\frac{m}{2\pi kT}\right)^{3/2}v^2\exp(-mv^2/2kT)\right]=0$$

因为 $4\pi\left(\frac{m}{2\pi kT}\right)^{3/2}\neq 0$

所以$\frac{\mathrm{d}}{\mathrm{d}v}\left[v^2\exp(-mv^2/2kT)\right]=0$

$$\exp(-mv^2/2kT)(-mv/kT)v^2+2v\exp(-mv^2/2kT)=0$$

$$2v\exp(-mv^2/2kT)\left(1-\frac{m}{2kT}v^2\right)=0$$

因为 $2v\exp(-mv^2/2kT)\neq 0$

所以 $1-\frac{m}{2kT}v^2=0$

所以最大概然速率 $v_p=\sqrt{\frac{2kT}{m}}=\sqrt{\frac{2RT}{M}}\approx 1.41\sqrt{\frac{RT}{M}}$ （1-31）

式中，M 为摩尔质量，g/mol；R 为普适气体常量，$R=8.31\mathrm{J/(mol\cdot K)}$ 或 $0.082\mathrm{atm\cdot L/(mol\cdot K)}$；$m$ 为单个分子质量，g；k 为玻尔兹曼常数，$k=1.38\times10^{-23}\mathrm{J/K}$；$T$ 为热力学温度，K。

（2）分子平均速率$\overline{v}$

描述大量分子速率的算术平均值叫作分子的平均速率，用 $\overline{v}$ 表示。

$$\overline{v}=\frac{\int_0^N v\mathrm{d}N}{N} \tag{1-32}$$

其中，分母为总的分子数，分子为所有分子速率之和。

根据公式（1-29），$\mathrm{d}S=f(v)\mathrm{d}v=\frac{\mathrm{d}N}{N}$

则公式（1-32）可以化简为：

$$\overline{v}=\frac{\int_0^\infty v\mathrm{d}N}{N}=\frac{\int_0^\infty vNf(v)\mathrm{d}v}{N}=\int_0^\infty vf(v)\mathrm{d}v=\sqrt{\frac{8kT}{\pi m}}=\sqrt{\frac{8RT}{\pi M}}\approx 1.6\sqrt{\frac{RT}{M}} \tag{1-33}$$

式中各符号含义同式（1-31）。

(3) 方均根速率$\sqrt{\overline{v^2}}$

气体分子的方均根速率，是气体分子速率二次方平均值的算术平方根，是气体分子的一种统计速率。方均根速率具有统计平均的意义，反映了大量分子做热运动的统计规律，对单个分子没有意义。

因为 $\overline{v^2}=\dfrac{\int_0^N v^2\mathrm{d}N}{N}$

$$\overline{v^2}=\frac{\int_0^\infty v^2\mathrm{d}N}{N}=\frac{\int_0^\infty v^2 Nf(v)\mathrm{d}v}{N}=\int_0^\infty v^2 f(v)\mathrm{d}v=\frac{3kT}{m}$$

所以 $$\sqrt{\overline{v^2}}=\sqrt{\frac{3kT}{m}}=\sqrt{\frac{3RT}{M}}\approx 1.73\sqrt{\frac{RT}{M}} \tag{1-34}$$

式中各符号含义同式（1-31）。

三种速率大小总结如下：

$$\begin{cases} v_p\approx 1.41\sqrt{\dfrac{RT}{M}} \\ \overline{v}\approx 1.6\sqrt{\dfrac{RT}{M}} \\ \sqrt{\overline{v^2}}\approx 1.73\sqrt{\dfrac{RT}{M}} \end{cases}$$

实际应用中，在讨论速率分布时一般采用最大概然速率，计算分子运动的平均距离时用平均速率，计算分子平均动能时用方均根速率。

1.2.6.5 真空处理中分子碰撞的研究

分子平均碰撞次数和分子自由程的应用主要体现在对气体动力学、扩散现象以及材料科学等领域的研究中。

在气体动力学，分子平均碰撞次数和分子自由程是理解气体行为的关键参数。它们帮助科学家和工程师预测气体的压强、温度和密度之间的关系，以及气体在容器中的流动和传输特性。例如，通过了解分子碰撞的频率和自由程，可以解释和预测气体分子的扩散速度，这对于理解气体在化学反应中的作用至关重要。

在扩散现象中，分子平均碰撞次数和自由程的概念对于理解扩散现象至关重要。扩散是物质分子从高浓度区域向低浓度区域移动的过程，这一过程受到分子碰撞和自由移动的影响。通过研究分子的平均碰撞次数和自由程，可以解释和预测不同物质在不同条件下的扩散速率，这对于理解化学反应速率、材料科学中的物质传输等现象具有重要意义。

在材料科学中，分子平均碰撞次数和自由程的概念对于理解材料的物理性质和行为至关重要。例如，在研究半导体材料时，了解载流子的平均自由程和平均自由时间对于理解材料的电导率和热导率等关键物理性质至关重要。这些参数的测量和分析对于新材料的设计和优化具有重要意义。

综上所述，分子平均碰撞次数和分子自由程的应用广泛，不仅在气体动力学和扩散现象的研究中发挥关键作用，还在材料科学领域帮助人们深入理解物质基本行为，从而推动科学技术的发展。下面我们会对分子碰撞次数和自由程做推导学习。

（1）气体碰撞次数

分子间的碰撞实质上是在分子力作用下分子相互间的散射过程。对单个分子来说，单位时间内与多少个分子相碰，相邻两次碰撞之间走过多少直线路程、方向如何，完全是随机的。但在平衡态下，对大量分子而言，每个分子在单位时间内与其他分子碰撞次数的统计平均值，却是一定的，称为平均碰撞频率 $\overline{z}$。研究单位时间内气体分子碰撞次数时作下列假设：

① 分子是光滑的刚性小球，做完全弹性碰撞而忽略其势能；

② 在两次碰撞之间，分子做匀速直线运动；

③ 分子直径与两次碰撞之间所走的路程相比，可忽略不计；

④ 只有一个分子在运动，其他分子均处于静止状态。

参考图 1-9，设分子 A 以平均相对速率 $\overline{u}$ 运动，其它分子可设为静止。以 d 为分子直径，碰撞圆柱体的截面积为 $\sigma=\pi d^2$，单位体积为 $\sigma\times\overline{u}=\pi d^2\times\overline{u}$，单位体积内有 n 个分子，则单位时间内总碰撞次数为：

$$\overline{z}=\frac{n\pi d^2\times\overline{u}\Delta t}{\Delta t}=n\pi d^2\times\overline{u} \tag{1-35}$$

需要把相对平均速率 $\overline{u}$ 和平均速率 $\overline{v}$ 联系起来。考虑两分子 A 和 B 的碰撞，其平均速率（对地）均为 $\overline{v}$，但平均速度方向不同。由于分子运动的无规则性，两分子速度方向之间的夹角范围为 0°～180°，且沿各个方向运动的概率都相等，因此，平均来说，两分子碰撞时速度间的夹角为 90°，如图 1-10 所示。根据速度合成定理，相对平均速度 $\overline{\boldsymbol{u}}$ 是 $\overline{\boldsymbol{v}_{\mathrm{A}}}$ 和 $\overline{\boldsymbol{v}_{\mathrm{B}}}$ 的矢量差，且 $\overline{\boldsymbol{v}_{\mathrm{A}}}=\overline{\boldsymbol{v}_{\mathrm{B}}}=\overline{\boldsymbol{v}}$。所以 $\overline{\boldsymbol{u}}=\sqrt{2}\times\overline{\boldsymbol{v}}$

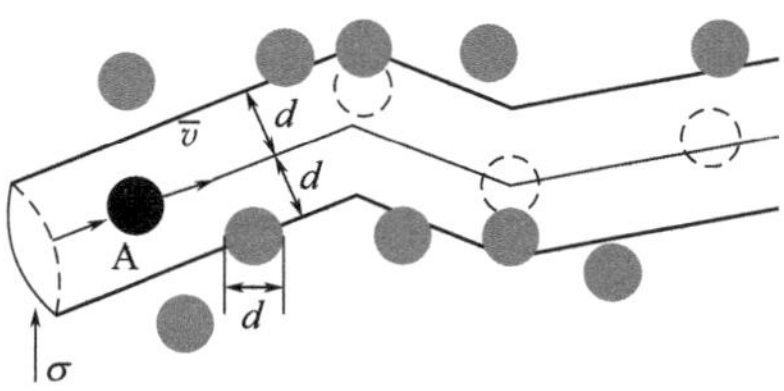

图 1-9　分子碰撞示意图

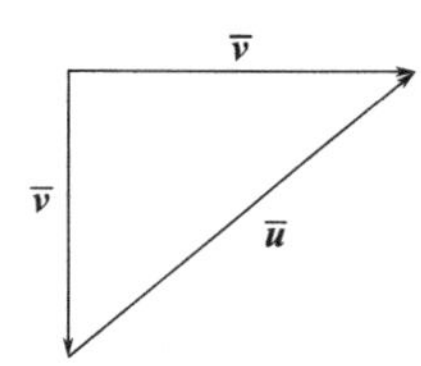

图 1-10　碰撞的速度矢量合成

则单位体积内的碰撞次数为：

$$\overline{z}=\sqrt{2}\pi d^2\overline{v}n \tag{1-36}$$

式中，d 为分子直径，m；$\overline{v}$ 为分子平均速度；n 为分子数。

（2）气体自由程

分子自由程是指一个分子与其它分子连续两次碰撞之间，经过的直线路程。在气体中，分子不断地做无规则运动，某个分子连续两次与其他分子相撞，这之间走过的距离便是自由程。理想气体中的典型分子在与同一气体的其他分子弹性碰撞时会突然改变其方向和速度。单位时间内分子经历的平均距离 $\bar{v}$，平均碰撞次数为 $\bar{z}$，平均自由程为 $\bar{\lambda}$，则 $\bar{\lambda}=\frac{\bar{v}}{\bar{z}}$，又因为压强 $P=nkT$，故平均自由行程可以用公式（1-37）表示。

$$\bar{\lambda}=\frac{\bar{v}}{\bar{z}}=\frac{1}{\sqrt{2}\pi d^2 n}=\frac{kT}{\sqrt{2}\pi d^2 P} \tag{1-37}$$

式中，k 为玻尔兹曼常数，$k=1.38\times10^{-23}$J/K；T 为热力学温度，K；d 为分子直径，m；P 为压强，Pa；n 为单位体积分子数。

通过这个公式可以得出，分子平均自由程与分子密度有关，密度越大，分子自由程越小，也与压强、温度有关，与温度成正比，与压强成反比。

1.3 真空技术的发展历程

真空技术的演变见证了科学和工业的巨大进步，从早期的实验室探索到现代的广泛应用，真空技术的发展历程丰富而复杂。

（1）早期研究阶段

最早的真空获得和应用，可追溯到公元前 6 世纪，当时我国炼铁技术就已相当进步，为了熔化铁，在炼铁炉上配有鼓风设备，如图 1-11 所示。

最初使用叫“鞲”（gou）的皮囊和“风箱”鼓风。风箱的工作原理是负压吸气和增压排气。与往复式活塞真空泵的作用原理基本相同。可以说这是最早真空获得设备应用的实例。

另外，两千年前，中医采用拔火罐方式治疗疾病。火罐也是利用了空气热胀冷缩、蒸汽冷凝等物理现象促使罐内形成真空，然后将体内的湿气排出。

图 1-11 古代使用风箱炼铁

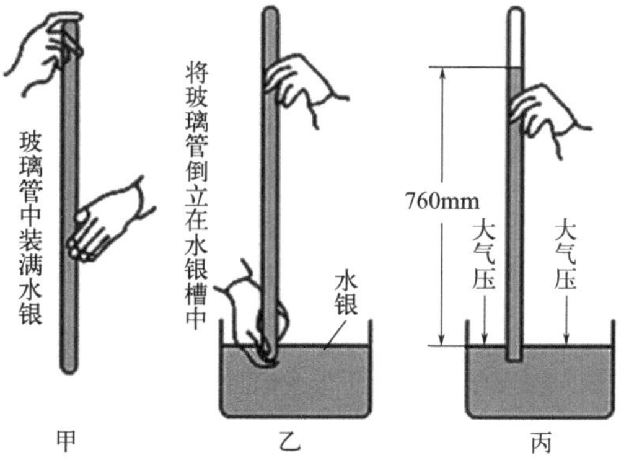

图 1-12 托里拆利实验

从概念的来源看，真空的概念最早由意大利科学家伽利略提出。他通过实验认识到空气与压力的关系，这为后来的真空研究奠定了基础。1643 年，意大利人托里拆利做了大气压实验，如图 1-12 所示。他用一根一端封闭的细长玻璃管和一个盛水银的小槽，先将水银从玻璃管开口端灌入，直到灌满全管。然后压住开口，将玻璃管倒立在水银槽内，再打开压着的开口。此时玻璃管中的水银高度逐渐下降，直到距离槽内水银液面 760mm 时，就不再下降了。托里拆利认为在玻璃管上端的空隙内就是“真空”。随后，他的学生帕斯卡等人将此实验搬到山上去做，结果水银柱高度低于 760mm，证明大气压与高度有关。这一发现揭示了大气压力的存在，为后续的真空研究奠定了基础。

奥托·冯·格里克在 1650 年发明了机械真空泵。为了证明大气压的巨大力量，曾在德国马德堡做过一次公开实验。格里克将两个直径 119cm 的半球合起来，用真空泵将球内空气抽除，因而球的表面上所受的大气压力是很大的，每个半球用 8 匹马拉，才能将球拉开。马德堡半球实验展示了大气压力的强大力量，激发了人们对真空的兴趣，并推动了真空科学的发展。

随后的一段时间里，英国人玻意耳在 1662 年发现玻意耳定律。1738 年瑞士人伯努利提出气体分子运动论。17 世纪，牛顿和洛克等科学家对真空的性质进行了进一步的研究。牛顿在《自然哲学的数学原理》中讨论了气体的运动及其与压力的关系，为真空技术的发展提供了理论支持。这一时期的研究为真空现象的理解奠定了基础。

(2) 19 世纪的科学进展

1865 年，詹姆斯·克拉克·麦克斯韦提出气体动力学理论，详细描述了气体分子运动，为理解真空环境下的气体行为提供了理论基础。随着工业革命的到来，真空技术逐渐进入工业应用阶段。19 世纪，赫尔曼·斯图尔特发明了第一台实用的机械真空泵，使得真空的生成成为可能。这一发展为蒸汽机、火箭推进系统及其他动力设备的效率提升提供了支持。此时，真空技术的应用开始变得多样化，特别是在化学反应和材料加工中，真空环境的应用显著改善了反应条件和产品质量。在这一时期，真空技术也被应用于食品保鲜和包装行业。通过抽取包装内的空气，可以有效延长食品的保质期，减少氧化，抑制细菌生长。逐渐地，真空包装技术成为食品工业的重要组成部分，提升了食品的安全性和市场竞争力。

(3) 20 世纪的技术突破

第二次世界大战后，真空技术得到了迅猛发展，特别是在电子技术和材料科学领域。20 世纪 40 年代，真空镀膜技术的出现使光学元件和电子产品的性能大幅提升。真空技术在高能物理实验中也变得不可或缺，科学家们利用真空环境进行粒子加速器的实验，探索基本粒子的性质。在 20 世纪初，扩散泵和涡轮分子泵的发明极大提高了真空度，使得超高真空成为可能。20 世纪 50 年代，超高真空技术的出现使表面科学研究得以深入进行。在原子和分子层面研究材料的性质成为可能，为材料科学的发展提供了新视野。

(4) 现代真空技术

进入 21 世纪，真空技术的应用领域不断扩展，尤其是在纳米技术、量子计算和生物医学等新兴领域。真空环境被用于材料的合成、表征和存储，许多新型材料的研发也依赖真空技术的支持。纳米材料与薄膜技术的结合，为电子器件的微型化和高性能化提供了可能。现代真空设备不仅追求更高的真空度，还注重智能化和自动化的趋势。许多新型真空设备配备了先进的监控系统，能够实时监测和调节真空度，提高实验和生产的效率。此外，真空技术在环保和可持续发展方面的应用也逐渐受到重视，推动了新材料和新工艺的研究。

根据国际真空科学技术与应用联合会（IUVSTA）和美国真空学会的划分，现代真空科学与技术分成8个学科分支（真空技术、真空冶金、等离子体科学与技术、薄膜科学与技术、电子材料和加工工艺、表面科学、应用表面科学、纳米科学与技术），这些分支已经渗透到车辆、土木建筑工程、包装、环境保护、医药及医疗器械、石油、化工、食品、光学、电气、电子、原子能、半导体、航空航天、低温专用机械、纺织、造纸、农业、民用工业，以及近年来得到迅速发展的表面科学与纳米科学等工业部门和科学研究工作中。

1.4 真空技术的应用领域和展望

1.4.1 应用领域

真空技术的应用范围广泛，涉及科学研究、工业制造、医疗设备、航空航天等多个领域。

（1）工业制造

① 半导体工业：在芯片制造过程中，真空技术用于光刻、薄膜沉积、蚀刻和离子注入。真空环境确保了工艺的高纯度和高精度，是现代电子设备生产的核心技术。

② 金属材料加工：真空熔炼和真空铸造用于生产高品质的合金材料，防止氧化，减少杂质的影响，提高材料的纯度和性能。

③ 光学设备制造：真空镀膜技术用于制造高性能光学元件，确保镜片和涂层的高质量等。

（2）科学研究

① 粒子加速器：粒子加速器需要超高真空以减少粒子与空气分子的碰撞，提高实验的准确性和可靠性。

② 天文学和宇宙研究：空间望远镜和卫星设备中使用真空技术模拟太空条件，确保设备在极端环境下正常运行。

③ 材料科学：在材料科学研究中，真空技术用于研究材料表面的性质和反应机制，支持新材料的开发。

（3）医疗设备

① 真空吸引器：在外科手术中用于清理伤口和吸除体液，提高了手术的安全性和效率。

② 核磁共振成像：核磁共振成像设备中的超导磁体需要在低温和真空环境下运行，以维持其超导状态，确保高分辨率成像。

③ 药物制备与保存：真空冷冻干燥技术用于制备和保存药品，提高药物的稳定性，延长保存期限。

（4）航空航天

① 火箭发动机测试：在真空室中进行火箭发动机测试，以模拟高空和太空环境，确保发动机在发射和太空条件下的可靠性。

② 航天器制造与测试：在制造和测试过程中使用真空技术，确保航天器在太空环境中的正常运作。

（5）食品和包装

① 真空包装：通过去除包装内的空气，延长食品的保质期，防止食品氧化、变质，抑制微生物的生长。真空包装广泛用于肉类、奶酪和其他易腐食品。

② 冷冻干燥：利用真空技术去除食品中的水分，保留其营养价值和风味，用于生产速溶咖啡、方便食品等。

（6）环境与能源

① 太阳能电池：真空镀膜技术用于提高太阳能电池的效率，增加其能量转换率。

② 储能系统：真空技术可用于开发新型高效储能系统，支持可再生能源的存储和使用。

1.4.2 应用展望

随着科学技术的不断进步，真空技术将在未来继续发挥重要作用。其在多个前沿领域的潜在应用值得期待：

① 新材料开发：真空技术将在新材料研究方面提供支持，特别是在纳米材料和超导材料的开发中。

② 量子计算：在量子计算机的开发中，极高的真空度对于量子位的稳定性和可操控性至关重要。

③ 空间探索：随着人类对深空探索的兴趣增加，真空技术将在模拟和研究太空环境中发挥重要作用。

真空技术从基础科学研究发展到如今的多领域应用，其重要性不可小觑。随着科技的进步，真空技术必将在未来发挥更大的作用，为人类社会的发展提供更多可能性。

第2章 真空获得设备及技术概述

2.1 真空获得设备作用与分类总览

真空获得设备即真空泵，是构成真空系统或真空机组的核心部件，其主要作用是获得真空环境。生产和科学研究领域对真空应用技术的压强范围要求越来越宽，大多需要由几种真空泵组成真空抽气系统共同抽气后才能满足生产和科学研究过程的要求，因此选用不同类型真空泵组成真空抽气机组进行抽气的情况较多。根据工作原理，真空泵分为气体输送泵和气体吸附泵或捕集泵。气体输送真空泵可以连续使用，而气体吸附真空泵具有有限的气体吸收能力，并且必须在一定的过程时间间隔进行再生。具体分类如图 2-1 所示。

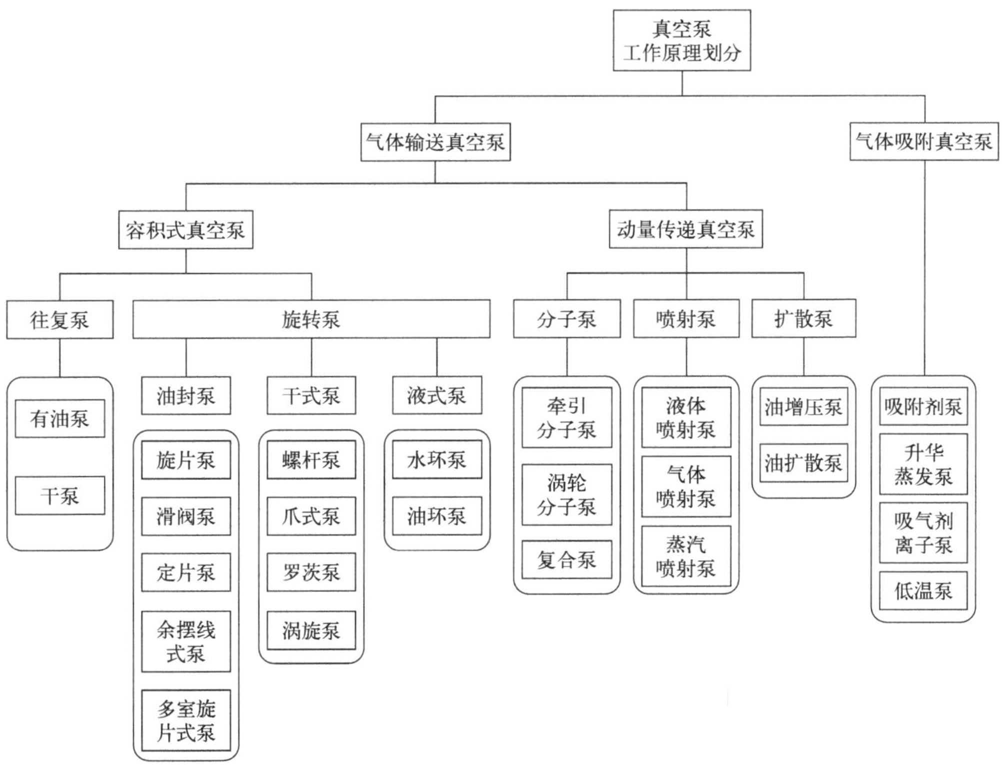

图 2-1　真空泵分类

2.2 真空泵的工作原理与关键性能指标

2.2.1 真空泵的工作原理

2.2.1.1 气体输送真空泵

气体输送真空泵（简称气体输送泵）的工作原理主要是通过压缩空气驱动，将气体压缩并输送到目标位置。具体来说，气体输送泵利用压缩空气作为动力源，通过驱动大面积端活塞，在小面积端产生高压气体输出。这种泵通常用于需要高压气体的场合，如化工、冶金等行业。其输出压力范围广泛，可以用于各种需要气体增压的应用中。此外，气体输送泵的设计使其能够适应不同的工作环境和介质，确保高效稳定的输送效果。气体输送泵又分为容积式真空泵和动量传递真空泵。

（1）容积式真空泵

容积式真空泵（简称容积式泵）的工作原理是利用泵缸内容积的变化来输送气体。容积式真空泵会形成若干个密闭的工作腔，当密闭工作腔的容积从小向大变化时，形成真空吸气；当密闭工作腔的容积从大向小变化时，进行压气（排气）。泵的输气能力（输出流量的大小）由密闭工作腔的数目、容积变化的大小及容积变化的快慢决定。不同类型的容积式真空泵，如往复泵和旋转泵，其具体工作原理有所不同，但都是基于容积变化来实现气体的吸入和排出。例如，往复泵通过活塞的往复运动来改变缸内容积，而转子泵则依靠转子的旋转来改变工作腔的容积。容积式真空泵将密封空间中的气体排到大气或下级泵中。容积式真空泵一般分为往复式及旋转式两种：

① 往复真空泵：是利用泵腔内活塞做往复运动，将气体吸入、压缩并排出，因此，又称为活塞式真空泵。

② 旋转真空泵：是利用泵腔内活塞做旋转运动，将气体吸入、压缩并排出。旋转真空泵又有如下几种型式：

a.油封式真空泵：它是利用油类密封各运动部件之间的间隙，减少有害空间的一种旋转变容真空泵。这种泵通常带有气镇装置，故又称气镇式真空泵。按其结构特点分为如下五种类型。

• 旋片式真空泵：转子以一定的偏心距装在泵壳内并与泵壳内表面的固定面靠近，在转子槽内装有两个（或两个以上）旋片，当转子旋转时旋片能沿其径向槽往复滑动且与泵壳内壁始终接触，旋片随转子一起旋转，可将泵腔分成几个可变容积的空间。

• 滑阀式真空泵：在偏心转子外部装一个滑阀，转子旋转带动滑阀沿泵壳内壁滑动和滚动，滑阀上部的滑阀杆能在可摆动的滑阀导轨中滑动，而把泵腔分成两个可变容积的空间。

• 定片式真空泵：在泵壳内装有一个与泵内表面靠近的偏心转子，泵壳上装有一个始终与转子表面接触的径向滑片，当转子旋转时，滑片能上、下滑动将泵腔分成两个可变容积的空间。

• 余摆线式真空泵：在泵腔内偏心装有一个型线为余摆线的转子，它沿泵腔内壁转动并将泵腔分成两个可变容积的空间。

• 多室旋片式真空泵：在一个泵壳内并联装有由同一个电动机驱动的多个独立工作室的旋片真空泵。

b. 干式真空泵：它是一种不用油类（或液体）密封的变容真空泵，比如罗茨真空泵、螺杆真空泵、涡旋真空泵等。

c. 液环式真空泵：带有多叶片的转子偏心装在泵壳内，当它旋转时，把液体（通常为水或油）抛向泵壳形成与泵壳同心的液环，液环同转子叶片形成了容积周期变化的几个小空间，故亦称旋转变容真空泵。

d. 罗茨真空泵：泵内装有两个转向相反同步旋转的双叶形或多叶形的转子，转子间、转子同泵壳内壁之间均保持一定的间隙。它属于旋转变容真空泵。机械增压泵即为这种型式的真空泵。

容积式泵的主要组成部分包括泵体、转子、定子、进出口阀门等，其工作过程可以简单地概括为以下几个步骤：

• 吸入阶段：当泵体内的转子旋转时，泵腔内的容积逐渐增大，此时进口阀门打开，流体被吸入泵腔中。

• 排出阶段：当转子继续旋转时，泵腔内的容积逐渐减小，此时出口阀门打开，流体被排出泵腔。

• 循环阶段：当泵腔内的流体被排出后，进口阀门关闭，出口阀门也关闭，泵腔内的流体被压缩，此时泵腔内的压力逐渐增大，直到达到一定的压力后，出口阀门打开，流体再次被排出。

容积式泵的工作原理与其他类型的泵相比，具有以下优点：

• 适用范围广：容积式泵可以输送各种类型的流体，包括高黏度的流体和含有固体颗粒的流体。

• 输送稳定：容积式泵的流量输出稳定，不易受到外界因素的影响。

• 无泄漏：容积式泵的进出口阀门可以完全关闭，不会出现泄漏现象。

• 低噪声：容积式泵的工作噪声较低，不会对周围环境造成干扰。

容积式泵的应用范围非常广泛，如化工、制药、食品、造纸、印刷等行业。在化工行业中，容积式泵常用于输送高黏度的化学品和液态聚合物；在制药行业中，容积式泵常用于输送药品和生物制品；在食品行业中，容积式泵常用于输送浆糊等高黏度食品。容积式泵是一种非常实用的流体输送设备，其工作原理简单、适用范围广泛、输送稳定、无泄漏、低噪声等优点使其在各个行业中得到广泛应用。

（2）动量传递泵

动量传递泵通过机械驱动或蒸汽射流在运动方向对气体进行加速来抽出气。这种泵是依靠高速旋转的叶片或高速射流，把动量传输给气体或气体分子，使气体连续不断地从泵的入口传输到出口。具体可分为下述几种类型。

① 分子泵：它是利用高速旋转的转子把能量传输给气体分子，使之压缩并排出的一种真空泵。它有如下几种型式：

a. 牵引分子泵：气体分子与高速运动的转子相碰撞而获得动量，被送到出口，因此，是一种动量传输泵。

b. 涡轮分子泵：泵内装有带槽的圆盘或带叶片的转子，它在定子圆盘（或定片）间旋转。转子的线速度很高。这种泵通常在分子流状态下工作。

c. 复合分子泵：它是由涡轮式和牵引式两种分子泵串联组合起来的一种复合式分子真空泵。

② 喷射真空泵：它是利用文丘里（Venturi）效应的压力降产生的高速射流把气体输送到出口的一种动量传输泵，适于在黏滞流和过渡流状态下工作。这种泵又分成以下几种类型：

a. 液体喷射真空泵：以液体（通常为水）为工作介质的喷射真空泵。

b. 气体喷射真空泵：以非可凝性气体作为工作介质的喷射真空泵。

c. 蒸气喷射真空泵：以蒸气（水、油或汞等蒸气）作为工作介质的喷射真空泵。

③ 扩散泵：以低压高速蒸气流（油或汞等蒸气）作为工作介质的喷射真空泵。气体分子扩散到蒸气射流中，被送到出口。在射流中气体分子密度始终是很低的，这种泵适于在分子流状态下工作。这种泵又可分为两种类型：

a. 自净化油扩散泵：泵液中易挥发的杂质经专门的机械输送到出口而不回到锅炉中的一种油扩散泵。

b. 油增压扩散泵：它是一种有扩散泵特性的单级或多级喷嘴与具有喷射真空泵特性的单级或多级喷嘴串联组成的一种动量传输泵。

2.2.1.2 气体吸附泵

吸附泵通过蒸发和/或升华或溅射不断地产生纯净的吸气面，使气体分子被吸附或凝结在泵的内表面上，从而减小了容器内的气体分子数目而达到抽气目的的真空泵。如果要抽出的气体粒子在与吸气面进行相互作用之前在离子泵中被电离了，则它们在溅射清洁吸气面的同时被溅射的材料掩盖。非蒸散型吸气剂包括高反应性的合金，其主要由锆或钛组成，并且具有非常大的比表面积。气体可以通过微孔渗透到吸气材料的深层内部，并在那里结合成稳定的化合物。按照工作原理和结构，气体吸附泵主要有以下几种类型：

(1) 吸附泵

它是主要依靠具有大表面的吸附剂（如多孔物质）的物理吸附作用来抽气的一种捕集式真空泵。

(2) 吸气剂泵

它是一种利用吸气剂以化学结合方式捕获气体的真空泵。吸气剂通常是以块状或沉积新鲜薄膜形式存在的金属或合金。升华泵即属于这种型式。

(3) 吸气剂离子泵

它是使被电离的气体通过电磁场或电场的作用吸附在有吸气材料的表面上，以达到抽气的目的真空泵。它有如下几种型式：

① 蒸发离子泵：泵内被电离的气体吸附在以间断或连续方式升华（或蒸发）而覆在泵内壁的吸气材料上，以实现抽气目的。

② 溅射离子泵：泵内被电离的气体吸附在由阴极连续溅射散出来的吸气材料上，以实现抽气目的。

(4) 低温泵

低温泵主要是利用低温表面抽除真空容器中的气体来获得和保持真空。低温泵通过低温冷凝和低温吸附两种方式来抽除气体，以达到极高的真空度。

① 低温冷凝：当气体分子接触到低温泵内部的低温表面时，如果低温表面的温度足够低（通常低于气体的饱和蒸气压温度），气体就会冷凝到表面上，从而减少腔室中的气体分子数量，达到真空效果。例如，多数气体在温度低于 20K 时会冷凝，而水蒸气在 80K 左右的温度下可以冷凝。

② 低温吸附：对于不能被冷凝的气体，低温泵利用吸附剂（如活性炭）在低温下吸附气体分子。例如，氢气、氦气和氖气等气体在 15K 的温度下被吸附在冷板内侧的吸附剂上。

低温泵的结构包括泵壳、障板、冷屏、冷头等部分，这些部分从外到内温度逐渐降低，互相热隔绝，以确保冷凝和吸附的效果。小型制冷机提供冷量，将冷板冷却到极低温度，通常低于 12K，以实现高效的冷凝和吸附。此外，液氮等冷屏蔽材料用于提供冷背景，进一步冷凝大量水气，提高极限真空度。

低温泵能够达到极高的真空度（如 10^{-11} Pa），并且具有排气速度快、无油污染和安装方向不受限制等特点，广泛应用于半导体、集成电路、真空镀膜设备、真空表面分析仪器等领域。

2.2.2 真空泵关键性能指标

(1) 流量

在真空泵的吸气口处，单位时间内流过的气体量称为泵的流量，用“Q”表示，其单位为 Pa·m^3/s 或 Pa·L/s。

(2) 流导

流导是表示真空管道通过气体的能力。单位为 L/s（升/秒），在稳定状态下，管道流导等于管道流量除以管道两端压强差。符号记作“U”。

$$U=Q/(P_2-P_1)$$

式中，Q 为气体流量，$Pa \cdot m^3/s$ 或 $Pa \cdot L/s$；P_2 和 P_1 是管道两端的压强，Pa。

由上式可知，管路的流导是在单位压差下，流经管路的气体体积流量，其单位为 m^3/s 或 L/s。真空系统中的各元件，如管道、阀门、捕集器、除尘器等都希望流导尽可能大，以使气体能顺利通过。因此，流导是真空系统元件设计计算的重要参数。

通导是指真空系统中各部分对气体流动的阻碍程度。它与管道的长度、截面积、形状、粗糙度、弯曲程度等有关。

(3) 压缩比 K

真空泵压缩比的定义：真空泵的压缩比是指泵对给定气体的出口压力 P_{out} 与入口压力 P_{in} 之比，即 $K=P_{out}/P_{in}$。这个比值反映了真空泵在压缩气体时的效率和能力。

真空泵的压缩比受到多个因素的影响。首先是真空泵的结构和工作原理。不同类型的真空泵具有不同的结构和工作原理，因此其压缩比也会有所差异。例如，机械泵通常具有较高的压缩比，而分子泵的压缩比则相对较低。其次是真空泵的设计和制造工艺。优秀的设计和制造工艺可以提高真空泵的压缩比，使其具有更好的抽取能力。此外，真空泵的使用环境和工作条件也会对压缩比产生影响。例如，气体的种类、气体的温度和压力等因素都会对压缩比产生一定的影响。

真空泵的压缩比也与其能耗和效率有关。一般来说，较大的压缩比意味着真空泵需要更少的能量就能达到预定的抽取效果，从而提高了真空泵的能效。这对于减少能源消耗、提高设备的工作效率具有重要意义。因此，在设计和选择真空泵时，需要考虑到其压缩比的大小，以确保系统的能耗和效率达到最佳状态。

(4) 抽气速率

单位时间内流过泵入口的气体体积称为泵的抽气速率，抽气速率的单位为 m^3/s 或 L/s，用 S 表示。一般真空泵的抽气速率与气体种类有关，因此给定的泵的抽气速率均表示对某种气体的抽气速率，如无特殊标明，多指对空气的抽气速率。

真空泵对给定气体 A 的抽气速率 S_A 为气体 A 流过泵入口的流量 Q_A 与气体 A 的分压力 P_A 的比值，如下式所示：

$$S_A=Q_A/P_A$$

抽速是指真空泵在单位时间内从真空系统中抽出的气体体积。它与真空泵的类型、结构、工作参数和真空度有关。例如，如果一个真空泵在 1kPa 的压强下，每秒可以抽出 1L 的气体，那么它的抽速为 1L/s。

对于指定的真空容积需要在指定时间达到某个真空度时，可以用如下公式推导其抽气速率：

$$S=2.303\frac{V}{t}\lg\frac{P_1}{P_2}$$

这个公式用于计算真空泵的抽气速率。式中，S 表示真空泵抽气速率，L/s；V 表示真空室容积，L；t 表示达到要求真空度所需时间，s；P_1 表示初始真空度，Pa；P_2 表示要求真空度，Pa。

（5）抽速系数

泵的实际抽气速率与泵入口面积按分子泄流计算的理论抽气速率之比。

（6）启动压强

泵无损坏启动并有抽气作用时的压强，其单位为 Pa。

（7）前级压力

排气压力低于 101.325kPa 的真空泵的出口压力，其单位是 Pa。

（8）最大前级压力

超过则使泵损坏的前级压力，其单位是 Pa。

（9）最大工作压力

对应最大抽气量的入口压力，在此压力下，泵能连续工作而不恶化或损坏，其单位是 Pa。

（10）返流率

泵按规定条件工作时，与抽气方向相反而通过泵入口单位面积、单位时间的气体的质量流，其单位是 $g/(cm^2 \cdot s)$。

2.2.3 真空泵启动压强与工作压强范围

由于真空获得设备即真空泵的结构和工作原理不同，其工作的压力范围也不相同。真空泵实际应用中要考虑不同的压力范围是因为每种真空泵都有其特定的工作压力范围和极限压力，因此要选择合适的压力范围来确保真空泵的正常运行和高效工作。如图 2-2 所示，不同类型真空泵对应工作压力范围不同，实际应用中选择真空泵时，一般采用如下原则。

首先，真空泵的性能参数包括极限压力、抽速、启动压强等，这些参数决定了真空泵的工作能力和适用范围。极限压力是真空泵能达到的最低压力值，抽速是单位时间内泵抽取气体的体积，启动压强是泵无损坏启动并有抽气作用时的压强。这些参数共同决定了真空泵在不同压力范围内的适用性。

其次，不同类型的真空泵有不同的工作压力范围和适用场景。例如，液环泵适用于粗真空，旋片泵适用于低真空，罗茨泵适用于中真空，而扩散泵则适用于高真空。选择合适的真空泵类型和压力范围对于达到预期的真空效果至关重要。

最后，在实际应用中，还需要考虑工艺要求、气体成分、污染问题等因素。例如，如果工艺要求高真空度，就需要选择极限压力较低的真空泵；如果被抽气体中含有颗粒或腐蚀性物质，就需要选择合适的过滤装置或特殊材质的泵。此外，还需要考虑真空泵的振动、噪声、维护成本等因素，确保其在实际工作环境中能够稳定运行。

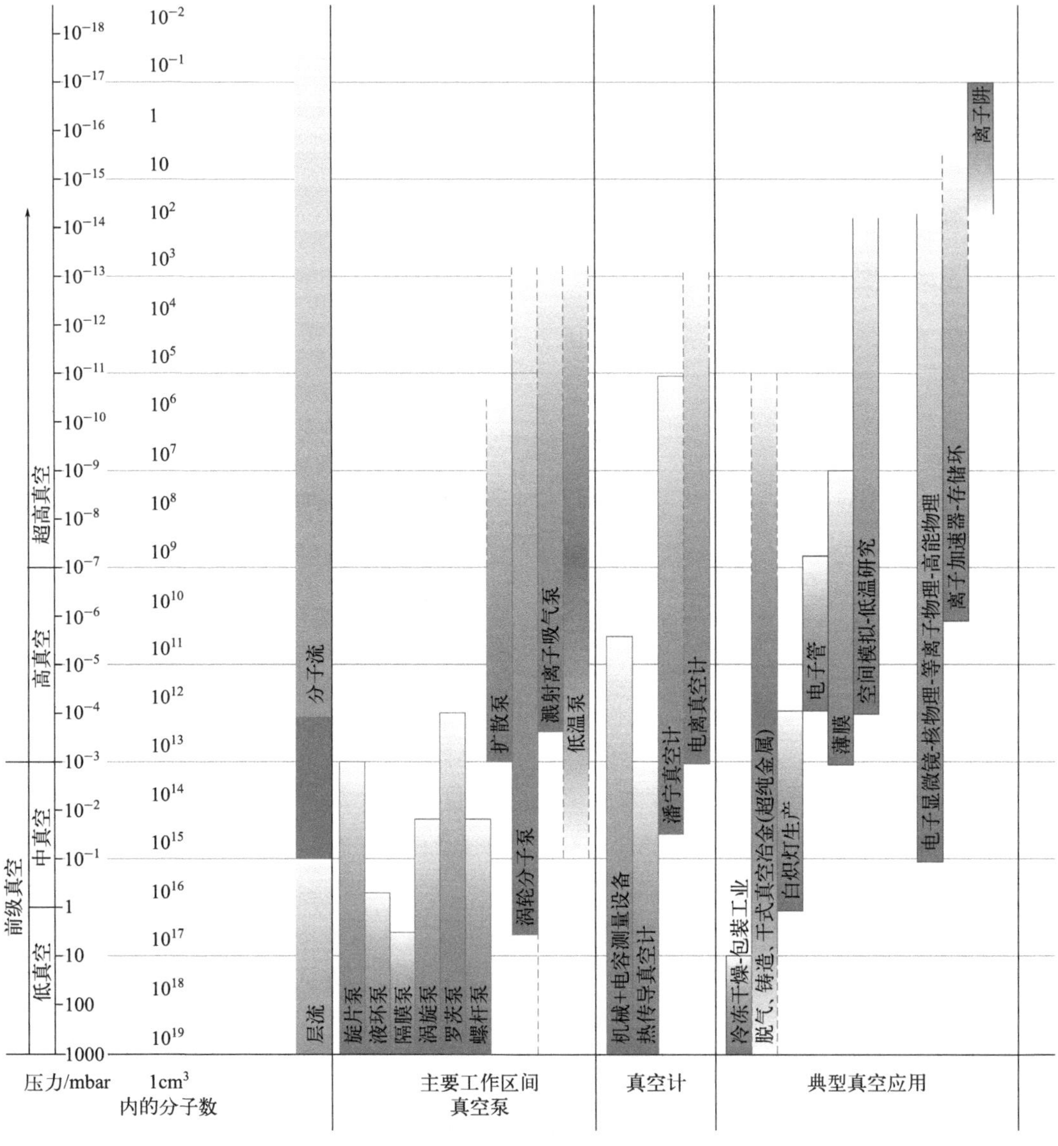

图 2-2 真空泵工作压力范围参考

2.3 真空泵的选择原则与注意事项

(1) 各类真空泵的应用定位

① 主泵：在真空系统中，用来获得所要求的真空度的真空泵。

② 粗抽泵：从大气压开始，降低系统的压力直到另一抽气系统开始工作的真空泵。

③ 前级泵：用以使另一个泵的前级压力维持在其最高许可的前级压力以下的真空泵。前级泵也可以作粗抽泵使用。

④ 维持泵：在真空系统中，当抽气量很小时，不能有效地利用主要前级泵，为此，在真空系统中配置一种容量较小的辅助前级泵，维持主泵正常工作或维持已抽空的容器所需低压的真空泵。

⑤ 粗（低）真空泵：从大气压开始，降低容器压力且工作在低真空范围的真空泵。

⑥ 高真空泵：在高真空范围内工作的真空泵。

⑦ 超高真空泵：在超高真空范围内工作的真空泵。

⑧ 增压泵：装于高真空泵和低真空泵之间，用来提高抽气系统在中间压力范围内的抽气量或降低前级泵容量要求的真空泵（如机械增压泵和油增压泵等）。

(2) 选择真空泵的注意事项

选择真空泵时一般注意如下事项：

① 真空度要求：真空泵的工作压强应满足真空设备的极限真空及工作压强要求。通常泵的真空度要高于真空设备真空度半个到一个数量级。例如，真空镀膜要求 1×10^{-5} mmHg 的真空度，选用的真空泵的真空度至少要 5×10^{-6} mmHg。

② 抽气速率：真空泵在其工作压强下，应能在规定的时间内排走真空设备工艺过程中产生的全部气体量。抽气速率需要根据真空设备工艺过程中产生的气体量来确定，确保泵能在规定时间内完成抽气。

③ 气体成分：了解被抽气体的成分，包括是否含有可凝蒸气、颗粒灰尘、腐蚀性气体等。选择合适的真空泵，必要时在泵的进气口管路上安装辅助设备，如冷凝器、除尘器等。

④ 油污染要求：如果设备严格要求无油，应选择无油泵，如水环泵、分子筛吸附泵、溅射离子泵等。如果要求不严格，可以选择有油泵并采取防油污染措施，如加冷阱、障板、挡油阱等。

⑤ 环境影响：考虑真空泵排出的油蒸气对环境的影响。如果环境不允许有污染，可以选择无油真空泵。

⑥ 振动影响：如果工艺过程不允许振动，应选择无振动的泵或采取防振动措施。

⑦ 组合使用：由于真空泵有选择性抽气，有时一种泵不能满足抽气要求，需要几种泵组合起来使用。例如，钛升华泵对氢有高抽速，但不能抽氦，而三极型溅射离子泵对氦有一定的抽速，两者组合起来能得到较好的真空度。

⑧ 品牌信誉和性能考量：选择有口碑的大品牌，以保证产品的质量和售后服务。同时考虑泵的可靠性、稳定性、耐高温、噪声等方面的性能，确保能满足长期运行的需求。

⑨ 成本与预算：综合考虑真空泵的购买成本、运转费用及维修费用，选择性价比高的产品。

2.4 真空处理流体理论

前述章节中我们通过对气体动理论的学习，对气体的宏观和微观特征有了相对全面的掌握。因为气体属于流体范畴，而我们研究真空领域时主要针对的对象是气体，因此我们还需要增加学习流体力学的相关知识。流体力学是一门以流体为研究对象，以力学为研究手段学科，所以流体力学是力学的一个分支。流体力学研究在各种力的作用下，流体本身的静止状态和运动状态以及流体和固体界壁间有相对运动时的相互作用和流动规律，即流体力学主要研究流体的运动和行为，这里的流体包含气体和液体。流体力学涉及一种强度更高的相互作用力，因为流体粒子之间的距离更近，粒子之间的相互作用更显著。流体力学研究范围包括流体的流动、湍流、黏度等。它在许多领域中都有重要的应用，如水力学、航空航天工程和海洋工程等。流体力学中最著名的方程之一是伯努利方程，它描述了流体在不同位置和速度下的压力和动能之间的关系。伯努利方程的应用广泛，飞机的升力产生、水力发电厂的运作和涡轮机的工作等都应用了伯努利方程。人们的生活和生产活动中随时随地都可遇到流体，所以流体力学与人类日常生活和生产事业密切相关。

2.4.1 流体力学发展及分类

流体力学是在人类同自然界作斗争和在生产实践中逐步发展起来的。中国有大禹治水疏通江河的传说。李冰父子（公元前 3 世纪）领导劳动人民修建了都江堰，至今还在发挥作用。与此同时，罗马人建成了大规模的供水管道系统。

对流体力学学科的形成作出贡献的首先是古希腊的阿基米德。他建立了包括物体浮力定理和浮体稳定性在内的液体平衡理论，奠定了流体静力学的基础。此后千余年间，流体力学没有重大发展。

15 世纪意大利达·芬奇的著作才谈到水波、管流、水力机械、鸟的飞翔原理等问题。17 世纪，帕斯卡阐明了静止流体中压力的概念。但流体力学尤其是流体动力学作为一门严密的科学，却是随着经典力学建立了速度、加速度，力、流场等概念，以及质量、动量、能量三个守恒定律之后才逐步形成的。

17 世纪期间，力学奠基人牛顿研究液体中运动的物体所受到的阻力，得到阻力与流体密度、物体迎流截面积以及运动速度的平方成正比的关系。他对黏性流体运动时的内摩擦力也提出了以下假设：两流体层间的摩阻应力同此两层的相对滑动速度成正比，与两层间的距离成反比（即牛顿黏性定律）。

之后，法国皮托发明了测量流速的皮托管，达朗贝尔对运河中船只的阻力进行了许多实验工作，证实了阻力同物体运动速度之间的平方关系。瑞士的欧拉采用了连续介质的概念，把静力学中压力的概念推广到运动流体中，建立了欧拉方程，正确地用微分方程组描述了无黏流体的运动；伯努利从经典力学的能量守恒出发，研究供水管道中水的流动，得到了流体定常运动下的流速、压力、管道高程之间的关系——伯努利方程。欧拉方程和伯努利方程的建立，是流体动力学作为一个分支学科建立的标志，从此开始了用微分方程和实验测量进行流体运动定量研究的阶段。流体力学的研究内容可以分为流体静力学、流体运动学和流体动力学三个部分。

（1）流体静力学

研究静止的流体，包括流体的密度、重度和黏滞性等物理性质。此处重度也称为容重，学术界对于重度有两种解释：①指单位容积内物体的重量，常用于工程上指一立方米原材料的重量，如单位体积土体的重量；②表示物体因受地球引力而表现出的重力特性，对于均质流体，指作用在单位体积上的重力。其单位是：N/m^3 或者 kN/m^3。

（2）流体运动学

研究流体运动的几何性质，不涉及力。

（3）流体动力学

研究流体运动的力学性质，包括质量守恒、动量守恒等基本原理。

2.4.2 流体力学研究框架基础

2.4.2.1 基本假设

（1）连续体假设

物质都由分子构成，尽管分子都是离散分布的，做无规则的热运动，但理论和实验都表明，在很小的范围内，做热运动的流体分子微团的统计平均值是稳定的。因此可以近似地认为流体是由连续物质构成，其中的温度、密度、压力等物理量都是连续分布的标量场。

（2）质量守恒

质量守恒目的是建立描述流体运动的方程组。欧拉法描述为：流进绝对坐标系中任何闭合曲面内的质量等于从这个曲面流出的质量。这是一个积分方程组，化为微分方程组即密度和速度的乘积的散度是零（无散场），用欧拉法描述即为流体质点（流体微团）质量的随体导数随时间的变化率为零。

（3）动量定理

流体力学属于经典力学的范畴。因此动量定理和动量矩定理适用于流体微团。

（4）应力张量

对流体微团的作用力，主要有表面力和体积力，表面力和体积力分别是力在单位面积和单位体积上的量度，因此它们有界。由于我们在建立流体力学基本方程组的时候考虑的是尺寸很小的流体微团，因此流体微团表面所受的力是尺寸的二阶小量，体积力是尺寸的三阶小量，故当体积很小时，可以忽略体积力的作用，认为流体微团只是受到表面力（表面应力）的作用。非各向同性的流体中，流体微团位置不同，表面法向不同，所受的应力是不同的。应力是由一个二阶张量和曲面法向的内积来描述的。二阶应力张量只有三个量是独立的，因此，只要知道某点三个不同面上的应力，就可确定这个点的应力分布情况。

（5）黏性假设

流体具有黏性，利用黏性定理可以导出应力张量。

（6）能量守恒

单位时间内体积力对流体微团做的功加上表面力和流体微团变形速度的乘积等于单位时间内流体微团的内能增量加上流体微团的动能增量。

2.4.2.2 流体力学分支

从流体作用力的角度，则可将流体力学分为流体静力学、流体运动学和流体动力学。从对不同“力学模型”的研究来分，则有理想流体动力学、黏性流体动力学、不可压缩流体动力学、可压缩流体动力学和非牛顿流体力学等。

2.4.2.3 常用研究方法

常用研究方法可以分为现场观测、实验室模拟、理论分析、数值计算四种。

（1）现场观测

对自然界固有的流动现象或已有工程的全尺寸流动现象，利用各种仪器进行系统观测，从而总结出流体运动的规律并借以预测流动现象的演变。过去对天气的观测和预报，基本上就是这样进行的。但现场流动现象的发生不能控制，发生条件几乎不可能完全重复出现，影响对流动现象和规律的研究，现场观测还要花费大量物力、财力和人力。因此，人们建立实验室，使这些现象能在可以控制的条件下出现，以便于观察和研究。

（2）实验室模拟

在实验室内，流动现象可以在短得多的时间内和小得多的空间中多次重复出现，可以对多种参量进行隔离并系统地改变实验参量。在实验室内，人们也可以制造自然界很少遇到的特殊情况（如高温、高压），可以使原来无法看到的现象显示出来。现场观测常常是对已有事物、已有工程的观测，而实验室模拟却可以对还没有出现的事物、没有发生的现象（如待设计的工程、机械等）进行观察，使之得到改进。因此，实验室模拟是研究流体力学的重要方法。但是，要使实验数据与现场观测结果相符，必须使流动相似条件（见相似律）完全得到满足。不过对缩尺模型来说，某些相似准数如雷诺数和弗劳德数不易同时满足，某些工程问题的大雷诺数也难以达到。所以在实验室中，通常是针对具体问题，尽量满足某些主要相似条件和参数，然后通过现场观测验证或校正实验结果。

（3）理论分析

根据流体运动的普遍规律如质量守恒、动量守恒、能量守恒等，利用数学分析的手段，研究流体的运动，解释已知的现象，预测可能发生的结果。理论分析的步骤大致如下：

① 建立“力学模型”。一般做法是针对实际流体的力学问题，分析其中的各种矛盾并抓住主要方面，对问题进行简化而建立反映问题本质的“力学模型”。流体力学中最常用的基本模型有连续介质（见连续介质假设）、牛顿流体、不可压缩流体、理想流体（见黏性流体）、平面流动等。

② 建立控制方程。针对流体运动的特点，用数学语言将质量守恒、动量守恒、能量守恒等定律表达出来，从而得到连续性方程、动量方程和能量方程。此外，还要加上某些联系流动参量的关系式（例如状态方程），或者其他方程。这些方程合在一起称为流体力学基本方程组。流体运动在空间和时间上常有一定的限制，因此，应给出边界条件和初始条件。整个流动问题的数学模式就是建立起封闭的、流动参量必须满足的方程组，并给出恰当的边界条件和初始条件。

③ 求解方程组。在给定的边界条件和初始条件下，利用数学方法，求方程组的解。由于方程组是非线性的偏微分方程组，难以求得解析解，必须加以简化，这就是前面所说的建立力学模型的原因之一。力学家经过多年努力，创造出许多数学方法或技巧来解这些方程组（主要是简化了的方程组），得到一些解析解。

④ 对解进行分析解释。求出方程组的解后，结合具体流动，解释这些解的物理含义和流动机理。通常还要将这些理论结果同实验结果进行比较，以确定所得解的准确程度和力学模型的适用范围。

（4）数值计算

前面提到的采用简化模型的方程组或封闭的流体力学基本方程组用数值方法求解。现场观测、实验室模拟、理论分析和数值计算几方面是相辅相成的。实验需要理论指导，才能从分散的、表面上无联系的现象和实验数据中得出规律性的结论。反之，理论分析和数值计算也要依靠现场观测和实验室模拟给出物理图案或数据以建立流动的力学模型和数学模式。最后，还须依靠实验来检验这些模型和模式的完善程度。此外，实际流动往往异常复杂（例如湍流），理论分析和数值计算会遇到巨大的数学和计算方面的困难，得不到具体结果，只能通过现场观测和实验室模拟进行研究。

2.4.3 流体的物性分析

本书籍是介绍讲解真空技术及真空获得设备，因此我们必须了解气体的物性特征，但是气体属于流体，因此我们需要了解流体连续介质模型与物理属性，包括流体的密度、可压缩性和黏性。掌握流体基本模型及其表征方法，包括流体可压缩性的表达式和计算，以及流体黏性的表示与计算，牛顿摩擦定律及其应用。本节还将探讨流体的连续介质假设，即流体由流体微团组成，微团要满足两个条件。连续介质假设是有一定条件的，当研究问题的特征尺度接近或小于分子大小或分子平均自由场时，连续介质假设不再适用。对于气体的处理研究一般认为是满足连续性假设模型。

2.4.3.1 流体微团假设分析

无论是气体还是液体，此处统称为流体，众所周知构成物质的最小单位要么以原子衡量要么以分子衡量，但是这两种衡量方式对于流体研究都有一定的缺陷。如果把流体看成是由分子组成，当所选的区域尺度小于分子自由长的时候，区域内的质量，也就是分子的个数，会受到热运动的影响，其单位空间内的分子数将是不确定的数字。由于流体的密度等于质量除以体积，那么体积没有变，而里边的质量在发生改变，因此无法确定流体的密度。可见如果以分子为最小单位来研究流体，那么流体的很多物理量是不确定的，它受分子热运动的影响，比如密度就没法确定。

欧拉在 1753 年首先提出了连续介质力学模型假设，他认为流体是由流体微团组成，那么微团要满足如下两个条件：①流体体积要充分大，大到使得微团内的统计平均特性不受个别分子热运动的影响，也就是说分子的进出不影响它的统计平均值；②流体体积还要充分小，小到在几何上可以看作是一个点。欧拉认为这些微团连续分布的整个空间组织成了流体，这就是著名的连续介质假设。

2.4.3.2 影响真空处理的流体物性

(1) 流体密度和重度

密度，单位体积流体所含物质的多少称为流体密度。

$$\rho=\lim_{\Delta V\to 0}\frac{\Delta M}{\Delta V}(\mathrm{kg/m^3})$$

流体的重度，单位体积流体的重量（ΔG）称为重度。

$$\lambda=\lim_{\Delta V\to 0}\frac{\Delta G}{\Delta V}=\rho g(\mathrm{N/m^3})$$

(2) 压缩性和膨胀性

作用在流体上的压力变化引起的流体体积和密度的变化，这一现象称为流体的压缩性。流体的压缩性是指在外界条件变化时，其密度和体积发生了变化。具体有两种变化情况：一种是外部压强发生了变化；另一种就是流体的温度发生了变化。描述流体的压缩性常用以下两个量。

① 流体的等温压缩率 β。当质量为 m，体积为 V 的流体外部压强发生 Δp 的变化时，相应其体积也发生了 ΔV 的变化，则定义流体的等温压缩率为

$$\beta=-\frac{\Delta V/V}{\Delta p} \tag{2-1}$$

由于 ΔV 与 Δp 是相反的所以取值为负号，β 的单位为 1/Pa。流体等温压缩率的物理意义是，当温度不变时，每增加单位压强所产生的流体体积的相对变化率。

考虑到压缩前后流体的质量不变，式（2-1）还有另外一种表示形式，即

$$\beta=\frac{\mathrm{d}\rho}{\rho\mathrm{d}p} \tag{2-2}$$

如果是气体物质，将理想气体状态方程代入式（2-2），得到理想气体的等温压缩率为：

$$\beta=1/p \tag{2-3}$$

日常我们还会使用到体积弹性模量 E 来表示等温压缩率：

$$E=1/\beta$$

② 流体的体积膨胀系数 α。当质量为 m，体积为 V 的物体温度发生 ΔT 的变化时，相应其体积也发生了 ΔV 的变化，则定义流体的体积膨胀系数为

$$\alpha=\frac{\Delta V/V}{\Delta T} \tag{2-4}$$

考虑到膨胀前后流体的质量不变，式（2-4）还有另外一种表示形式，即

$$\alpha=-\frac{\mathrm{d}\rho}{\rho\mathrm{d}T} \tag{2-5}$$

这里的负号是考虑到随着温度的升高，体积必然增大，则密度必然减少；α 的单位为 1/K。体积膨胀系数的物理意义是，当压强不变时，每增加单位温度所产生的流体体积的相对变化率。对于物理气体，将理想气体状态方程代入式（2-5），则：

$$\alpha=1/T \tag{2-6}$$

在研究流体流动过程时，若考虑到流体的压缩性，则称为可压缩流动，相应地称流体为可压缩流体。若不考虑流体的压缩性，则称为不可压缩流动，相应地称流体为不可压缩流体，如水、油等液体的流动。

③ 流体的黏滞性。流体的物性除了压缩性和膨胀性以外，还有一个重要的物理属性：黏滞性。流体的黏滞性是指流体抵抗剪切变形的能力，通常称为流体内摩擦力。在日常生活中流体的黏滞性随处可见，比如用筷子搅拌杯中的水，水会整体旋转，这个就是非常典型的黏滞性作用。这个物性对于我们研究气体或液体等流体有着重要的意义。

2.4.4 流体内摩擦力及计算

2.4.4.1 流体内摩擦力（黏滞性）

在研究流体力学方面，前面章节提到了一个重要的概念，流体黏滞性。黏滞性其实是流体内部阻碍其相对流动的一种性质，也被称为内摩擦或流阻。在静止流体内，作用于任

一面层两侧的力必须与该面垂直，而没有切应力。黏滞性的存在意味着，当流体流动时，如果其各层流动速度不同，各层流体间会有相互作用。流动速度大的一层会带动流动速度小的一层，而流动速度小的一层则会阻碍速度大的一层。这种相互作用表现为一种连续的阻力，使得流体或半流体产生或保持一定量的与流速有关的切应力，对流动产生连续的阻力。

黏滞性的概念不仅适用于液体，也适用于半流体，并且在不同的领域中有着重要的应用。例如，在光刻技术中，黏滞性是衡量光刻胶流动特性的一项重要指标。黏滞性与时间相关，因为它会在使用中随着光刻胶溶剂的挥发而增加。黏滞性的变化会影响光刻胶在硅片上的厚度和均匀性，进而影响光刻的质量。具体来说，随着黏滞性的增加，光刻胶流动的趋势变小，导致其在硅片上的厚度增加；而低黏滞性的光刻胶则具有更大的流动性，会在硅片表面产生更薄的覆盖层。

黏滞性的概念还涉及黏滞状态，特指流体或半流体的物理性质。这种性质不仅在科学研究中具有重要意义，也在日常生活中有所体现，例如，水在管中流动较易，而糖浆由于黏滞性比水大，因而流动较慢。

2.4.4.2 流体摩擦力计算

那么对于气体而言，其黏滞系数是指气体在流动过程中，各气体层之间由于流速不同而产生的内摩擦力。气体流体内摩擦力计算公式是 $\tau=\mu \mathrm{d}u/\mathrm{d}y=\mu D$，其中 μ 与材料性质有关。它描述了流体中由速度梯度产生的剪切应力与流体黏度之间的关系。在这个公式中，μ 代表流体的动力黏度，$\mathrm{d}u/\mathrm{d}y$ 代表垂直方向速度梯度 D，即流体中速度的变化率。这个公式不仅适用于气体，也适用于液体，因为它反映了流体的一种基本性质，即流体在受到剪切力时，由于内部摩擦会反抗这种剪切力，从而表现出黏性。黏度是流体的重要物理性质之一，它反映了流体内部阻碍流动的能力。对于气体而言，黏度的大小与气体的组成、温度、压力等因素有关。在实际应用中，气体的黏度可以通过实验测定，或者在特定条件下通过理论模型进行估算。

1686 年英国科学家牛顿给出了表征内摩擦力的定律，他指出：内摩擦力正比于流层移动的相对速度；内摩擦力正比于流层间的接触面积；内摩擦力随流体的物理性质而改变；内摩擦力与正压力无关。一切真实流体中，由于分子的扩散或分子间相互吸引的影响，使不同流速的流体之间有动量交换发生，因此，在流体内部两流层的接触面上产生内摩擦力。这种力与作用面平行，故又称流动切应力，或黏性力。黏性力的方向，对流速大的流体层而言，它与流速方向相反，是阻碍流动的力；相应地，对流速小的流体层而言则是促使其加速的力。黏性力的大小可由牛顿内摩擦定律确定。

考虑一种流体，它介于面积相等的两块大的平板之间，如图 2-3 所示，这两块平板以一很小的距离分隔开，该系统原先处于静止状态。假设让上面一块平板以恒定速度 v 在 x 方向上运动。

紧贴于运动平板下方的一薄层流体也以同一速度运动。当速度 v 不太大时，板间流体将形成稳定层流。靠近运动平板的液体比远离平板的液体具有较大的速度，且离平板越远的薄层，速度越小，至固定平板处，速度降为零。速度按某种曲线规律连续变化。这种速

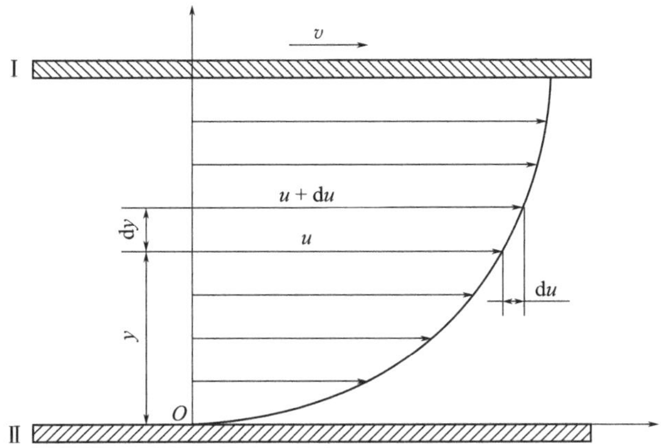

图 2-3　平行板实验

度沿距离 y 的变化称为速度分布。设某一流层速度为 u，与其相邻流层速度为 $u+du$，du 为其流速变化值。设流层间沿 y 轴距离差为 dy，若两板间的距离很小，则两板间的流速变化无限接近线性，即可化为流速梯度 du/dy。设 F 为流体各层间的内摩擦力，流体间接触面积为 A，大量实验证明，流体的内摩擦力大小与流体性质有关，与流体速度变化梯度 du/dy 和接触面积 A 成正比。则各物理量关系满足如下关系：

$$F=\mu A du/dy$$

其中，μ 是与流体性质相关的比例系数，即为动力黏性系数，或称动力黏度，Pa・s 或 kg/(m・s)。表 2-1 列出了部分常见液体和气体的动力黏度和运动黏度。

表 2-1　常见气体和液体的动力黏度和运动黏度（25℃常压情况下）

物质	动力黏度 /(μPa・s)	运动黏度 /(mm^2/s)	物质	动力黏度 /(μPa・s)	运动黏度 /(mm^2/s)
环己胺	884.69	1.143	R113	653.61	0.418
癸烷	848.10	1.167	R123	417.60	0.285
十二烷	1 358.8	1.822	R141b	408.35	0.331
乙醇	1 084.9	1.381	R365mfc	407.56	0.324
重水	1 095.1	0.991	甲苯	556.25	0.645
庚烷	388.48	0.572	水	890.08	0.893
己烷	296.28	0.452	碳酸二甲酯	582.02	0.548
异己烷	272.80	0.421	碳酸二乙酯	751.9	0.775
异戊烷	216.43	0.352	甲基叔丁基醚	330.02	0.449
甲醇	543.71	0.691	空气	18.448	15.787
壬烷	654.01	0.916	氨气	10.093	14.539
辛烷	509.72	0.730	氩气	22.624	14.030
戊烷	217.90	0.351	丁烷	7.406	3.065

续表

物质	动力黏度/(μPa·s)	运动黏度/(mm^2/s)	物质	动力黏度/(μPa·s)	运动黏度/(mm^2/s)
丁烯	8.163	3.507	异丁烯	8.085	3.474
二氧化碳	14.932	8.369	氪气	25.132	7.419
一氧化碳	17.649	15.614	甲烷	11.067	17.071
二甲醚	9.100	4.801	氖气	31.113	38.239
乙烷	9.354	7.654	新戊烷	7.259	2.403
乙烯	10.318	9.066	氮气	17.805	15.753
氢气	8.915	109.69	一氧化二氮	14.841	8.314
硫化氢	12.387	8.942	氧气	20.550	15.910
异丁烷	7.498	3.115	仲氢	8.915	109.69

2.4.5 真空处理的流体分类

实际研究中流体的类型不同，我们采用的研究方法或者控制方程也不同，根据不同的标准流体可以分为如下几类：

(1) 理想流体和黏性流体

理想流体是无黏性的流体，而黏性流体则具有黏性。理想流体中没有摩擦，也就没有耗散损失。事实上，真正的理想流体是不存在的。但是在一定的情形下，至少在特定的流动区域中，某些流体的流动非常接近理想的流动条件，在分析处理中可以当作理想流体。例如，在空气绕物体的流动（空气动力学）中，除去邻近物体表面的薄层（称为边界层）之外，在其余的流动区域中，空气动力学中都处理成理想流动，此时所求解的控制方程组是不考虑黏性的欧拉方程组。黏性流体则具有黏性，流动过程中会产生内摩擦力，导致能量损失。

(2) 牛顿流体和非牛顿流体

根据内摩擦剪应力与剪应变率的关系不同，黏性流体又可分为牛顿流体与非牛顿流体。如果流体的剪应力与剪应变率遵守牛顿内摩擦定律，即符合公式 $\tau=\mu du/dy$ 则这种流体就称为牛顿流体。尽管这个线性的牛顿关系式只是一种近似，但是却很好地适用于一类范围很广的流体。水、空气和气体等绝大多数工业中常用的流体都是牛顿流体。

但是，对于某些物质而言，剪应力不只是速度梯度的函数（速度梯度和剪应变率是相同的），通常还可以是应变的函数，这种物质称为黏弹性流体。剪应力只依赖于速度梯度的简单黏性流体，也可能不是牛顿流体。

事实上存在这样的流体，其剪应力与应变率之间有着相当复杂的非线性关系。如果流体的应力应变关系还取决于之前的工况，即应变工况，则称为触变流体。非牛顿流体具有塑性行为，其特征是有一个表现的屈服应力，在达到表现的屈服应力之前，流体的性态像固体一样，一旦超过这个表现的屈服应力，则和黏性流体一样，比如油脂。塑性流体的另一个极端情形是在低应变率时，黏性系数很小，很容易流动，但随着应变率的增加，变得越来越像固体（如流沙）。这种流体称为膨胀流体。在图 2-4 中用曲线说明了牛顿流体和非牛顿流体的特征。

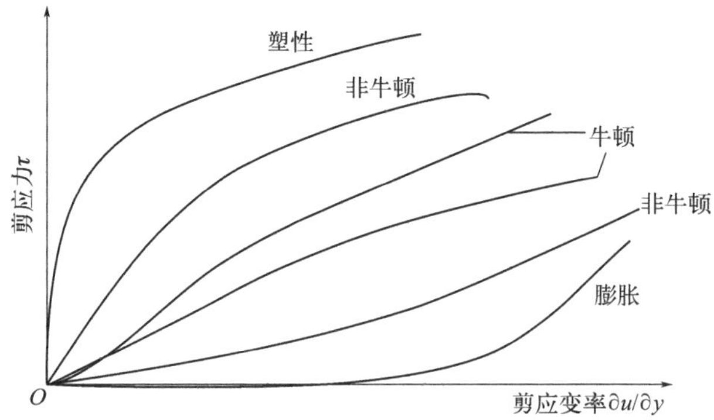

图 2-4　牛顿流体与非牛顿流体特征

（3）可压缩流体与不可压缩流体

可压缩流体是指其体积会随压力及温度的变化而变化。具体来说，气体的体积会随着压力的增加而显著减小，因此气体被认为是可压缩流体。不可压缩流体则是指在流动过程中，其体积和密度变化非常小的流体。

对于气体而言，其体积会随着压力的增加而显著减小，因此气体被认为是可压缩流体。例如，当压力增加一倍时，气体的体积通常会减小为原来的一半。相比之下，液体的压缩系数非常小，即使在压力变化的情况下，其体积的变化也可以忽略不计，因此液体通常被视为不可压缩流体。

（4）定常流体和非定常流体

根据流体流动过程以及流动过程中的物理参数是否与时间相关，可将流动分为定常流动与非定常流动两种：

① 流体流动过程中，各物理量均与时间无关的流动称为定常流动流体。

② 流体流动过程中，某个或某些物理量与时间有关的流动称为非定常流动流体。

（5）层流流体与湍流流体

流体的流动分为层流流动和湍流流动。从实验的角度来看，层流流动就是流体层与层之间相互没有任何干扰，层与层之间既没有质量的传递也没有动量的传递；而湍流流动中层与层之间相互干扰，而且干扰的力度还会随着流动的加速而加大，层与层之间既有质量的传递，又有动量的传递。判断流体是层流还是湍流，主要是看其雷诺数是否超过临界雷诺数。

在实际的研究应用中，在真空状态下，气体通过管道的流动属于稀薄气体流动。在真空系统管路中的气流有五种流动状态：湍流（又称紊流、涡流）；湍-黏滞流；黏滞流（又称层流、黏性流、泊肃叶流)；黏滞-分子流；分子流（又称自由分子流、克努森流)。湍-黏滞流是湍流和黏滞流之间的过渡状态。黏滞-分子流是黏滞流和分子流之间的过渡状态。

因为湍流仅仅发生在真空系统刚刚工作之时，持续的时间很短，发生湍-黏滞流的时间也很短，所以在真空系统的设计计算中很少考虑这两种流动状态的影响。而主要考虑黏滞流、黏滞-分子流、分子流这三种流动状态下，管道对气体的导通性能——流导。

气体在管道中的流动状态不同，管道的流导也不一样，也就是说，管道对气体的流导不仅取决于管道的几何形状和尺寸，还与管道中流动的气体种类和温度有关，在有的流动状态下还取决于管道中气体的平均压力。所以在计算管道对气体的流导时，首先必须判明管道中的气流是哪一种流动状态。

对于气体流动状态的判断通常使用无量纲克努森数 K_n，具体如下：

$K_n=\frac{\bar{\lambda}}{D}$，$\bar{\lambda}$ 为分子平均自由行程，D 为流道直径，两者单位均为米，各种流体状态及对应的克努森数如图 2-5 所示。

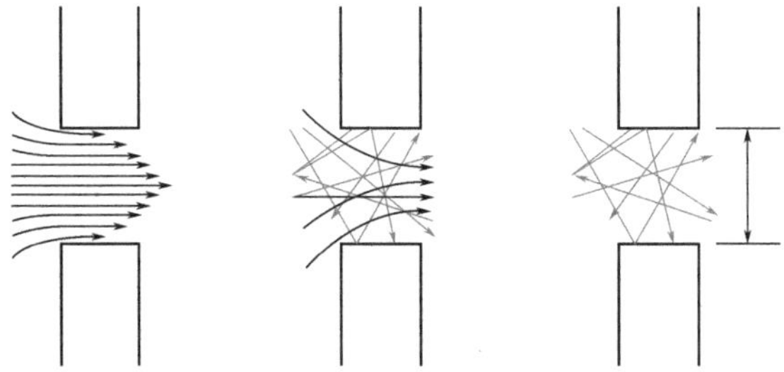

图 2-5　各种流体状态及对应的克努森数

在高真空环境中，气体分子除了与容器器壁发生碰撞以外，几乎不发生气体分子间的碰撞。这种气体的流动状态被称为气体的分子流状态，分子流状态的特点是气体分子的平均自由程大于气体容器的尺寸。

当气体压力较高时，气体分子的平均自由程较短，明显小于流道的尺寸，气体分子间的相互碰撞较为频繁，这种气体的流动状态称为气体的黏滞流状态。黏滞流状态下的气体流动模式要相对复杂。在低流速的情况下，黏滞流状态的气流处于层流状态如图 2-6（a)，在流速较高时，气体的流动状态转变为紊流状态如图 2-6（b)。

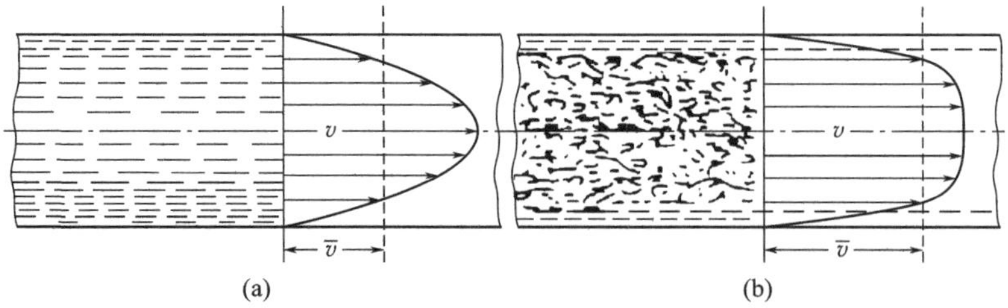

图 2-6　黏滞流的分类示意图

在黏滞流的情况下，层流和紊流之间存在区别。在层流中，气体粒子保持在彼此始终平行的相同位移层上。如果流速增加，这些层将被打破，并且流体粒子以完全混乱的方式相互碰撞，此时被称为紊流（也就是湍流）。黏性流这两个区域之间的边界可通过雷诺数（Re）来表示。雷诺数是流体的惯性力$\frac{\rho v^2}{L}$与黏性力$\frac{\mu v}{L^2}$比值的量度。雷诺数较小时，黏滞力对流场的影响大于惯性力，流场中流速的扰动会因黏滞力而衰减，流体流动稳定，为层流；反之，若雷诺数较大时，惯性力对流场的影响大于黏滞力，流体流动较不稳定，流速的微小变化容易发展、增强，形成紊乱、不规则的紊流流场。对于管道内流动的气体，其雷诺数定义如下：

$$Re=\frac{\rho v D}{\mu}$$

式中，v 为平均流速，m/s；D 为管道直径（一般称为特征长度 L），m；μ 为流体动力黏度，Pa·s；ρ 为流体密度，kg/m^3。

$Re<2,300$ 时为层流，当 $Re>4,000$ 时则为紊流。在 2，300～4,000 范围内时，占主导地位的是紊流。层流也有可能，然而这两种类型的流动在该范围内均不稳定。真空的紊流仅在从大气压进行抽空操作过程中或进行快速排气时发生。在真空系统中，管道的尺寸应使紊流仅在相对较高的压力下短暂出现，因为发生在该过程中的高流阻需要所用泵产生较大的体积流量。

流动动力黏度系数和运动黏度系数是流体流动性质的重要参数，它们在流体力学和工程领域中具有广泛的应用。在内流体内摩擦力章节我们也接触了这个概念。这里我们再重申一下，动力黏度系数是指气体或者液体在单位面积上单位时间内通过的流体量，它是衡量液体黏稠程度的物理量。动力黏度系数通常用希腊字母 μ 表示，单位是帕斯卡秒（Pa·s）。动力黏度系数越大，表示液体的黏稠程度越高，流动性越差；反之，动力黏度系数越小，表示液体的黏稠程度越低，流动性越好。而运动黏度系数是指单位质量的液体在单位面积上单位时间内通过的流体量，它是动力黏度系数与液体密度的比值。运动黏度系数通常用希腊字母 ν 表示，单位是平方米每秒（m^2/s）。运动黏度系数是描述液体黏稠程度的重要参数，它与动力黏度系数之间存在简单的线性关系，即 $\nu=\mu/\rho$，其中 ρ 表示液体的密度。

可见动力黏度系数和运动黏度系数是描述气体或者液体流动性质的重要参数。它们在流体力学和工程领域中具有广泛的应用，可以帮助工程师设计和优化流体传输系统，选择合适的液体，并计算液体的阻力和黏度损失等参数。通过深入理解和应用动力黏度系数和运动黏度系数，我们可以更好地理解和控制液体的流动行为，提高工程设计和流体力学分析的准确性和效率。

要获得气体在参考温度下的动力黏度，可以使用萨特兰公式或幂次公式。这些公式提供了根据温度计算气体黏度的方法。萨特兰公式用于计算气体的动力黏度，其表达式为：$\frac{\mu}{\mu_0}=\left(\frac{T}{T_0}\right)^{1.5}\frac{T_0+B}{T+B}$。其中，$\mu$ 和 T 分别是所需计算的温度下的动力黏度和绝对温度；μ_0

和 T_0 是参考温度下的动力黏度和绝对温度；B 是一个与气体种类有关的常数，对于空气，$B=110.4\mathrm{K}$。

2.4.6 流体流动描述方法

通常采用拉格朗日和欧拉两种方法来描述流体物理量。

拉格朗日（Lagrange）描述又称随体描述，关注点是流体质点，并认为流体质点的物理量是随流体质点及时间变化而变化，即把流体质点的物理量表示为拉格朗日坐标及时间的函数。比如设拉格朗日坐标为 (a,b,c)，以此坐标表示的流体质点的物理量，如矢径、速度、压强等在任一时刻 t 的值，便可以写为 a、b、c 及 t 的函数。若以 f 表示流体质点的某一物理量，其拉格朗日描述的数学表达式为

$$f=f(a,b,c,t) \tag{2-7}$$

比如，设时刻 t 流体质点的矢径，即 t 时刻流体质点的位置为 r，其拉格朗日描述为

$$r=r(a,b,c,t) \tag{2-8}$$

同样，质点速度的拉格朗日描述为

$$v=v(a,b,c,t) \tag{2-9}$$

欧拉描述也称空间描述，关注点是空间点，认为流体的物理量随空间点及时间而变化，即把流体物理量表示为欧拉坐标及时间的函数。通过这种方式得到每一点的流体运动情况，则整个流体的运动状况也就清楚了。欧拉描述中流体质点的运动规律数学上可表示为矢量形式，假设空间一点的坐标为（x，y，z，t），其中 x、y、z 是该空间的坐标，t 是此刻时间。u、v、w 是这一空间点的速度 $\boldsymbol{v}$ 在 x、y、z 三个方向的速度分量，p、ρ、T 是这一空间点的压力、密度和温度。这样就有了每一个点的速度、压力、密度、温度，这样就可以描述运动流体的状态。上述这些物理量可以用如下方程表示：

$$\begin{gathered}u=u(x,y,z,t)\\v=v(x,y,z,t)\\w=w(x,y,z,t)\\p=p(x,y,z,t)\\\rho=\rho(x,y,z,t)\\T=T(x,y,z,t)\end{gathered}$$

通过上述公式可以看出，设欧拉坐标为（x，y，z），用欧拉坐标表示的各空间点上的流体物理量，如速度、压强等，在任一时刻 t 的值，可写为 x、y、z 及 t 的函数。从数学分析知道，当某时刻一个物理量在空间的分布一旦确定，该物理量在此空间形成一个场。因此，欧拉描述实际上描述了一个物理量的场。若以 f 表示流体的一个物理量，其欧拉描述的数学表达式为（设空间坐标为直角坐标）

$$f=F(x,y,z,t)=F(r,t) \tag{2-10}$$

如流体速度的欧拉描述为

$$v=v(x,y,z,t) \tag{2-11}$$

可见拉格朗日描述关注于流体质点，将物理量视为流体坐标与时间的函数。欧拉描述则关注于空间点，将物理量视为空间坐标与时间的函数。所以它们可以描述同一物理量，并且相关。

设表达式 $f=f(a,b,c,t)$ 表示流体质点 (a,b,c) 在 t 时刻的物理量。设表达式 $f=F(x,y,z,t)$ 表示空间点 (x,y,z) 在时刻 t 的同一物理量。如果流体质点 (a,b,c) 在 t 时刻恰好运动到空间点（x，y，z）上，则应有

$$\begin{cases} x=x(a,b,c,t) \\ y=y(a,b,c,t) \\ z=z(a,b,c,t) \end{cases} \tag{2-12}$$

$$F(x,y,z,t)=f(a,b,c,t) \tag{2-13}$$

将式（2-12）代入式（2-13），即

$$\begin{aligned} F(x,y,z,t) &= F[x(a,b,c,t),y(a,b,c,t),z(a,b,c,t),t] \\ &= f(a,b,c,t) \end{aligned} \tag{2-14}$$

或者反解式（2-12），得到

$$\begin{cases} a=a(x,y,z,t) \\ b=b(x,y,z,t) \\ c=c(x,y,z,t) \end{cases} \tag{2-15}$$

将式（2-15）代入式（2-13）的右端，则：

$$\begin{aligned} f(a,b,c,t) &= f[a(x,y,z,t),b(x,y,z,t),c(x,y,z,t),t] \\ &= F(x,y,z,t) \end{aligned} \tag{2-16}$$

可以通过拉格朗日描述推出欧拉描述，同样也可以由欧拉描述推出拉格朗日描述。

2.4.7 流体处理三大方程理解

流体力学方程是将质量、动量和能量守恒定律应用于流体运动所得到的数学表达式，借助偏微分运算来描述流体速度、压力、密度和温度等物理量之间的关系。这些方程可以是对系统或控制体建立的，其中系统是确定不变的物质的组合，而控制体是相对于某一坐标系固定不变的空间体积。流体力学包含连续性方程、动量方程和能量守恒方程三大方程。其中连续性方程也称质量守恒方程，动量方程在流体力学中分为理想流体动量方程和黏性流体动量方程两种。其中理想流体动量方程就是欧拉动量方程，也是牛顿第二定律（$F=ma$）在理想流体上的应用形式，黏性流体动量方程就是纳维-斯托克斯方程，也简称 N-S 方程。接下来我们逐个看看流体方程的推导。

2.4.7.1 连续性方程

连续性方程即质量守恒定律的数学表达。根据质量守恒定律的推导，可以得出流体在任意时刻其质量是守恒的。对于不可压缩流体，连续性方程可以表示为质量变化率等于流体从笛卡儿坐标三个方向流出的量，即单位时间内通过两个截面的流体质量相等，如图 2-7 所示。

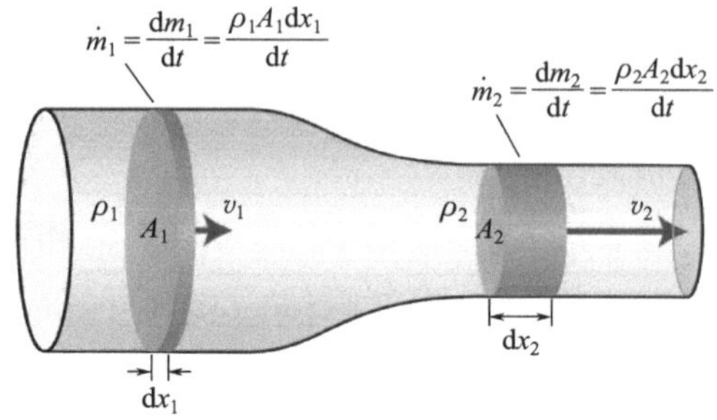

图 2-7 流体连续性方程图解

为了更好理解，我们分别采用拉格朗日有限体积分析和欧拉有限体积分析进行推导描述。

（1）拉格朗日有限体积分析

在经典力学范畴内，封闭系统内的物质是不生不灭的。对于一个确定的系统，质量守恒定律可以表示为：封闭系统中不存在源或汇的条件下，系统内流体的质量不随时间变化。即取体积为 τ，密度为 ρ，质量为 m 的一定流体质点团，则有

$$m=\int_\tau \rho d\tau \Rightarrow \frac{Dm}{Dt}=\frac{D}{Dt}\int_\tau \rho d\tau=0 \Rightarrow \frac{D}{Dt}\int_\tau \rho d\tau=\int_\tau \frac{D\rho}{Dt}d\tau+\int_\tau \rho\frac{D}{Dt}d\tau=0 \tag{2-17}$$

因为速度散度的物理意义是相对体积膨胀率及密度的随体导数，即

$$\mathrm{div}v=\frac{1}{d\tau}\frac{D}{Dt}d\tau \tag{2-18}$$

$$\frac{D\rho}{Dt}=\frac{\partial\rho}{\partial t}+u\frac{\partial\rho}{\partial x}+v\frac{\partial\rho}{\partial y}+w\frac{\partial\rho}{\partial z}=\frac{\partial\rho}{\partial t}+\boldsymbol{v}\cdot\nabla\rho \tag{2-19}$$

u、v、w 是 x、y、z 轴方向上运动速度。

代入式（2-17）得

$$\int_\tau \frac{D\rho}{Dt}d\tau+\int_\tau \rho\frac{D}{Dt}d\tau=\int_\tau \left[\left(\frac{\partial\rho}{\partial t}+\boldsymbol{v}\cdot\nabla\rho\right)+\rho\,\mathrm{div}\boldsymbol{v}\right]d\tau=\int_\tau \left[\frac{\partial\rho}{\partial t}+\mathrm{div}(\rho\boldsymbol{v})\right]d\tau=0 \tag{2-20}$$

运用高斯定理

$$\begin{aligned}\iiint_\tau\left(\frac{\partial u}{\partial x}+\frac{\partial v}{\partial y}+\frac{\partial w}{\partial z}\right)d\tau&=\iint_S u\,dy\,dz+v\,dz\,dx+w\,dx\,dy\\&=\iint_S(u\cos\alpha+v\cos\beta+w\cos\gamma)dS\\&=\iint_S\boldsymbol{v}\cdot\boldsymbol{n}\,dS=\iint_S v_n\,dS\end{aligned} \tag{2-21}$$

其中，α、β、γ 是 S 面上的外法向量的方向角；div 代表矢量场散度。根据式（2-21）可

得式（2-22）

$$\int_{\tau}\left[\frac{\partial\rho}{\partial t}+\mathrm{div}(\rho\boldsymbol{v})\right]\mathrm{d}\tau=\int_{\tau}\frac{\partial\rho}{\partial t}\mathrm{d}\tau+\int_{S}\rho\boldsymbol{v}_{n}\,\mathrm{d}S=0 \tag{2-22}$$

式（2-22）即连续性方程的积分形式。

假定被积函数连续，而且体积 τ 是任意选取的，由此可知被积函数必须等于 0，即

$$\frac{D\rho}{Dt}+\rho\,\mathrm{div}\boldsymbol{v}=0\Leftrightarrow\frac{D\rho}{Dt}+\rho\frac{\partial v_{i}}{\partial x_{i}}=0 \tag{2-23}$$

或

$$\frac{\partial\rho}{\partial t}+\mathrm{div}(\rho\boldsymbol{v})=0\Leftrightarrow\frac{\partial\rho}{\partial t}+\frac{\partial(\rho v_{i})}{\partial x_{i}}=0 \tag{2-24}$$

在直角坐标系中，连续性方程为

$$\frac{\partial\rho}{\partial t}+\frac{\partial(\rho u)}{\partial x}+\frac{\partial(\rho v)}{\partial y}+\frac{\partial(\rho w)}{\partial z}=0 \tag{2-25}$$

或

$$\frac{D\rho}{Dt}=-\rho\left(\frac{\partial u}{\partial x}+\frac{\partial v}{\partial y}+\frac{\partial w}{\partial z}\right) \tag{2-26}$$

式（2-26）表明，密度变化（随时间和位置）等于密度和体积变形的乘积。

（2）欧拉法直角坐标系分析

控制体体积如图 2-8 所示，单位时间内通过 yz 表面的通量为 $\rho u\,\mathrm{d}y\,\mathrm{d}z$，其中 ρ 是密度，u 是运动速度。

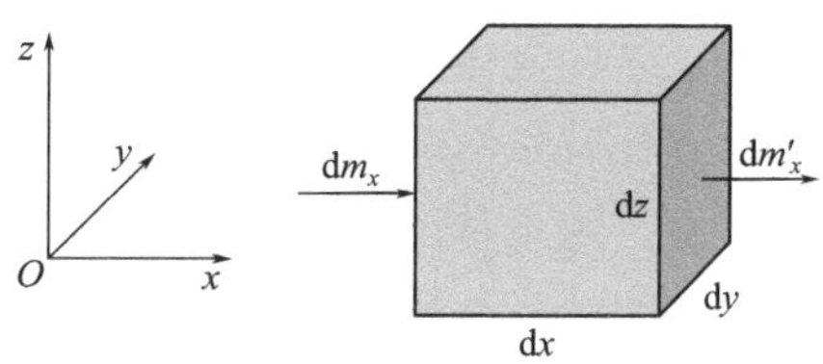

图 2-8　控制体体积示意图

$\mathrm{d}t$ 时间内 x 方向流入质量为：

$$\mathrm{d}m_{x}=\rho u_{x}\,\mathrm{d}y\,\mathrm{d}z\,\mathrm{d}t$$

$\mathrm{d}t$ 时间内 x 方向流出质量为：

$$(\mathrm{d}m_{x})'=[\rho u_{x}+\frac{\partial(\rho u_{x})}{\partial t}\mathrm{d}x]\mathrm{d}y\,\mathrm{d}z\,\mathrm{d}t \tag{2-27}$$

$\mathrm{d}t$ 时间内 x 方向净流出质量为：

$$\Delta M_{x}=(\mathrm{d}m_{x})'-(\mathrm{d}m_{x})=\frac{\partial(\rho u_{x})}{\partial t}\mathrm{d}x\,\mathrm{d}y\,\mathrm{d}z\,\mathrm{d}t \tag{2-28}$$

其他两对表面类似质量的变化量

$$\frac{\partial(\rho u_{y})}{\partial t}\mathrm{d}x\,\mathrm{d}y\,\mathrm{d}z\,\mathrm{d}t$$

$$\frac{\partial(\rho u_{z})}{\partial t}\mathrm{d}x\,\mathrm{d}y\,\mathrm{d}z\,\mathrm{d}t$$

则总的流出量为：

$$\Delta M=\frac{\partial(\rho u_x)}{\partial t}\mathrm{d}x\,\mathrm{d}y\,\mathrm{d}z\,\mathrm{d}t+\frac{\partial(\rho u_y)}{\partial t}\mathrm{d}x\,\mathrm{d}y\,\mathrm{d}z\,\mathrm{d}t+\frac{\partial(\rho u_z)}{\partial t}\mathrm{d}x\,\mathrm{d}y\,\mathrm{d}z\,\mathrm{d}t$$
$$=\mathrm{div}(\rho\boldsymbol{u})\mathrm{d}x\,\mathrm{d}y\,\mathrm{d}z\,\mathrm{d}t \tag{2-29}$$

特殊情况下的连续性方程为：

定常态：

$$\frac{\partial\rho}{\partial t}=0\text{ 所以 }\mathrm{div}(\rho\boldsymbol{u})=0$$

不可压缩流体：密度为常量

$$\frac{\partial\rho}{\partial t}=0\text{ 所以 }\mathrm{div}\boldsymbol{u}=0 \tag{2-30}$$

通过质量守恒定律也可以看出控制体总净流出质量等于控制体内由于密度变化而减少的质量。

2.4.7.2 动量方程

在前面的章节中我们提到了理想流体和黏性流体的概念。理想流体是一种不可压缩、不计黏性（黏度为零）的流体。欧拉在忽略黏性的假定下，建立了描述理想流体运动的基本方程。实际上理想流体在自然界中是不存在的，它只是真实流体的一种近似模型。但实际上由于流体中存在着黏性，流体的一部分机械能将不可逆地转化为热能，并使流体流动出现许多复杂现象，例如边界层效应、摩阻效应、非牛顿流动效应等。自然界中各种真实流体都是黏性流体。理想流体和黏性流体的区别在于是否有黏性力，即切应力。黏性流体的动量方程就是纳维-斯托克斯方程（N-S），该方程依据动量守恒定律（牛顿第二定律）推导得出。为了帮助大家更好理解可以采用如下正六面体法，如图 2-9 所示，先推导一下理想流体的动量方程，然后再推导黏性流体的动量方程。

（1）理想流体动量方程

对于理想流体在其内部取一微体积正六面体。中心点压力 $p(x,y,z)$，我们分析一下其沿 x 轴方向的表面力和质量力。

① 表面力，因为是理想流体，因此其切应力 $\tau=0$。

左表面力：$P_M=P_{\text{左压强}}\times A_{(\text{面积})}=\left(p-\frac{\partial p}{\partial x}\frac{\mathrm{d}x}{2}\right)\mathrm{d}y\,\mathrm{d}z$

右表面力：$P_N=P_{\text{右压强}}\times A_{(\text{面积})}=\left(p+\frac{\partial p}{\partial x}\frac{\mathrm{d}x}{2}\right)\mathrm{d}y\,\mathrm{d}z$

② 质量力，单位质量力 x、y、z 三个方向的分量分别为 f_x、f_y、f_z，ρ 是密度。则在 x 轴方向的质量力为 $f_x\rho\mathrm{d}x\,\mathrm{d}y\,\mathrm{d}z$，根据牛顿第二定律得：

$$\sum F=ma\Rightarrow\left(p-\frac{\partial p}{\partial x}\frac{\mathrm{d}x}{2}\right)\mathrm{d}y\,\mathrm{d}z-\left(p+\frac{\partial p}{\partial x}\frac{\mathrm{d}x}{2}\right)\mathrm{d}y\,\mathrm{d}z+f_x\rho\mathrm{d}x\,\mathrm{d}y\,\mathrm{d}z=ma$$

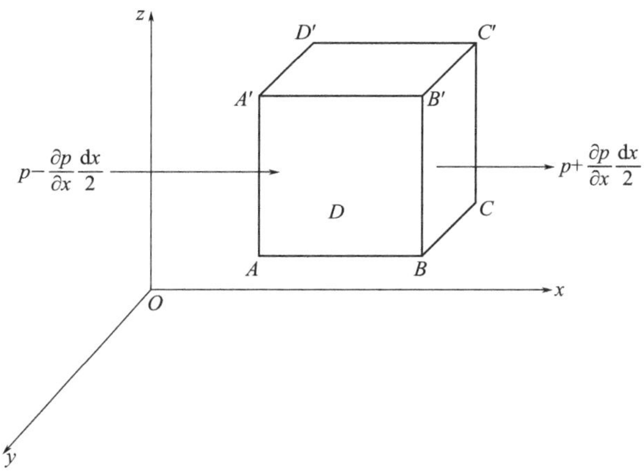

图 2-9 正六面体法动量示意图

$$\Rightarrow \left(p-\frac{\partial p}{\partial x}\frac{\mathrm{d}x}{2}\right)\mathrm{d}y\mathrm{d}z-\left(p+\frac{\partial p}{\partial x}\frac{\mathrm{d}x}{2}\right)\mathrm{d}y\mathrm{d}z+f_x\rho\mathrm{d}x\mathrm{d}y\mathrm{d}z=\rho\mathrm{d}x\mathrm{d}y\mathrm{d}z\frac{\mathrm{d}u}{\mathrm{d}t}$$

$$\Rightarrow f_x\rho-\frac{\partial p}{\partial x}=\rho\frac{\mathrm{d}u}{\mathrm{d}t}$$

$$\Rightarrow f_x-\frac{1}{\rho}\frac{\partial p}{\partial x}=\frac{\mathrm{d}u}{\mathrm{d}t}$$

式中，m 为质量；a 为加速度；u 为运动速度。

根据速度分量 $u=u(x,y,z,t)$可以得出

$$\Rightarrow f_x-\frac{1}{\rho}\frac{\partial p}{\partial x}=\frac{\mathrm{d}u}{\mathrm{d}t}=\frac{\partial u}{\partial t}+u\frac{\partial u}{\partial x}+v\frac{\partial u}{\partial y}+w\frac{\partial u}{\partial z}$$

同样 y 轴和 z 轴方向得方程如下：

$$f_y-\frac{1}{\rho}\frac{\partial p}{\partial y}=\frac{\mathrm{d}v}{\mathrm{d}t}=\frac{\partial v}{\partial t}+u\frac{\partial v}{\partial x}+v\frac{\partial v}{\partial y}+w\frac{\partial v}{\partial z}$$

$$f_z-\frac{1}{\rho}\frac{\partial p}{\partial z}=\frac{\mathrm{d}w}{\mathrm{d}t}=\frac{\partial w}{\partial t}+u\frac{\partial w}{\partial x}+v\frac{\partial w}{\partial y}+w\frac{\partial w}{\partial z}$$

即理想流体的动量方程组如下：

$$\begin{cases} f_x-\frac{1}{\rho}\frac{\partial p}{\partial x}=\frac{\partial u}{\partial t}+u\frac{\partial u}{\partial x}+v\frac{\partial u}{\partial y}+w\frac{\partial u}{\partial z} \\ f_y-\frac{1}{\rho}\frac{\partial p}{\partial y}=\frac{\partial v}{\partial t}+u\frac{\partial v}{\partial x}+v\frac{\partial v}{\partial y}+w\frac{\partial v}{\partial z} \\ f_z-\frac{1}{\rho}\frac{\partial p}{\partial z}=\frac{\partial w}{\partial t}+u\frac{\partial w}{\partial x}+v\frac{\partial w}{\partial y}+w\frac{\partial w}{\partial z} \end{cases} \tag{2-31}$$

(2) 黏性流体动量方程（纳维-斯托克斯方程）

同样取一个微六面体，由于黏性流体有切应力，对六个面做受力分析如图 2-10 所示，

x 方向的受力有质量力、左右方向压力、上下前后面切应力。其中 $f_x\rho \mathrm{d}x\mathrm{d}y\mathrm{d}z$ 为质量力，τ 代表切应力，σ 代表压力。

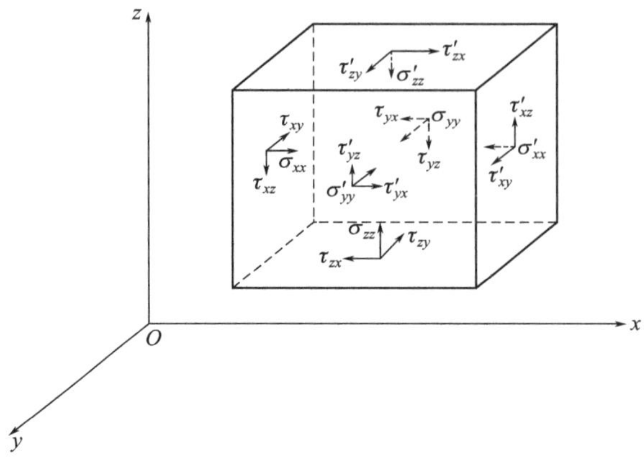

图 2-10　黏性流体动量分析示意图

由牛顿第二定律列 x 轴方向动量方程：

$$f_x\rho \mathrm{d}x\mathrm{d}y\mathrm{d}z+\left[\sigma_{xx}\mathrm{d}y\mathrm{d}z-(\sigma_{xx}+\frac{\partial \sigma_{xx}}{\partial x}\mathrm{d}x)\mathrm{d}y\mathrm{d}z\right]$$
$$-\left[\tau_{yx}\mathrm{d}x\mathrm{d}z-(\tau_{yx}+\frac{\partial \tau_{yx}}{\partial y}\mathrm{d}y)\mathrm{d}x\mathrm{d}z\right]-\left[\tau_{zx}\mathrm{d}x\mathrm{d}y-(\tau_{zx}+\frac{\partial \tau_{zx}}{\partial z}\mathrm{d}z)\mathrm{d}x\mathrm{d}x\right]$$
$$=\rho \mathrm{d}x\mathrm{d}y\mathrm{d}z\ \frac{\mathrm{d}u}{\mathrm{d}t} \tag{2-32}$$

对于黏性流体，由牛顿内摩擦定律可以得到其切应力：

$$\begin{aligned}\tau_{xy}&=\tau_{yx}=\mu\left(\frac{\partial u}{\partial y}+\frac{\partial v}{\partial x}\right)\\ \tau_{yz}&=\tau_{zy}=\mu\left(\frac{\partial v}{\partial z}+\frac{\partial z}{\partial y}\right)\\ \tau_{xz}&=\tau_{zx}=\mu\left(\frac{\partial w}{\partial x}+\frac{\partial u}{\partial z}\right)\end{aligned} \tag{2-33}$$

式中，μ 为黏度系数；u、v、w 是这一空间点的速度在 x、y、z 三个方向的速度分量。

由于黏性流体中某一点三个方向的压力是不相等的，任意点的压力与三个方向的正应力满足如下关系：

$$\begin{aligned}p&=\frac{1}{3}(\sigma_{xx}+\sigma_{yy}+\sigma_{zz})\\ \sigma_{xx}&=p-2\mu\ \frac{\partial u}{\partial x}\\ \sigma_{yy}&=p-2\mu\ \frac{\partial v}{\partial y}\\ \sigma_{zz}&=p-2\mu\ \frac{\partial w}{\partial z}\end{aligned} \tag{2-34}$$

将式（2-33）和式（2-34）代入方程（2-32）化简：

$$f_x\rho-\frac{\partial\sigma_{xx}}{\partial_x}+\frac{\partial\tau_{yx}}{\partial_y}+\frac{\partial\tau_{zx}}{\partial_z}=\rho\frac{\mathrm{d}u}{\mathrm{d}t}$$

$$\Rightarrow f_x\rho-\frac{\partial\left(p-2\mu\frac{\partial u}{\partial x}\right)}{\partial_x}+\frac{\mu\partial\left(\frac{\partial u}{\partial y}+\frac{\partial v}{\partial x}\right)}{\partial_y}+\frac{\mu\partial\left(\frac{\partial u}{\partial z}+\frac{\partial w}{\partial x}\right)}{\partial_z}=\rho\frac{\mathrm{d}u}{\mathrm{d}t}$$

$$\Rightarrow f_x\rho-\frac{\partial p}{\partial x}+2\mu\frac{\partial^2 u}{\partial x^2}+\mu\frac{\partial^2 u}{\partial y^2}+\mu\frac{\partial^2 v}{\partial x\partial y}+\mu\frac{\partial^2 w}{\partial x\partial z}+\mu\frac{\partial^2 u}{\partial z^2}=\rho\frac{\mathrm{d}u}{\mathrm{d}t}$$

$$\Rightarrow f_x\rho-\frac{\partial p}{\partial x}+\mu\frac{\partial^2 u}{\partial x^2}+\mu\frac{\partial^2 u}{\partial y^2}+\mu\frac{\partial^2 u}{\partial z^2}+\mu\frac{\partial}{\partial x}\left(\frac{\partial u}{\partial x}+\frac{\partial v}{\partial y}+\frac{\partial w}{\partial z}\right)=\rho\frac{\mathrm{d}u}{\mathrm{d}t} \tag{2-35}$$

对于不可压缩流体根据其连续性可以得出$\frac{\partial u}{\partial x}+\frac{\partial v}{\partial y}+\frac{\partial w}{\partial z}=0$，则式（2-35）可以化简为如下方程：

$$f_x\rho-\frac{\partial\sigma_{xx}}{\partial_x}+\frac{\partial\tau_{yx}}{\partial_y}+\frac{\partial\tau_{zx}}{\partial_z}=\rho\frac{\mathrm{d}u}{\mathrm{d}t}$$

$$f_x\rho-\frac{\partial p}{\partial x}+\mu\frac{\partial^2 u}{\partial x^2}+\mu\frac{\partial^2 u}{\partial y^2}+\mu\frac{\partial^2 u}{\partial z^2}=\rho\frac{\mathrm{d}u}{\mathrm{d}t}$$

$$\Rightarrow f_x\rho-\frac{\partial p}{\partial x}+\mu\frac{\partial^2 u}{\partial x^2}+\mu\frac{\partial^2 u}{\partial y^2}+\mu\frac{\partial^2 u}{\partial z^2}=\rho\left(\frac{\partial u}{\partial t}+u\frac{\partial u}{\partial x}+v\frac{\partial u}{\partial y}+w\frac{\partial u}{\partial z}\right)$$

所以，对于黏性流体可根据动量守恒定律（牛顿第二定律）推出其 x、y、z 三个方向上的动量变化，用纳维-斯托克斯方程（N-S）表示如下：

$$\begin{cases}f_x\rho-\frac{\partial p}{\partial x}+\mu\left(\frac{\partial^2 u}{\partial x^2}+\frac{\partial^2 u}{\partial y^2}+\frac{\partial^2 u}{\partial z^2}\right)=\rho\left(\frac{\partial u}{\partial t}+u\frac{\partial u}{\partial x}+v\frac{\partial u}{\partial y}+w\frac{\partial u}{\partial z}\right)\\ f_y\rho-\frac{\partial p}{\partial y}+\mu\left(\frac{\partial^2 v}{\partial x^2}+\frac{\partial^2 v}{\partial y^2}+\frac{\partial^2 v}{\partial z^2}\right)=\rho\left(\frac{\partial v}{\partial t}+u\frac{\partial v}{\partial x}+v\frac{\partial v}{\partial y}+w\frac{\partial v}{\partial z}\right)\\ f_z\rho-\frac{\partial p}{\partial z}+\mu\left(\frac{\partial^2 w}{\partial x^2}+\frac{\partial^2 w}{\partial y^2}+\frac{\partial^2 w}{\partial z^2}\right)=\rho\left(\frac{\partial w}{\partial t}+u\frac{\partial w}{\partial x}+v\frac{\partial w}{\partial y}+w\frac{\partial w}{\partial z}\right)\end{cases} \tag{2-36}$$

式（2-36）描述了流体微团在 x、y、z 三个方向上的动量变化。任取一个体积为 τ 的流体，它的边界为 S，根据动量定理，体积 τ 中流体动量的变化率等于作用在该体积上的质量力和面力（应力）之和。其中，ρ 是流体密度，$\boldsymbol{v}$ 是速度矢量，u、v、w 是流体在 t 时刻在点（x,y,z）处的速度分量，P 是压力，f 是单位体积流体受到的外力，若只考虑重力则 $f=g$，μ 是动力黏度。N-S 方程概括了黏性不可压缩流体流动的普遍规律，也是运动微分方程，因而在流体力学中具有特殊意义。

2.4.7.3 能量方程

能量方程又称伯努利方程，根据能量守恒定律推导得出，描述了流体在流动过程中的能量变化。在理想条件下，同一流管的任何一个截面处，单位体积流体的动能、势能和压力之和是一个常量：

$$P+\frac{1}{2}\rho v^2+\rho gh=C$$

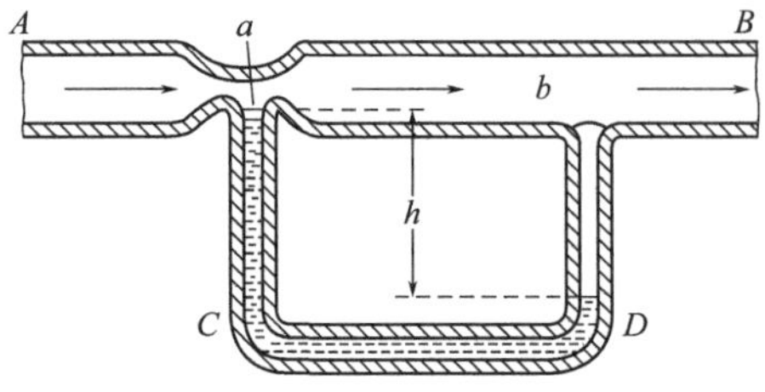

图 2-11　伯努利方程实验

其中，P 为流体中某点的压强，v 为流体在该点的流速，ρ 为流体密度，g 为重力加速度，h 为该点所在高度。其最为著名的推论为：等高流动时，流速越大，压强越小。流体力学中经常说的压力，其实指的是单位面积上的压力，也就是普通物理学里说的压强。如图 2-11 所示，向 AB 管吹进空气。如果管的切面小（像 a 处），空气的速度就大；而在切面大的地方（像 b 处），空气的速度就小。在速度大的地方压力小，速度小的地方压力大。因为 a 处的空气压力小，所以 C 管里的液体就上升；同时 b 处的比较大的空气压力使 D 管里的液体下降。

由上可以看出，由于流体运动过程的复杂性及控制方程求解的难度，其计算过程复杂程度相对较高，因此常常需要采用数值模拟计算的方法对流体过程进行前期研究，如借助计算流体力学（computational fluid dynamics，CFD）来完成模拟计算，后续的章节将会对 CFD 做相关的介绍。

2.5　真空处理气体流量计算

气体流量是单位时间内通过管道截面的气体量。这一概念涵盖了气体的体积流量、质量流量以及重量流量，每种流量形式都有其特定的应用场景和计算方式。流量以流量公式或者计量单位划分，具体表现为如下三种形式：

① 体积流量：以体积/时间或者容积/时间表示的流量，如 m^3/h、L/h。

体积流量(Q)＝平均流速(v)×管道截面积(A)

② 质量流量：采用（质量/时间）来表示的流量，如 kg/h。

质量流量(M)＝介质密度(ρ)×体积流量(Q)

＝介质密度(ρ)×平均流速(v)×管道截面积(A)

③ 重量流量：采用（力/时间）来表示的流量，如 kgf/h。

重量流量(G)＝介质重度(γ)×体积流量(Q)

＝介质密度(ρ)×重力加速度(g)×体积流量(Q)

＝重力加速度(g)×质量流量(M)

由于气体与液体不同，其密度会随着压强和温度的变化而变化。这种可压缩性导致在不同的压强下，相同体积的气体中所含的分子数会发生变化。对于密度来讲，气体的密度与压强成正比。对于质量流量来讲，体积流量（Q）（如 m^3/s）乘以密度可以得到质量流量，但由于密度与压强相关，实际应用中需要将体积流量乘以压强以获得准确的质量流量。根据理想气体方程（$PV=nRT$），在给定温度下，气体的体积（V）与压强（P）成反比，这意味着在高压条件下，气体占据的体积更小，但分子数量不变。

$$Q=P\ \frac{\mathrm{d}V}{\mathrm{d}t}=PS \tag{2-37}$$

式中，Q 为流量，$\mathrm{Pa\cdot m^3/s}$；P 为压力，Pa；$\mathrm{d}V/\mathrm{d}t$ 为抽速 S，$\mathrm{m^3/s}$ 或者 L/s。

将流量标准化到某一标准状态（如标准温度和压强，STP）有助于在不同条件下对其进行一致的比较和计算。常用的标准状态为 0℃ 和 1 个大气压（101.325kPa）。通过将流量调整到标准状态，可以消除由环境条件不同带来的影响。通过标准化使得不同实验、过程或应用之间的流量数据可以直接比较，而无须考虑各自的环境条件。鉴于气体流动的特性受到压强的显著影响，在高压下，气体通常表现为黏性流动，而在低压下，尤其是在真空环境中，气体可能表现为分子流动。流动模式的选择直接影响流导和流阻的计算。在计算流动动力学时，压强不仅影响流速，还影响摩擦损失和能量传递，因此是关键参数。

2.5.1 黏滞流的流量计算

黏滞流的流量公式主要来源于泊肃叶定律，该定律描述了流体在水平圆管中做层流运动时的体积流量与管子两端的压强差，管的半径、长度，以及流体的黏滞系数之间的关系，如图 2-12 所示。具体公式为：

$$Q_{\mathrm{v}}=\pi\times R\times\Delta P/(8\eta L) \tag{2-38}$$

式中，Q_{v} 表示体积流量，$\mathrm{Pa\cdot m^3/s}$；R 为管的半径，m；ΔP 为管子两端的压强差绝对值（P_2-P_1），Pa；L 为管的长度，m；η 为流体的黏滞系数。

令 $W=8\eta L/(\pi R^4)$，即 $Q=\Delta P/R$，W 称为流阻。

① 流阻 W 与管子半径 R 的四次方成反比。

② 流阻 W 与管子的长度 L 成正比。管子越长，流阻越大。

③ 流阻 W 与液体的黏滞系数 η 成正比。液体的黏滞系数越大，流阻就越大。

由此可见，流量 Q 是由液体的黏滞系数 η、管子的几何形状和管子两端压强差 ΔP 等因素共同决定的。这个公式揭示了流体在管道中流动时，其流量与管道的几何特性以及流体的物理特性之间的关系。

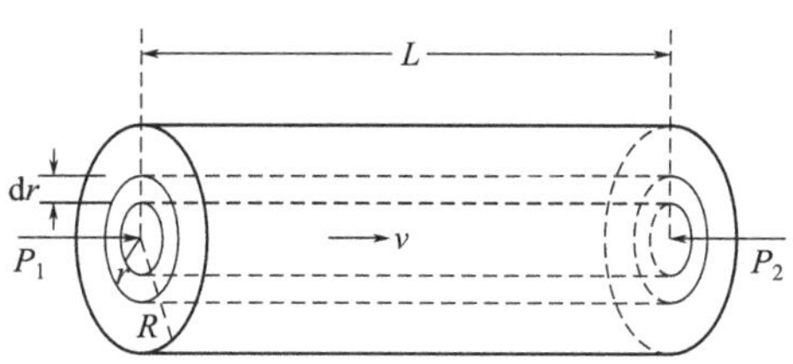

图 2-12　泊肃叶定律

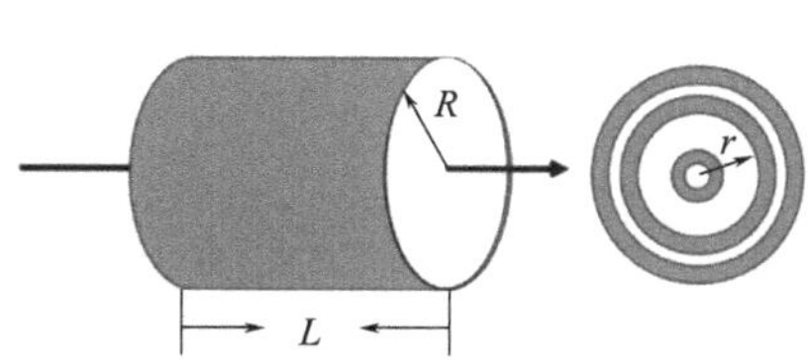

图 2-13　圆管中任意流速计算示意图

对于图 2-13 所示的圆管道中任意一处的流速可以采用公式（2-39）计算：

$$v=\frac{1}{4\eta}\frac{|P_2-P_1|}{L}(R^2-r^2) \tag{2-39}$$

式中，P_2，P_1 为圆管两端的压力，Pa；R 为管的半径，m；r 为管子中任意流体距离圆管圆心的距离，m；L 为管的长度，m；η 为流体的黏滞系数。

由式（2-39）可以得出，当管壁处 $r=R$ 时，流速为 0，当管轴处 $r=0$ 时，流速最大。

2.5.2 分子流的流量计算

分子流状态下，气体分子只与管壁发生碰撞，并在管道壁上滞留一段时间后再飞离。由于气体分子飞离时的运动状态与碰壁时的运动状态无关（“漫反射”），因此，在管道中既存在着由入口向出口运动的气体分子，也存在着由出口向入口运动的气体分子，通过管道的流量为上述两者的净流量。克努森给出了分子流的流量公式：

$$Q_m=\frac{\sqrt{2\pi}}{\sqrt{\rho}}\times\frac{D^3}{L}\times\Delta P \tag{2-40}$$

式中，ρ 为密度，D 为管道直径，L 为管道长度。

2.5.3 黏滞流-分子流的流量计算

黏滞流-分子流的中间态的流量计算采用修正后的理论公式或半经验公式。克努森根据圆截面管实验，提出如下计算流量的半经验公式：

$$Q=Q_v+bQ_m \tag{2-41}$$

式中，Q_v 是黏滞流量，Q_m 是分子流流量。

$$b=\frac{1+\frac{\sqrt{\rho}}{\eta}D\times\overline{P}}{1+1.24+\frac{\sqrt{\rho}}{\eta}\times D\times\overline{P}} \tag{2-42}$$

式中，ρ 为密度，D 为管道直径，$\overline{P}$ 为平均压力。

当平均压力 $\overline{P}$ 很小时，$b\approx1$，并且 $Q_v\ll Q_m$，那 $Q\approx Q_m$，为分子流流量公式；当平均压力 $\overline{P}$ 较大时，$b\approx0.8$，并且 $Q_v\gg bQ_m$，那么 $Q\approx Q_v$ 为黏滞流流量公式。因此公式（2-42）可作为气体流量的普遍公式，适用于三种流态流量的计算。

2.6 真空处理气体流导计算

2.6.1 流导概念及通用公式

在真空状态气体流导的定义是表示真空管道通过气体的能力，单位为 L/s 或 m^3/s。在稳定状态下，管道流导等于管道流量除以管道两端压强差。符号记作“C”。气体流导的计算如公式（2-43）所示：

$$C=\frac{Q}{P_2-P_1} \tag{2-43}$$

式中，C 为流导，Q 为气体流量，P_1 和 P_2 为管道两端的压强。

这个公式表明，流导是指气体流量除以管道两端的压力差，因此，流导的单位与抽速（单位时间的体积）相同。流导在真空技术和气体动力学中非常重要，它帮助我们理解和计算气体在真空管道中的流动特性。

2.6.2 串/并联管路流导

串联管路总流导的倒数等于各个分路元件流导倒数之和，即

$$\frac{1}{C}=\frac{1}{C_1}+\frac{1}{C_2}+\frac{1}{C_3}+\cdots+\frac{1}{C_n}$$

并联管路总流导等于各个分路元件流导之和，即

$$C=C_1+C_2+C_3+\cdots+C_n$$

对于一根管子，其两端截面积分别为 A_1 和 A_2，分子密度分别为 n_1 和 n_2，V_1 和 V_2 为体积，S_1 和 S_2 为断面抽速，则通过两个界面的分子数：$N_1=A_1V_1n_1=S_1n_1$；$N_2=A_2V_2n_2=S_2n_2$

恒定流中：$N_1=N_2=N$

$N=C(n_1-n_2)$，其中 C 与 S 有相同的单位：体积/时间。

$1/C=(n_1-n_2)/N=1/S_1-1/S_2$

$1/S_1=1/C+1/S_2$

系统中任意一点的抽速可以由已知的某个其它点的抽速和系统的某个部分（管子、孔、阀）的流导算出来。这对于真空系统设计非常重要，即要知道某一点的抽速 S，只要知道真空泵口的抽速（S_p）和泵口到检测点的流导（C）即可，即：$1/S=1/C+1/S_p$。

2.6.3 常用形体管道元件流导计算

在日常工程实践中，我们会遇到各种不同管道元件组合而成的流体通道，为了使大家在后续的研究和工作实践应用方便，此处特意将常用形体的管道元件流导计算汇总，如表 2-2 所示。

表 2-2 常用形体管道元件流导计算

管道元件	黏滞流	分子流
小孔面积为 A（单位 cm^2），P_1、P_2 为管道入口和出口压力（单位 Torr）	（1）当 $P_2/P_1\leqslant 0.525$ 时 $C\approx\frac{20A}{1-(P_2/P_1)}$ （2）当 $P_2/P_1\leqslant 0.1$ 时 $C\approx 20A$	$P_2/P_1\leqslant 0.1$ $C\approx 11.6A$ 与压强无关

管道元件	黏滞流	分子流
恒定界面长管 管径为 D（单位 cm），长为 L（单位 cm），P_1、P_2 为管道入口和出口压力（单位 Torr）	$C\approx\frac{182\overline{P}D^4}{L}$ $\overline{P}=\frac{1}{2}(P_2+P_1)$	长管：$C\approx\frac{12.1D^3}{L}$ 短管：$C\approx\frac{12.1D^3}{L+1.33D}$
环形截面 外径 D_0（单位 cm），内径 D_1（单位 cm），长度 L（单位 cm），P_1、P_2 为管道入口和出口压力（单位 Torr）	$C\approx\frac{182\overline{P}}{L}\left[D_0^4-D_1^4-4\times\frac{D_0^2-D_1^2}{\lg\frac{D_0}{D_1}}\right]$ $\overline{P}=\frac{1}{2}(P_2+P_1)$	长管（为修正因子为 K_0）： $C=K_0\frac{12.1\times(D_0-D_1)^2(D_0+D_1)}{L}$ 短管（修正因子为 K_0） $C=K_0\frac{12.1\times(D_0-D_1)^2(D_0+D_1)}{L+1.33\times(D_0-D_1)}$

此处的长管和短管的定义如下：当 $L\geqslant 20D$ 时作长管计算，当 $L<20D$ 时作短管计算。

通常我们也会遇到弯管管道，如图 2-14 所示，对于这类管道的流导可以采用如下方式计算。

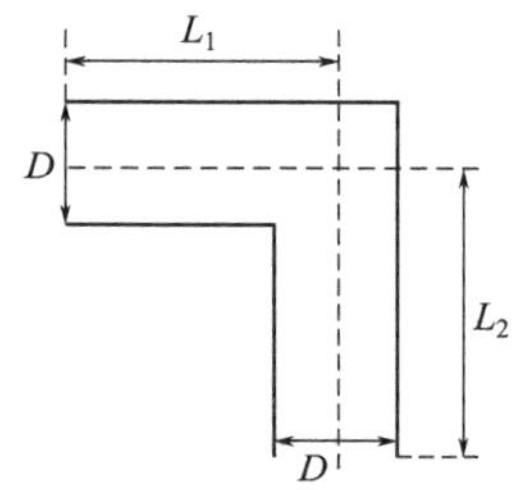

图 2-14　弯管管道示意图

① 在弯管区与内壁碰撞的分子流导：

$$C=3.81\times\sqrt{\frac{T}{M}}\frac{D^3}{L_1+L_2+1.33D} \tag{2-44}$$

式中，T 为热力学温度，K；D 为管道直径，cm；L_1 和 L_2 为管道长度，cm；M 为流体摩尔质量，g/mol。

② 通过弯管区分子流导：

$$C=3.81\times\sqrt{\frac{T}{M}}\frac{D^3}{L_1+L_2} \tag{2-45}$$

③ 考虑到与壁碰撞的分子与弯管的角度 θ 成正比，因此等效长度为：

$$L_e=L_1+L_2+1.33\times\frac{\theta}{180^\circ}\times D \tag{2-46}$$

式中，θ 为弯管的角度。

实验证明，较为精确的等效长度遵循如下规律：

$$当\ 1\leqslant\frac{L_1+L_2}{D}\leqslant 3\ 时，L_e=0.056\times\left(\frac{L_1+L_2}{D}\right)^2+0.08\times\left(\frac{L_1+L_2}{D}\right)-0.38 \tag{2-47a}$$

$$当\frac{L_1+L_2}{D}\geqslant 3\ 时，L_e=2-4.75\times\left(\frac{D}{L_1+L_2}\right) \tag{2-47b}$$

2.7 真空处理中需要考虑的气体现象

2.7.1 稀薄气体碰撞

在前面章节中我们介绍了，分子与分子之间的碰撞规律，但在真空应用领域，很多实际问题都涉及分子与容器壁的碰撞，往往需要计算单位时间内气体分子与单位面积器壁发生碰撞的分子数或单位时间内通过气体中某假想平面单位面积的分子数。由于气体分子在空间是均匀分布的，因此单位时间撞击单位面积的分子数在压强和温度一定的情况下是恒定的。但随着分子运动方向与表面法线方向的夹角不同，在单位时间内碰撞在单位面积上的从不同方向飞来的分子数目将有不同的数值，通常使用气体分子碰撞器壁的余弦定律来表示，如公式（2-48）所示：

$$\mathrm{d}\varphi=\frac{n\overline{V}}{4\pi}\cos\theta\mathrm{d}\Omega \tag{2-48}$$

式中，θ 为分子飞行方向与表面法线方向的夹角；n 为单位体积内的分子数；$\overline{V}$ 为分子运动速度；$\mathrm{d}\Omega$ 为立体角，常用字母 Ω 表示。

$\mathrm{d}\Omega$ 是一个物体对特定点的三维空间的角度，是平面角在三维空间中的类比。它描述的是站在某一点的观察者测量到的物体大小的尺度。

公式（2-48）表示单位时间撞击在单位面积上的沿着 θ 方向在 $\mathrm{d}\Omega$ 立体角内飞来的分子数，它揭示了即使在相同的立体角范围内，由于入射的方向不同而入射的分子数也不相同。

如果利用麦克斯韦气体分子速率推导求和，则可以得到单位时间碰撞到单位面积上的气体分子数：

$$\varphi=\frac{1}{4}n\overline{V} \tag{2-49}$$

公式（2-49）就是余弦定理的积分形式，或称碰壁数公式。

碰撞于器壁的分子，反射后的飞行方向遵循什么样的规律呢？克努森从大量的实验中总结出如下的反射规律，即克努森余弦定律。具体含义是碰撞于固体表面的分子，它们飞离表面的方向与原来的方向无关，并按与表面法线所成的角度 θ 的余弦分布。碰撞于表面的一个分子，其离开表面时位于立体角 $\mathrm{d}\Omega$（与表面法线成 θ 角）中的概率为：

$$\mathrm{d}p=\frac{\mathrm{d}\Omega}{\pi}\cos\theta \tag{2-50}$$

式中，系数 $\frac{1}{\pi}$ 是由规一划条件即位于 2π 立体角中的概率为一的要求出现的。

反射方向与飞来方向无关，这就意味着飞来的分子可以如一束分子那样从一个相同的方向飞来，亦可以按任何方向分布飞来，特别是可以像平衡气体中的那样按余弦分布飞来，其结果都是一样。反射分子的余弦分布与平衡气体的入射分子的余弦分布，两者之间并没有任何联系。为了解释这个定律，克努森提出“吸附层”假说，认为凡是碰撞于表面的分子，都被表面暂时吸附，停留在表面一段时间后重新“蒸发”。

2.7.2 蒸气和凝结

蒸气、饱和蒸气是物质在气态和液态之间转化的不同状态，广泛应用于工业中。深入理解这些概念，有助于我们更好地掌握物质的性质、能量转换的机制以及其对环境和技术的影响。蒸气是液体在吸收热量后转化为气体的状态。当液体分子获得足够的动能克服分子间的引力时，这些分子逸出液体表面，成为气体分子，这个过程称为蒸发。蒸发的速率受到温度、液体表面积、环境压力和湿度的影响。温度越高，分子动能越大，蒸发越快。在自然界中，蒸发是水循环的重要环节。地表水通过阳光加热蒸发进入大气，形成水蒸气。这一过程不仅为植物提供了水分，也维持了生态系统的水分平衡。在工业中，蒸气用于各种动力生产。例如，蒸汽机利用水蒸气推动活塞运动，早期工业革命的许多机械设备都依赖这一原理。饱和蒸气指在特定温度下，液体和蒸气达到动态平衡的状态。在这一平衡状态下，蒸发和凝结的速率相等，蒸气的压力达到最大值，这个压力称为饱和蒸气压。在工程应用中，利用饱和蒸气原理设计蒸气系统，如锅炉和汽轮机，确保系统在最佳条件下运行，以提高效率和安全性。凝结是气体转化为液体的过程。当气体分子温度降低，动能减少，分子间的吸引力使它们聚集成液体。自然界中的许多现象，如云的形成、露水、霜和降雨，都是凝结的结果。凝结过程中释放的热量被称为凝结热，这在气象中影响大气的温度变化和天气模式。在工业中，冷凝器利用凝结过程将蒸气转化回液体，从而回收热能，提高系统效率。

2.7.3 蒸发率和凝结率

假定一个场景，若金属放在密封容器内蒸发，金属表面存在金属蒸气。而从微观来看，“蒸发”和“凝结”是同时进行的，通常把单位时间内通过金属单位面积由固态转变为气态的质量称为“蒸发率”，而把单位时间内通过金属单位面积由气态转变为固态的质量称为“凝结率”，其单位为 $kg/(m^2 \cdot s)$。当蒸发率大于凝结率时，宏观上表现为蒸发，当凝结率大于蒸发率时，宏观上表现为凝结。当两者相等时，宏观上表现为“既不蒸发也不凝结”，这时金属的固态和气态处于暂时的相对稳定状态，这样的状态称为“饱和状态”。饱和状态下蒸气的分子密度和压强称为饱和蒸气密度和饱和蒸气压，分别用 n_b 和 P_b 表示。

蒸发率和金属的温差有关，温度越高分子热运动越剧烈，逸出金属表面的分子就越多，因而蒸发率也就较大。因此温度升高蒸发率增大，所以在温度较高的饱和状态下，饱和蒸气压也必然较大，只有这样才能形成较大的凝结率和增大了的蒸发率相平衡而达到饱和状态。所以饱和蒸气压和饱和蒸气密度都和温度有关，温度越高，则 n_b 和 P_b 越大。

在温度为 T 的饱和状态下的凝结率可通过余弦定律来计算。设温度为 T 时，饱和蒸

气密度 n_b，每一金属蒸气分子质量为 m，则在单位时间内打到单位金属表面上的蒸气分子数为：

$$\varphi=\frac{1}{4}n_b\overline{V}, 其中\ \overline{V}=\sqrt{\frac{8kT}{\pi m}}, n_b=\frac{P_b}{kT}$$

式中，k 为玻尔兹曼常数，$k=1.38\times10^{-23}$J/K；T 为热力学温度，K；m 为分子质量，g；P_b 为饱和蒸气压。

则凝结率为：

$$G_{凝结率}=\varphi m=\frac{1}{4}n_b\overline{V}m=P_b\sqrt{\frac{\mu}{2\pi RT}} \tag{2-51}$$

式中，μ 为气体摩尔质量，g/mol；R 为普适气体常量；T 为热力学温度，K。

在饱和状态下，凝结率和蒸发率是相等的，故温度 T 时的蒸发率为：

$$G_{蒸发率}=P_b\sqrt{\frac{\mu}{2\pi RT}} \tag{2-52}$$

2.7.4 气体吸附和脱附现象

前面我们所讨论的是气体分子在空间的现象，属于气体分子运动论的范畴。现在我们要讨论的是固气界面现象，这类现象对超高真空技术极其重要，因为此时分子间的碰撞已可忽略不计，起关键作用的只是分子与表面的碰撞。

① 气体吸附是指气体被固体俘获，而附着在固体表面的现象，我们称为吸附。

② 气体脱附是指附着在固体表面的气体在低压和受热情况下会离开固体表面，回到空间，这个过程叫脱附过程。

处在稀薄气体中的一个表面，不论是受到中性气体分子的碰撞，还是电子、离子、光子等粒子的作用，都要发生一系列的物理现象。这些现象发生在表面上，但却不可避免要导致空间的效果。例如中性分子与表面的碰撞，在单位面积的表面上，每秒要遭受 $v=\frac{1}{4}n\overline{V}$ 次的分子碰撞。如果表面在开始时是干净的，将有一部分分子不立刻返回气相，而暂时留在表面上，出现了吸附现象。反之，在一定条件下，这些吸附分子又可重新返回空间。气体分子在表面与空间之间的这种相互转换，在真空技术中有特别重要的意义。利用这些原理，若能将气相分子转换为表面吸附分子，则能实现抽气作用。气体分子在表面与空间的相互转换也给真空测量带来一系列困难。当带电粒子撞击表面时，除造成气体脱附外，还能引起电子、离子、光子等的发射，使得气体压强、成分及空间的电流发生变化。情况就更为复杂了。

2.7.4.1 吸附的原理

吸附的原理是固体与气体之间存在相互作用力。由于固体是由大量分子组成的，固体表面对气体分子的作用力实际上是构成固体的大量分子对其的作用力的总和。而分子与分子之间的作用力有两类，一类是范德瓦耳斯力，另一类是化学吸附力。

物理吸附是气体分子受范德瓦耳斯力的吸引作用而附着在吸附剂表面之上，其特点是吸附较弱，吸附热较小，吸附不稳定，较易脱附，但对吸附的气体一般无选择性，温度越低吸附量越大，能形成多层吸附，分子筛吸附泵和低温泵的吸气作用就属于物理吸附。

化学吸附是靠固体表面原子与气体分子间形成吸附化学键来实现的，与发生化学反应相类似。同物理吸附相比，化学吸附的特点是吸附强，吸附热大，稳定不易脱附，吸附有选择性，温度较高时发生化学吸附的气体分子增多，只能紧贴表面形成单层吸附（在化学吸附的分子上面还能形成物理吸附），溅射离子泵和电子管中吸气剂的吸气作用就属于化学吸附。

（1）范德瓦耳斯力

范德瓦耳斯力又称物理吸附力，它存在于任何气体分子之间，具体包含如下几类：

① 静电力：极性分子与极性分子之间的作用力。

② 诱导力：极性分子与非极性分子之间的作用力。

③ 色散力：非极性分子与非极性分子之间的作用力。

④ 斥力：这是近距离内，外壳层电子云的排斥力。

这些力就其本质而言都属于电磁作用，前三种都是引力作用。可以把两分子间的相互作用的位能用下式描述。

$$E=\frac{\lambda}{r^{12}}-\frac{\mu}{r^{6}} \tag{2-53}$$

式中，r 为分子中心距；λ，μ 为试验数值数据。

公式（2-53）中前者是分子间斥力，后者为分子间引力。

（2）化学吸附力

化学吸附力包括：

① 价力：离子键力、共价键力。这是一种吸引力。

② 斥力：极度接近时内层电子云的排斥力。

根据以上的分析，可以用下式描述固体表面对气体分子的范德瓦耳斯力作用：

$$E=E_0\left[\frac{1}{45}\left(\frac{r_0}{r}\right)^9-\frac{1}{3}\frac{r_0}{r^3}\right] \tag{2-54}$$

式中，r 为分子中心距；r_0 为试验数值数据；E_0 为分子中心距为 r_0 时的位能。

（3）物理吸附和化学吸附特点

由固体表面对分子的作用得出，当分子接近表面时，将受到吸引力，且随着距离的缩短此力减少到零。若距离继续减小，则出现斥力，故力的零点为一稳定平衡位置，而对应的势能取最小值。由于上述特征，固体表面则具有一种俘获气体分子并使之滞留于势能谷中的作用，此现象称为吸附现象。

① 物理吸附的吸附力是范德瓦耳斯力，即分子间的相互作用力。因范德瓦耳斯力是普遍存在的，故任何气体和固体之间均能发生物理吸附。物理吸附的过程和气体液化相似，吸附热与气体液化热或蒸发热大致相同，一般在 20kcal/mol（约 83.72kJ/mol）以下。物理吸附时，分子离表面较远，约 2～4Å[1]。由于范德瓦耳斯力普遍存在任何分子之间，吸附了一层之后仍可以再吸附第二层，第三层，即为多分子层吸附。然而第一层和以后几层的吸附热不一样，因为前者吸附于表面，而后者吸附于同种分子之上。物理吸附是可逆的，在吸附后如果气体压强降低，则分子可以脱附返回气相。

② 化学吸附的吸附力是表面原子的剩余价力，可视为一种松散的化学反应，故化学吸附热与化学反应热大致相同约几百千焦每摩尔。

化学吸附只能在一定的气-固表面间产生，因为只有能交换电子才能产生价力。化学吸附时分子离表面较物理吸附为近，约 1～3Å，与分子直径大小相当，故吸满一层，则力已用尽，不能再吸附第二层。所以与物理吸附的多层吸附特点不同，单分子层吸附是化学吸附的特点。化学吸附若是由物理吸附转变而来的，则称为激活化学吸附。

处于物理吸附的分子，当获得能量并能越过激活能时，就转变为化学吸附，并进一步接近表面，而化学脱附能等于激活能和吸附热之和。对于惰性气体只存在物理吸附。

2.7.4.2 吸附现象物理量

(1) 吸附热

不论是物理吸附还是化学吸附，被吸附的分子都处在势能曲线的最低点，所以吸附过程是势能减少的过程，减少的势能以热量的形式放出。固体表面吸附 1mol 气体所放出的热量称为吸附热。反之脱附的过程是势能增加的过程，需要外界供给能量，使 1mol 气体脱附所需的能量称为脱附热。对于物理吸附，脱附热和吸附热数值上是一致的。对于激活化学吸附，则脱附热在数值上应等于吸附热和激活能之和。

(2) 覆盖度 θ

在化学吸附中，固体单位表面具有一定数量的吸附中心，我们把气体分子所占据的吸附中心数和总吸附中心数之比称为覆盖度。若固体单位面积所具有的吸附中心数为 N_{A}，当其中有 N 个吸附中心被分子占据时，则覆盖度为：

$$\theta=\frac{N}{N_{\mathrm{A}}} \tag{2-55}$$

在物理吸附中，不存在吸附中心的概念，但单位表面可吸附的气体总数也是一定的，所以也有覆盖度的概念，并有多层覆盖度。

(3) 平均居留时间 $\bar{\tau}$

吸附在固体表面的分子，在不断地做热运动。它既可在平衡位置振动，也可沿着表面

[1] $1\text{Å}=10^{-10}\text{m}$。

移动。在与其它分子作用时，如获得足够大的能量，则可摆脱固体表面对它们的束缚而产生脱附。一个分子从吸附开始到脱附为止所经历的时间叫居留时间，大量分子居留时间的平均值，叫平均居留时间，一般用 $\bar{\tau}$ 表示。平均居留时间可以用统计理论计算，其结果由普朗克公式确定：

$$\bar{\tau}=\tau_0 e^{\frac{q}{RT}} \tag{2-56}$$

式中，τ_0 为被吸附的气体分子在垂直固体表面方向的振动周期；q 为吸附热；R 为普适气体常量；T 为热力学温度，K。

（4）打击系数 α

打击系数是描述吸附过程的基本物理量。因为吸附是在气体分子打击固体表面时产生的，因此单位时间吸附于单位表面的分子数 v_A 应和单位时间打击到单位表面的分子数 v 成正比，即

$$v_A=\alpha v \tag{2-57}$$

式中，α 为打击系数，它是打在固体表面上的分子能被吸附的概率。打击系数的值和气体分子的动能与固体表面的性质有关，需由实验测定。

（5）平衡吸附

一般讲，吸附和脱附的过程是同时进行的，当吸附速率大于脱附速率，则宏观上表现为吸附。在一定条件下，这两种相反的过程可达到暂时的平衡，此时单位面积上保持确定的吸附量，这就是平衡吸附。这一定的条件便是一定的压强和温度，也就是说吸附量、压强和温度之间满足确定的关系。研究吸附现象，往往固定以上三个量中的一个，而讨论另外两个量之间的关系。所以总的说有三种模式：

① 当温度 T 恒定，吸附量与压强有关，则吸附量 σ 为

$$\sigma=f(P) \tag{2-58}$$

吸附量即单位面积上吸附的气体分子数，公式（2-58）称为吸附等温线关系函数，根据朗谬尔（langmuir）等温假设描述，此时的吸附量与气体的压强有关，压强越大，其吸附量更容易接近饱和。

② 当压力 P 恒定，吸附量与温度有关，则吸附量 σ 为

$$\sigma=f(T) \tag{2-59}$$

公式（2-59）称为吸附等压线关系函数。

③ σ 恒定，则压力与温度有关

$$P=f(T) \tag{2-60}$$

公式（2-60）称为吸附等量线或等吸附线。

2.7.4.3 脱附现象

附着在固体表面的气体在低压和受热情况下会离开固体表面，回到空间，这个过程叫

脱附过程或者脱附现象。这一过程必将伴随气体分子在表面附着（吸附）、扩散和解吸三个基本步骤。关于气体附着即吸附在前面章节我们已经做了描述。这里我们了解一下扩散和解吸。

扩散是指气体分子在固体或液体表面上的运动。气体分子在表面上的扩散速率受到温度、压力、表面形态和表面化学性质等因素的影响。较高的温度和较低的压力会增加气体分子的扩散速率。

解吸是指气体分子从固体或液体表面脱离并进入气相的过程。解吸的速率受到温度、压力和扩散速率的影响。较高的温度和较低的压力会增加气体分子的解吸速率。

气体脱附受到多种因素的影响，包括温度、压力、表面形态和表面化学性质等。

① 温度：温度是影响气体脱附的重要因素之一。较高的温度会增加气体分子的动能，使其更易于克服表面附着力，从而加快气体脱附速率。

② 压力：压力对气体脱附也有一定影响。较低的压力会使气体分子更易于从固体或液体表面脱离，从而加快气体脱附速率。

③ 表面形态：表面形态是指固体或液体表面的形状和结构。表面形态会影响气体分子在表面上的附着和扩散行为。较大的表面积和较多的表面缺陷会增加气体分子的附着和扩散机会，从而加快气体脱附速率。

④ 表面化学性质：表面化学性质是指固体或液体表面的化学组成和性质。表面化学性质会影响气体分子与表面之间的相互作用力和扩散行为。不同的表面化学性质会导致不同的气体脱附机理。

通常可以用脱附速率来衡量气体脱附的效率，具体表示如下：

$$V_t == N_A \theta / \bar{\tau} \tag{2-61}$$

式中，V_t 为脱附速率；N_A 为单位固体表面能吸附的气体分子数目；θ 为表面覆盖率；$\bar{\tau}$ 为平均吸附时间。

实际应用中，气体脱附的计算还要涉及比表面积和孔结构参数的计算。常用的方法包括 BET（Brunauer-Emmett-Teller）比表面积测定法，该方法基于 BET 理论，通过测量一定压力下气体在固体表面的吸附量，利用理论模型计算出样品的比表面积。在真空技术中，通常采用改变压强和温度的方法，使吸附和脱附达到新的平衡，这在真空技术中有特别重要的意义。

2.7.5 气体渗透现象及相关计算考虑

气体渗透一般指气体分子从高浓度区域穿过较薄的分离层进入低浓度区域的过程。与扩散类似会引发气体分子的高速运动和碰撞。但对于真空应用领域，我们通常考虑的渗透发生在气体与固体或液体之间的界面上，如由于压差的原因，气体通过真空容器壁进入或者离开。当气体分子或原子入射到固体材料表面，可能会被表面所吸附，然后会以原子态形式（其中分子态的会先分解成原子态）溶解在材料的表面层，随着溶解的发生，材料中的气体就会产生浓度梯度，而在固体物质中也存在扩散现象，气体会向浓度低的一侧缓慢扩散；一旦气体扩散到另一侧的表面层，原子就会再结合为分子形态，从固体材料表面解吸释放出来，如图 2-15 所示。

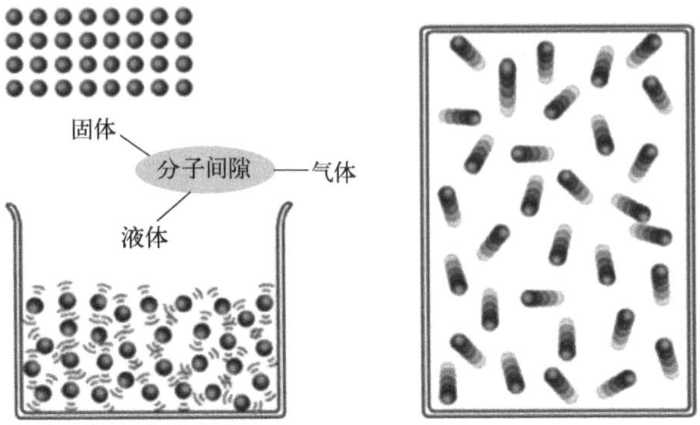

图 2-15　气体渗透现象示意图

在分析气体渗透下的气体量时，需要利用到气体渗透性，又称气体透过系数（K_t），是在恒定温度和压力差下，在稳定透过时，单位时间内透过试样单位厚度、单位面积的气体的体积，其单位为：Pa·cm^3/(cm^2·s)。

由于各标准中对材料的气体阻隔性的指标定义比较混乱，如气体透过率（gas transmission rate，GTR）在 ISO 标准（ISO 15105-1）中是稳定透过时在恒定温度、单位压差下单位时间内透过单位面积试样的气体体积（与国标 GB/T　1038 中气体透过量的含义相同），单位是 cm^3/(m^2·d·atm)，所以给大家计算带来不便。学科专家通过实验表明气体透过系数与材料种类、材料厚度、气体种类及容器内外压差均有关系，为此做了归一化处理，故材料渗透率 K_t 可以如下公式表示：

$$K_t=\Delta P\times K/\sigma \quad \text{单原子气体} \quad (2\text{-}62)$$

$$K_t=\sqrt{\Delta P}\times K/\sigma \quad \text{双原子气体} \quad (2\text{-}63)$$

式中，K_t 为材料渗透率，Pa·m^3/(m^2·s)；K 为材料渗透系数，m^2/s；σ 为材料透气厚度，m。

对于真空系统来讲，其外部压力远远高于内部压力，因此 ΔP 可以直接用外部压力代替。因此只要我们知道了上述系数，就可以得到真空容器渗透的气体流量，如公式（2-64）所示：

$$Q_s=K_t\times A \quad (2\text{-}64)$$

式中，A 为容器壁的面积，m^2；Q_s 为真空容器渗透的气体流量，Pa·cm^3/s。

真空系统中，由于另一面处于真空状态下，分子入射吸附减少，这种平衡就会被打破，形成由高压侧不停地向低压侧渗透解吸，低真空条件下这种解吸可能不会有影响，但高真空应用中，这种渗透产生的气体释放就会成为限制真空系统最终压力的一个重要因素。

2.7.6 气体迁移带来的微观/宏观思考

前面我们讨论了气体在平衡态下的性质，但气体状态经常处在变动之中，平衡只是暂时的现象，为了更全面地认识气体的性质，还必须考虑非平衡态的问题。气体是由大量分子组成的。气体的压强、温度等宏观特性，其本质都是这些大量分子热运动的反映。由于分子热运动是杂乱无章的，所以各部分的温度、压强等宏观量是不一致的，而气体各部分宏观量的差异是气体宏观上发生运动变化的根据。气体内部宏观量的不一致状态称为非平衡态。非平衡态是不稳定的，还没达到均匀分布之前的气体处在变化之中，从宏观上看正在运动，这个变化运动的过程称为迁移现象或输运过程，这个过程会出现动量迁移、能量迁移及质量迁移。

对于非平衡态下的迁移现象我们主要讨论以下三种情况：

(1) 黏滞现象——动量迁移

由于气体各部分运动的速度不等，而存在着气体各部分之间的相对运动，或者气体与器壁之间的相对运动。气体分子在杂乱运动中可在较快部分与较慢部分之间交换位置，因而迁移了动量，使较慢的部分加快，同时使较快的部分减慢，这就表现为气体的内部摩擦作用，又称为黏滞性。关于内摩擦力的计算我们在前面章节做了介绍，此处不再叙述。

(2) 热传导现象——能量迁移

气体各部分的温度不同，器壁之间、器壁与气体之间温度不同，气体分子在杂乱运动中可由较热部分进入较冷部分，因而迁移了能量，使较冷部分获得热量，这就表现为气体的热传导。

我们先分析试验现象。如图 2-16 所示，设有两块无限大的平行板，其间充满气体，第一块平行板的温度为 T_1，第二块平行板的温度为 T_2，且 $T_2 > T_1$。作为初级近似，可以认为紧贴 1 板的气层具有 T_1 的温度，同样紧贴 2 板的气层具有 T_2 的温度，而两板之间的气体温度由 T_1 连续变化到 T_2，在稳定情况下两板之间建立起一个稳定的温度梯度。考察两板间任一假想单元面积 ds，实验发现单位时间通过 ds 传递的热量，满足公式（2-65）。

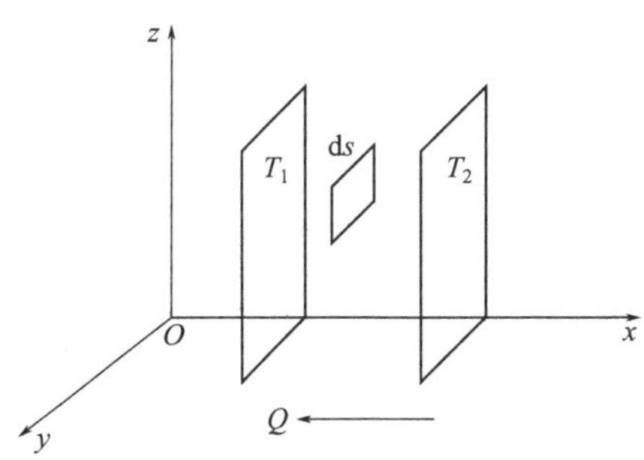

图 2-16 热传导试验示意图

$$dQ = -K \frac{dT}{dx} ds \tag{2-65}$$

式中，K 为热传导系数，它的意义是，当温度梯度等于 1 时，单位时间通过单位面积的热量，kcal/[m · s · (°)]；T 为热力学温度，K；s 为传递热量面积，m^2；x 为温度 T_1 和 T_2 之间距离，m。式中负号表示传热方向与温度梯度方向相反。

以上就是热传导现象的试验规律。根据分子运动论的观点，热传导现象是由分子热运

动导致的动能的迁移。进一步分析可知

$$K=\frac{1}{3}\rho\overline{V}\overline{\lambda}C_v \tag{2-66}$$

式中，ρ 为气体密度；C_v 为气体的定容比热；$\overline{V}$ 为分子运动速度；$\overline{\lambda}$ 为分子自由行程。

（3）扩散现象——质量迁移

气体各部分某一组元的密度不同，在杂乱运动中，由密度大的部分进入密度小的部分的组元分子更多，因而迁移了质量，使组元密度渐趋均匀，表现为气体的扩散现象。

所有的迁移现象都是分子热运动的表现，而分子热运动的速度是相当大的，但这几种现象（如热传导或扩散）进行则较慢。因为这些作用是由于多次碰撞而表现的，因此这些现象的进程与分子的自由程有密切的联系。在我们的讨论中都要用到自由程的概念和数值，这种建立在平均自由程概念上的初级输运理论称为自由程方法，它虽有局限性，但也具有简明直观的特点。依照它的观点，一个分子在一个自由程的进行中，实际是将一处的平均动量（速度）或动能（温度）或质量迁移到一个自由程以外的地方去。倘若向一方输运的较相反方向的多，就有净余的迁移量，等到向一方输运的动能或动量或质量恰与相反方向迁移的相等时，气体就达到了平衡状态。

上述迁移现象和真空度有密切的关系，真空度不同，迁移现象的机理有质的差别，这可分为三种情况。

① 当压强较高时，分子的平均自由程远小于气体上、下动面间距 d（即 $\overline{\lambda}\ll d$）这时气体分子间碰撞，远高于气体分子与容器壁之间的碰撞，或者气体分子在空间飞行的时间远长于分子滞留于器壁表面的时间，所以物理量的迁移主要靠气体分子之间的碰撞，研究时主要考虑气体本身。这通常称为气体分子运动的空间过程，一般这种情况出现在粗真空范围。

② 当压强较低时，气体分子平均自由程 $\overline{\lambda}$ 大于气体上、下动面间距 d（即 $\overline{\lambda}\gg d$），这时气体分子间的碰撞可以忽略，而主要考虑气体分子和器壁之间的碰撞，迁移现象以考虑器壁为主，此时气体分子滞留于器壁表面的时间大于气体分子的自由飞行时间。这通常称为气体分子运动的器壁过程，一般这样的情况出现在高真空范围，这也是真空技术主要关心的方面。

③ 当压强介于上面两种情况之间，即 $\overline{\lambda}$ 接近气体上、下动面间距 d，这就需要综合考虑，这种情况一般出现在低真空范围。

以上几种迁移现象在真空技术的各领域中是普遍存在的，因此有一系列实际问题，如分析抽气机理，分析各种真空设备中的热交换，分析气体沿真空管道流动的规律等，都将运用这部分理论基础。

2.8 真空系统气体总流量组成

由于气体的上述常见现象的存在，因此我们在真空具体应用中要综合考虑，比如在计算流量、速率、抽气时间等时需要考虑气体的常见现象所带来的影响。这样才能更好地设计出符合要求的真空应用系统。

真空系统的总流量是由多个因素共同决定的，包括被抽容器内的原有空气、材料构件的放气、气体渗透、液体或固体的蒸发以及泄漏等。这些因素共同作用，形成了真空系统的气体负荷，即总流量。具体组成如下。

(1) 工艺过程气体量 (Q_G)

该部分的气体量主要包含工艺过程中被处理材料释放出来的气体量和工艺过程中引入到真空室内部的气体量，还包含液体或者固体的蒸发量以及材料处理前后产生的过程气体量。因此很难用一个通用的公式直接衡量或者计算，需要我们根据实际情况做区分计算，然后再累加到一起。当然在实践活动中也会根据实验给出材料的含气量或者不同处理时的放气量，但是这些数据仍无法确保准确。所以这个部分的流量需要大家具体问题具体分析。

(2) 真空室原本气体量 (Q_A)

假设真空容器的容积为 V（单位为 m^3），抽气初始压强为 P_0（单位为 Pa），则被抽容器内原有的大气负荷量为 $Q_A = V \times P_0$（单位为 $Pa \cdot m^3$）。这部分气体量 Q_A，是抽气初期（粗真空和低真空阶段）机组的主要气体负荷，但很快被真空机组抽走，所以不会影响真空室的极限压力。

(3) 真空室泄漏气体量 (Q_L)

实际应用中，由于连接件焊缝或者设备焊缝或者密闭结构原因，大气会从真空系统的各种密封连接处和各种缝隙泄漏到真空室内部，对于确定的真空系统装置其 Q_L 是一个确定常量。一般设计的标准为 $Q_L = 0.1Q_G$，通常用真空室内的压力增长率来描述计算，如公式（2-67）所示：

$$Q_L = (\Delta P / \Delta t)V \tag{2-67}$$

式中，Q_L 的单位是 $Pa \cdot m^3/s$，V 是真空室体积。

(4) 真空室表面解吸释放气体量 (Q_F)

被抽容器内的气体被抽空后，各种元件材料表面在大气压下吸收、吸附的气体会出现解吸放气 Q_F。该值与材料的性能、处理工艺、材料表面状态均有关系，通常可以用公式（2-68）描述：

$$Q_F = \sum q_i A_i (Pa \cdot m^3/s) \tag{2-68}$$

式中，q_i 为真空室中第 i 种材料单位面积的放气速率 [$Pa \cdot m^3/(s \cdot m^2)$]，一般为抽气一小时后的放气速率；$A_i$ 是第 i 种材料在真空室内暴露的面积，m^2。

(5) 真空系统外大气通过器壁材料渗透到系统内的气体量 (Q_S)

任何物质都有分子间隙，在压力差的作用下，气体会渗透到真空系统内部。所以真空系统的总流量可以用公式（2-69）表示：

$$Q = Q_G + Q_A + Q_L + Q_F + Q_S \tag{2-69}$$

通过这个章节我们了解到气体的各种常见运动现象，这些现象对实际的应用带来一定影响，因此在设计或者使用真空系统时需要将这些因素考虑进去，以便让真空系统工作更加可靠。

2.9 真空测量技术与仪器简介

真空测量即真空度的测量，而真空度是指低于大气压力的气体稀薄程度。以压力表示真空度是历史上沿用下来的，压力高意味着真空度低；反之，压力低意味着真空度高。

由于真空技术中遇到的气体压力都很低，如有时要测 10^{-10}Pa 的压力，这样极小的压力采用直接测量单位面积所承受的力是行不通的。因此，测量真空度的办法通常是在待测的气体中制造一定的物理现象，然后测量这个过程中与气体压力有关的某些物理量，再设法间接确定出真实压力来。真空测量仪器种类繁多，工作原理各异，除极少数是直接测量压力外，其它几乎都是间接测量压力的。

2.9.1 测量技术

（1）热导法

热导法是一种通过测量热量传输来确定气体压力的方法。该方法使用一个热导材料来测量热量传输，并根据热导材料中流动气体所引起的温度变化来计算出真空度。该方法适用于低真空范围（10^{-3}～10^{-7}Torr），并且具有高精确度和稳定性。然而，该方法对于高真空范围（如小于 10^{-7}Torr）不太适用，并且需要进行定期校准。

（2）离子规法

离子规法是一种通过测量离子电流来确定气体压力的方法。该方法使用一个电极来产生离子，并通过测量离子电流来计算真空度。该方法适用于低真空范围（10^{-3}～10^{-7}Torr），并且具有高精确度和灵敏度。然而，该方法对于高真空范围（如小于 10^{-7}Torr）不太适用，并且需要进行定期校准。

（3）湿度计法

湿度计法是一种通过测量气体中水分子的数量来确定气体压力的方法。该方法使用一个湿度计来测量气体中水分子的含量，并根据水分子的数量来计算真空度。该方法适用于低真空范围（10^{-3}～10^{-7}Torr），并且具有高精确度和稳定性。然而，该方法对于高真空范围（如小于 10^{-7}Torr）不太适用，并且需要进行定期校准。

（4）磁悬浮法

磁悬浮法是一种通过测量磁场中气体分子的运动状态来确定气体压力的方法。该方法使用一个磁场来操纵气体分子，并通过测量其运动状态来计算真空度。该方法适用于高真空范围内（如小于 10^{-7} Torr），并且具有高精确度和稳定性。然而，该方法需要使用昂贵的设备，并且对于低真空范围（10^{-3}～10^{-7} Torr）不太适用。

（5）质谱法

质谱法是一种通过测量气体分子的质量来确定气体压力的方法。该方法使用一个质谱仪来分析气体分子的组成，并根据其质量来计算真空度。该方法适用于高真空范围（如小于 10^{-7} Torr），并且具有高精确度和灵敏度。

2.9.2 测量仪器

真空计（vacuum gauge），又名真空表或真空规，是测量真空度或气压的仪器。一般是利用不同气压下气体的某种物理效应的变化进行气压的测量。在科研和工业生产中广泛使用，如图 2-17 所示。

按照真空计测量所利用的不同的物理机制，可将主要的真空计分为三大类，分别是利用力学性能、利用气体动力学效应和利用带电粒子效应的真空计。利用力学性能的真空计典型的有波尔登（Bourdon）规和薄膜电容规；利用气体动力学效应的典型真空计有皮拉尼（Pirani）电阻规和热电偶规；利用带电粒子效应的典型真空计有热阴极电离规和冷阴极电离规。各种真空计的压力范围如表 2-3 所示。

表 2-3　真空计分类计对应的压力范围

真空计名称	可测的压力范围/Pa
水银压力计（U 形管）	10^5～10^3
油压力计（U 形管）	10^5～10^2
油压力计（U 形管）	3×10^2～1
麦克劳真空计（一般型）	10^3～10^{-1}
麦克劳真空计（特殊型）	10～10^{-3}
弹性变形真空计	10^5～10^2
隔膜真空计（机械式）	10^5～10^2
隔膜真空计（电气式）	10^5～10^{-1}
电离真空计（三极管型）	10^{-1}～10^{-5}
超高真空用 B-A 型	10^{-3}～10^{-8}
极高真空用热阴极磁控计	10^{-5}～10^{-1}
高真空用（舒尔茨型）	10^{-1}～10^{-5}
冷阴极真空计	1～10^{-5}
皮拉尼真空计	10^3～10^{-1}
热电偶真空计	10^3～10^{-1}
热敏电阻真空计	10^3～10^{-1}
黏性真空计	1～10^{-3}

真空计的应用

真空计	BOURDONVAC A	BOURDONVAC C	膜片式真空规	DIAVAC DV 1000	DIAVAC E	手持式真空规	电容薄膜真空变送器CTR系列	线性真空计DI/DU系列	热传导真空变送器TTR系列	冷阴极真空变送器PTR系列	热阴极真空变送器ITR系列	IONIVAC IM 540	压力开关PS 113A	压力开关PS 115	膜片式压力调节器MR
机械工程															
汽车工业： 制动系统和空调系统加注						■		■	■	■					
真空搬运	■	■	■	■	■			■							■
真空包装			■	■	■			■						■	
真空绝热	■		■	■	■	■		■	■					■	
化工															
气体混合物的绝对压强测量	■	■	■	■	■		■	■							
干燥与脱气工艺		■		■	■			■							■
溶剂回收				■	■				■						■
中央真空系统									■						■
电气/电子/光学															
蒸发镀膜系统							■		■	■	■				
溅射系统监控									■	■	■				
半导体技术[CVD(化学气相淀积)、等离子蚀刻等等]							■		■			■			
离子注入							■		■	■					
照明行业			■			■	■	■	■						
分析仪器与表面物理学															
ESCA(化学分析用电子光谱学)、SIMS(二次离子质谱)、 AES(俄歇电子能谱仪)、XPS(X射线光电子光谱)									■	■	■	■			
电子显微镜									■	■	■	■			
晶体生长										■	■	■			
气体分析系统、质谱仪									■	■	■	■			
研发															
测量超高真空系统极限压强												■			
MBE(分子束外延)系统										■	■	■			
加速器												■			
束流系统、回旋加速器										■		■			
核聚变系统												■			
空间环境模拟									■	■	■	■			
系统控制/压强控制															
真空泵和真空系统的真空度测量									■					■	
真空系统的安全监测， 插板阀的保护									■		■		■	■	
电离真空规的控制									■						
高真空泵系统的压强测量， 如扩散泵、TMP(涡轮分子泵)、低温泵系统									■	■	■	■			
系统破空													■	■	
阀门控制、压强相关系统控制								■	■	■	■	■	■	■	
简单的压强控制						■		■		■				■	■
真空校准															
真空规和质谱仪的校准						■						■			
气体物理特性判定						■									
低压的精密测量						■									
其它															
真空退火炉、熔炉、钎焊炉和硬化炉						■			■	■	■				
制冷行业						■	■	■	■						
电子束焊						■			■	■	■				
冶金									■	■	■				

图 2-17　真空计应用分类

（1）波尔登（Bourdon）真空规

波尔登真空规（如图 2-18 所示）测量范围是 100Pa～1atm，以其独特的力学设计，如弯曲的金属管或膜片，随着气压变化而产生形变，实现精确的气压读数。这种原理直观且可靠，被广泛应用于日常生活和工业应用中。其特点是规管的灵敏度与气体种类无关，吸气放气少，对系统干扰小，可对腐蚀性和可凝性蒸气测量。由于其本身设计，也存在一些问题，如出现金属弹性元件的蠕变和弹性系数的温度效应。根据弹性单元的结构，可分为三类：弹簧式、膜盒式、膜片式。根据弹性变量的测量方式，分为机械传动式和电量测量式。弹性元件材料通常为磷青铜、黄铜或者薄壁不锈钢等。一般使用指针表盘来显示真空度，也称为指针式真空表。

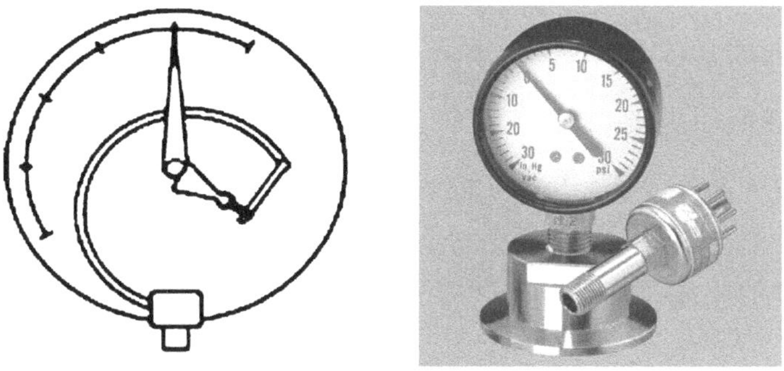

图 2-18　波尔登真空规

(2) 薄膜电容真空规

薄膜电容真空规（如图 2-19 所示），测量范围：5×10^{-3} Pa～1atm。它的工作原理是利用电容原理，通过测量电容值的变化来确定被测物体的尺寸。薄膜电容真空规的主要特点是精度高、稳定性好、使用寿命长等。

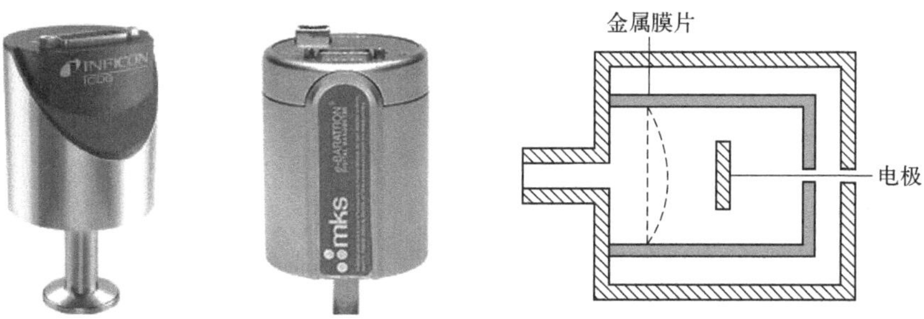

图 2-19　薄膜电容真空规

薄膜电容真空规的主要组成部分包括电容传感器、信号处理器、显示器等。其中，电容传感器是测量长度的核心部件，它由两个平行的金属薄膜组成，当被测物体靠近电容传感器时，两个金属薄膜之间的电容值会发生变化，信号处理器会将这个变化转化为数字信号，通过显示器显示出来。薄膜电容真空规的精度主要取决于电容传感器的制造工艺和信号处理器的精度。目前，国内外的薄膜电容真空规制造商都在不断提高产品的精度和稳定性，以满足不同行业的需求。例如，在航空航天、汽车制造、机械加工等领域，薄膜电容真空规被广泛应用于高精度测量。除了精度和稳定性外，薄膜电容真空规还具有使用寿命长的优点。由于其核心部件——电容传感器采用金属薄膜制造，因此具有较高的耐磨性和耐腐蚀性，可以在恶劣的工作环境下长时间使用。其主要特点如下：

① 薄膜电容真空规是精度最高的真空规，一般用于校准其他类型的真空规；

② 物理性质，无灯丝，抗污染性好，陶瓷保护型薄膜电容真空规可用于蚀刻工艺；

③ 快速预热和较短的恢复时间，提高生产率；

④ 可直接安装在传感器上，改进了温度补偿和电磁兼容性；

⑤ 对蒸气介质不敏感；

⑥ 无“记忆”效应；

⑦ 零漂极小，0.1%FS/年；

⑧ 任意安装角度。

(3) 皮拉尼 (Pirani) 真空规

皮拉尼真空规（图 2-20）的测量范围是 5×10^{-3}Pa～1atm，是通过加热电阻丝，使之升温至需要的工作温度，由于气体粒子与电阻丝碰撞离开时带走了能量，电阻丝的温度会发生变化，电阻丝的能量损失与电阻丝周围的气体浓度及气体成分成比例关系。其特点如下：

① 较宽的测量范围；

② 传感器可以更换；

③ 响应迅速；

④ 设计紧凑，任意安装；

⑤ 接近大气压段，易受气体类型影响。

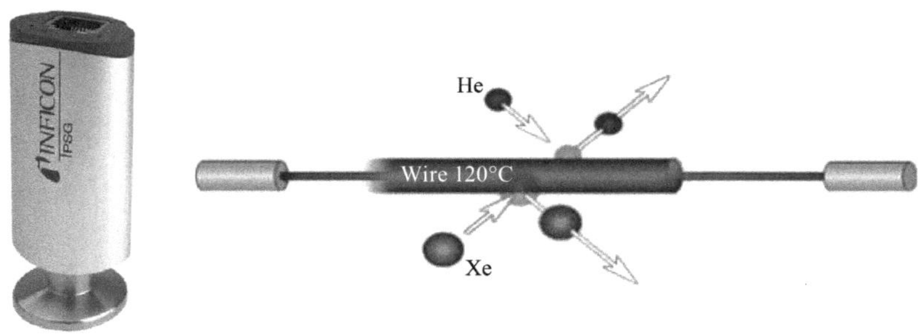

图 2-20　皮拉尼真空规

(4) 热阴极电离真空规

热阴极电离真空规是热电离规中的其中一类真空规。热电离真空规（图 2-21）是利用某种手段使进入规管中的部分气体分子发生电离，收集这些离子形成的离子流。由于被测气体分子产生的离子流在一定压强范围内与气体的压强成正比，通过测量离子流的大小来反映被测气体的压强值。根据电离方式，热电离真空规可分为三类：热阴极电离真空规、依靠场致发射的冷阴极电离真空规、放射性电离真空规。热阴极电离真空规按线性范围的不同，分为三类：

① 普通型热阴极电离真空规：10^{-1}～10^{-5}Pa；

② 超高真空热阴极电离真空规：10^{-1}～10^{-11}Pa；

③ 高压强热阴极电离真空规：100～10^{-3}Pa。

限制热阴极电离真空规测量上限的因素是离子流与压强的关系在高压强下偏离线性而趋于饱和。上限由电极结构、电极间电位分布及发射电流的大小决定。限制热阴极电离真空规测量下限的因素是规管系数 K 在压强很低时仍保持为常数，但离子流随压强降低而减小到一定程度后，湮没在本底电流中而不可分辨，此时达到压强测量下限。

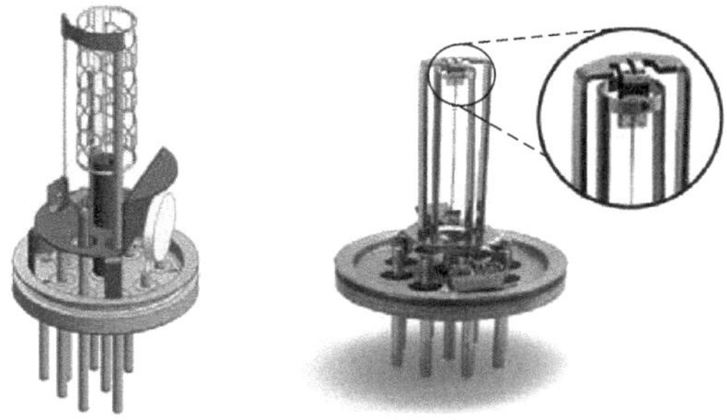

INFICON B-A规　　普通电离规

图 2-21　热电离真空规

第3章

真空系统组成、设计与模拟仿真

3.1 真空系统组成

真空系统是用来获得特定要求的真空度的排气系统，由真空泵、真空阀门、真空测量装置、连接导管等组件组成，如图 3-1 所示。真空系统的核心组成部分的作用如下：

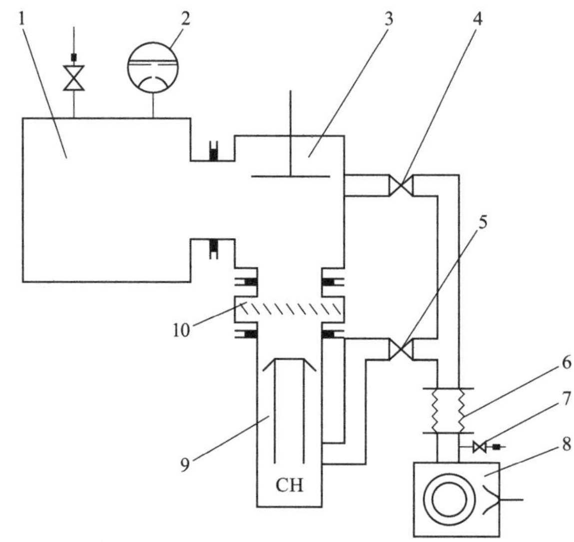

图 3-1 真空系统示意图

1—被抽容器；2—真空测量规管；3—主阀；4—预真空管道阀；5—前级管道阀；6—软连接管道；7—放气阀；8—前级泵；9—主泵；10—水冷障板

① 真空泵：用于抽取气体，降低容器内的压力。

② 真空阀门：用于控制气体的进出，实现系统的开关和调节功能。

③ 真空测量装置：用于测量容器内的压力，确保系统达到所需的真空度。

④ 连接导管：将各个组件连接起来，形成完整的真空系统。

此外，一个较完善的真空系统还包括其他元件，如：

① 捕集器：用于捕捉和去除气体中的杂质。

② 除尘器：保持系统的清洁，防止杂质进入系统。

③ 真空继电器：用于控制系统的启动和停止。

④ 储气罐：用于储存和处理抽取的气体。

这些组件共同工作，确保真空系统能够高效、稳定地运行。

事实上简单的真空系统只是能获得一个粗真空，而想要获得高真空时，通常在真空系统中串联一个高真空泵，比如罗茨泵和螺杆泵等都是获得高真空的泵。当串联一个高真空泵之后，通常要在高真空泵的入口和出口分别加上阀门，以便高真空泵能单独保持真空。假如所串联的高真空泵是一个油扩散泵，为了防止大量的油蒸气反流进入被抽容器，通常在油扩散泵的入口加一个捕集器水冷障板。根据要求，还可以在管路中加上除尘器、真空继电器规头、真空软连接管道、真空泵入口放气阀、散热器等，这样就构成了一个较完善的高真空系统。实际应用中可以按照真空机组的搭配，实现如下几种真空系统：

① 粗真空系统（工作压力大于 1330Pa）；

② 低真空系统（工作压力在 1330～0.13Pa）；

③ 高真空系统（工作压力在 0.13～1.3×10^{-6}Pa）；

④ 超高真空系统（工作压力在 1.3×10^{-6}～1.3×10^{-10}Pa）；

⑤ 极高真空系统（工作压力低于 1.3×10^{-10}Pa）。

接下来我们对真空系统的组成部分做简单介绍，以帮助大家更好理解真空系统。

3.2 真空容器及其指标

真空容器是真空系统的重要组成部分，承受大气压力并保持内部真空状态。根据不同的配置，可以完成不同的功能，比如真空镀膜、真空实验室等。真空容器通常由不锈钢等材料制成，具有耐高压和耐腐蚀的特性，以确保在真空环境下稳定工作。

(1) 真空容器的特点

真空容器的特点主要包括以下几个方面：

① 结构特点：真空容器通常采用卧式圆筒结构，一端为开启大门，便于装卸物品；另一端为碟形封头，增强容器的强度和密封性。容器内部设有主热沉和红外加热笼，以提供低温环境。

② 材料选择：真空容器多采用不锈钢（如 0Cr18Ni9，即 304 不锈钢）和碳钢等材料，以确保在高温和低温环境下都能保持稳定。

③ 焊接工艺：容器采用内环缝氩弧焊等高强度焊接工艺，确保无泄漏，保证容器的气密性。

(2) 真空容器的要求

真空容器在真空系统中的要求包括：

① 极限真空度：容器需要达到一定的极限真空度，即在无漏放气时所能达到的最低压力。这决定了容器内部的气体分子密度和碰撞频率，影响真空系统的性能。

② 工作真空度：在工作状态下，容器需要维持一定的工作真空度，即使在放出大量气体的情况下也能保持一定的压力水平。

③ 残气成分：容器内的残气成分也有严格要求，例如在真空摄像器件中，含氧量需低于一定水平，以保持器件的性能和寿命。

④ 结构简单、性能可靠：容器设计需考虑操作维护的便利性，确保在使用过程中稳定可靠，减少故障发生率。

可见真空容器作为真空系统的核心部件，其设计和材料选择需严格遵循高标准和严格要求，以确保整个系统的性能和可靠性。

3.2.1 真空容器的极限真空度

真空容器的极限真空度是指容器在充分抽气后，稳定在某一真空度，此真空度称为极限真空度。极限真空度是真空泵的一个重要参数，反应泵的抽气能力。极限真空度的具体测量通常包括以下步骤：

① 将真空泵与检测容器相连，放入待测的气体后，进行长时间连续抽气。

② 当容器内的气体压力不再下降而维持某一定值时，此压力即为泵的极限真空度。

③ 通常需要经过 12h 炼气和 12h 抽真空，最后一个小时每隔 10min 测量一次，取其 10 次的平均值为极限真空度。

极限真空度＝标准大气压－稳定后的系统压强

这个公式用于计算真空容器在充分抽气后达到的极限真空度。极限真空度的计算涉及两个主要因素：标准大气压和系统压强。标准大气压是一个固定的值，通常为 101325Pa，而系统压强是指在真空泵长时间运行后，容器内压力达到稳定状态时的数值。

3.2.2 真空容器的有效抽速

真空系统对容器的有效抽速是指在容器出口处的压力下，单位时间内真空系统能够从被抽容器中所抽除的气体体积。真空系统对容器的有效抽速不仅取决于真空泵的抽速，也取决于真空系统管路对气体的导通性能，即所说的流导。流导是指在单位压差下，流经管路的气流量的大小。C 表示真空容器出口到真空泵入口之间管路的流导，则满足公式（3-1）：

$$C=\frac{Q}{P_1-P_2}(\mathrm{m^3/s}) \tag{3-1}$$

式中，C 为管道流导，$\mathrm{m^3/s}$；Q 为流经管道的气体量，$\mathrm{Pa \cdot m^3/s}$；P_1 和 P_2 分别为管道入口压力和出口压力，Pa。

$$1/S_\mathrm{e}=(1/C)+(1/S_\mathrm{p}) \tag{3-2}$$

或者

$$S_\mathrm{e}=C\times S_\mathrm{p}/(C+S_\mathrm{p}) \tag{3-3}$$

或者

$$S_e=S_p/[1+(S_p/C)] \tag{3-3a}$$

或者

$$S_e=C/[1+(C/S_p)] \tag{3-3b}$$

式中，S_e 为真空系统对容器的有效抽速，m^3/s 或 L/s；S_p 为真空泵的抽速，m^3/s 或 L/s。

由上式可以得到，如果管路的流导 C 远大于泵的抽速 S_p，则 S_p/C 的值远小于 1，由公式（3-3a）可以看出，此时真空系统对容器的有效抽速 $S_e \approx S_p$。这就是说为了充分发挥泵对容器的抽气作用，在设计真空系统管路时，应使管路的流导尽可能大一些。因此真空管路应该粗而短，切不可细而长。这是设计连接管道时的一条重要原则。相反，如果管路的流导 C 远小于泵的抽速 S_p，则 C/S_p 的值远小于 1，由公式（3-3b）可以看出，此时真空系统对容器的有效抽速 $S_e \approx C$，这就是说，在这种情况下，选择多大的泵都没有用，都不能提高泵对容器的有效抽速。

3.3 真空阀门

真空阀门是真空系统中，用来改变气流方向，调节气流量大小，切断或接通管路的真空系统元件，如图 3-2 所示为常见的一种真空阀门。真空阀门可用橡胶密封圈或金属密封圈来密封。

图 3-2　常见的一种真空阀门

(1) 公称通径和公称压力

① 公称通径（nominal diameter），又称平均外径（mean outer diameter），表示符号 DN，就是各种管子与管路附件的通用口径。同一公称通径的管子与管路附件均能相互连接，具有互换性。它不是实际意义上的管道外径或内径，虽然其数值跟管道内径较为接近或相等。例如焊接钢管按厚度可分为薄壁钢管、普通钢管和加厚钢管。其公称通径不是外径，也不是内径，而是近似普通钢管内径的一个名义尺寸。每一公称通径，对应一个外径，其内径数值随厚度不同而不同。公称通径可用公制 mm 表示，也可用英制 in 表示。管路附件也用公称通径表示，意义同有缝管。

② 公称压力 （nominal pressure），表示符号 PN，在一定温度下应用时允许的最大工作压力。对碳钢阀体的控制阀，指 200℃以下应用时允许的最大工作压力；对铸铁阀体的控制阀，指 120℃以下应用时允许的最大工作压力；对不锈钢阀体的控制阀，指 250℃以下应用时允许的最大工作压力。当工作温度升高时，阀体的耐压会降低。例如，公称压力为 6.4MPa（PN64）的碳钢控制阀，用于 300℃时的耐压为 5.2MPa，用于 400℃时的耐压

为 4.1MPa，用于 450℃时的耐压为 2.9MPa。因此，控制阀公称压力的确定不仅要根据最高工作压力，还需根据最高工作温度和材质特性，而不仅仅只需满足公称压力大于工作压力。

（2）真空阀门型号组成

① 代表阀板结构形式或产品职能类别，以其关键字汉语拼音第一（或第二）个字母（印刷体大写）表示如：

C 插板阀 、Q 充气阀、D 挡板阀 、U 球阀 、F 翻板阀、W 微调阀 、I 碟阀 、Y 压差阀 、M 隔膜阀。

② 代表产品驱动方式，以其关键字汉语拼音第一个字母（印刷体大写）表示：

S 手动、D 电动、Q 气动、C 磁动、Y 液动。

③ 代表阀门通道形式，以其关键字汉语拼音第一个字母（印刷体大写）表示：

Z 直通阀 、J 角通阀 、S 三通阀 。

特例：只有带充气的阀门用汉语拼音大写字母 Q 作代号，其它种类阀门均不用符号作代号。

④ 代表产品规格参数，公称通径，以阿拉伯数字表示，单位为 mm：

如 DN 16mm、100mm、500mm 等用 16、100、500 等表示。

（3）真空阀门分类

按介质压力真空阀门可分成四组：

① 低真空阀门：介质压力 $P=760\sim1mmHg$。

② 中真空阀门：$P=1\times10^{-3}mmHg$。

③ 高真空阀门：$P=1\times10^{-4}\sim1\times10^{-7}mmHg$。

④ 超高真空阀门：$P\leqslant1\times10^{-8}mmHg$。

3.4 真空机组

真空系统可以分为粗真空系统、低中真空系统、高真空系统、超高真空系统和极高真空系统几种，因此真空系统的机组也对应划分了几类。

① 低真空机组：低真空机组的工作压力高、排气量大，主要用于真空室的粗抽以及气体负载大、工作压强高的场合，如真空输送、真空浸渍、真空干燥等。主泵常用往复式机械泵、旋转油封机械泵、水蒸气喷射泵等。根据被抽气体的清洁程度，可能需要配置除尘器、干燥罐等部件。

② 中真空机组：适用于需要大抽速和获得中真空的各种真空系统，如镀膜机、真空冶炼等。常见的组合包括罗茨真空泵＋油封机械泵、罗茨真空泵＋水环真空泵等。随着无油真空泵的广泛应用，罗茨真空泵＋螺杆真空泵的组合也逐渐增多。

③ 高真空机组：工作于分子流状态下，排量小但抽速大，主泵通常为扩散泵、分子泵等。由于这些泵不能直接对大气工作，需要配置前级泵或预抽泵，有时还会配有储气罐

以防止气压波动。

④ 超高真空机组：工作压力在 $10^{-6} \sim 10^{-10}$ Pa，要求主泵的极限真空度高，且材料出气率和漏气率低。常见的应用包括半导体制造、科学研究等。这类机组对材料和密封要求极高，通常采用出气率低的不锈钢和金属密封圈。

真空机组将真空泵与相应的真空元件连接起来，构成抽气装置，如图 3-3 所示。

图 3-3　一种真空机组

3.4.1 低真空机组

低真空机组的主要特点是工作压力高、排气量大，但抽速比高真空机组低。低真空机组常用于真空室的粗抽以及排气量大、工作压力高的真空输送、真空浸渍、真空过滤、真空干燥、真空脱气等工艺。低真空机组由多种类型的真空泵组成，主要包括往复式机械泵、油封式机械泵、水环泵、喷射泵等。这些泵的特点是能够直接将气体排入大气，适用于各种需要高排气量的场合。使用低真空机组时，还需要根据被抽气体的清洁程度、湿度或其他特殊要求配置必要的除尘器、水气分离器、油水分离器、干燥阱等部件，以保护机组并确保其正常运行。

油封式机械泵使用注意事项：

油封机械泵不适于抽除含有大量水蒸气的气体。水蒸气在压缩过程中会凝结成水滴，并与泵油混合形成悬浮液，破坏泵的抽气性能和寿命，导致泵的真空度下降。一般采用带有气镇装置的油封机械泵，在机组中安装水气分离器或油水分离装置，处理混有水的机械泵油，处理过的油再进入泵中使用。或者使用各种干燥吸附剂做成捕集阱吸收水蒸气，使用各种冷凝器或冷阱，不仅能有效地吸附水蒸气，同时还可阻挡机械泵的油蒸气向真空室反流。图 3-4 所示是一种油封机械真空泵结构示意图。

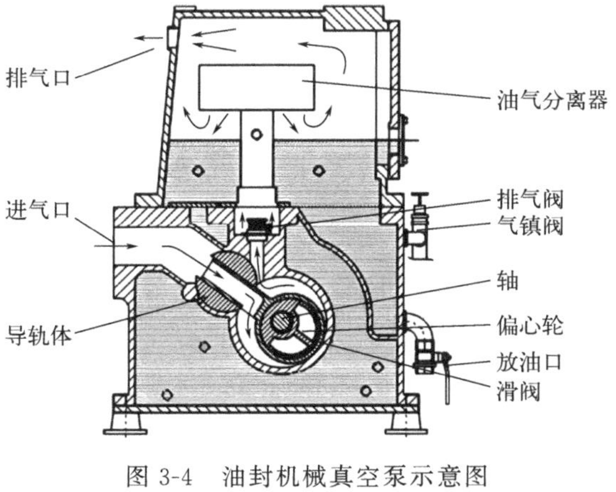

图 3-4　油封机械真空泵示意图

3.4.2 中真空机组

中真空机组的工作压力范围为100～0.1Pa，其常用的主泵有油增压泵、机械增压泵等，机组适用于需要大抽速和获得低、高真空的各种真空系统。可广泛用于真空冶炼、真空热处理、化工、医药、电工、焊接等行业。

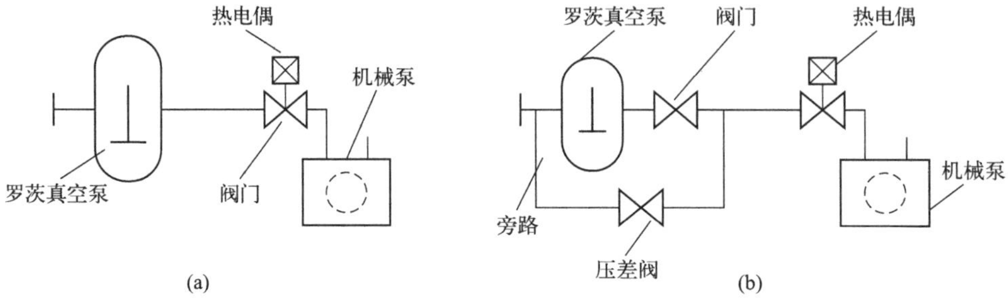

图 3-5 中真空机组示意图

罗茨真空泵作为机组的主泵，也可选用带旁通压差阀的罗茨真空泵，图3-5（a）中的罗茨真空泵需要在系统被前级机械泵抽到允许的启动压力时才能启动工作。图3-5（b）由于罗茨真空泵带旁通压差阀，所以罗茨真空泵可在较高的入口压力时运转，且不会发生过载和过热现象，因此主泵可以在前级泵工作后，根据系统的实际情况来决定它的启动压力。有时对于小型机组，还可以两泵同时启动，以加大抽速和缩短抽气时间。

3.4.3 高真空机组

高真空机组主要是在分子流状态下工作，其特点是工作压力较低（10^{-2}～10^{-6}Pa），排气量小但抽速大。机组的主泵通常为扩散泵、扩散增压泵、分子泵、钛升华泵、低温冷凝泵等。

对于分子泵而言，由于大气中含有大量的杂质气体和大分子气体，这些气体分子的半径较大，当其进入分子泵时，由于其体积过大，无法通过泵的网格，并因此堵塞泵的出口。同时分子泵的排气口很小，且抽气速率极快，这意味着即使存在微小的污染粉尘或气体残留，也可能会对分子泵造成损坏。

扩散泵和油扩散泵依赖高速流动的油蒸气来抽吸气体分子，这种机制在大气压力下无法有效工作。另外，这些泵的极限压强和设计抽速都是针对一定的真空范围优化的。

分子泵和钛升华泵设计用于高真空环境，它们的极限压强非常低，无法承受大气压力。低温冷凝泵则依赖于低温表面来凝结气体分子，这种设计在大气压力下无法实现有效的冷凝。

因此这些泵不能直接对大气工作，这些泵通常需要前级泵或预抽泵来先降低气体压力到一个可接受的范围内，才能启动工作。前级泵可以在大气压力下工作，将气体压缩到真空泵可以处理的范围内，从而保护真空泵不受大气压力的损害。有些高真空抽气机组还配有前级维持泵或储气罐，以防止系统内的气压波动，改善机组的抽气性能。

（1）预抽泵

预抽泵（粗抽泵）主要用来抽除真空室中的大量气体，使真空室内的气体压力由大气压力降到主泵可以启动的真空度，因此，要求预抽泵所达到的压力要小于主泵的启动工作压力，所以机组所选用预抽泵的抽速大小由粗抽时间决定。

（2）维持泵

由于扩散泵和油增压泵启动时间长，在周期性操作的真空设备中，当真空室上料和下料的时候，为了缩短工作周期，往往不停止主泵，将高真空阀门和前级管道阀门关闭，使主泵仍处于工作状态。由于阀门总是有极少量的漏气，阀门和泵内的表面也存在放气，经过一定时间后，主泵泵腔内的压力增加。为了解决这个问题，可以用前级泵继续抽出主泵中的气体，但此时主泵内排出的气体量很小，此时前级泵浪费能源。为了节能前级泵停止工作，关闭前级管道阀门，在主泵出口处增加维持泵或储气罐，这样就可以保证既能排出主泵内的气体，又可以节省能源消耗，储气罐不用很大。

（3）储气罐

由于真空系统运行中，需要考虑系统的稳定性、考虑工作周期及出口压力的稳定性。比如某些工艺过程要求严格防振，因此需要在真空室处在工作状态中时，前级机械真空泵在一段时间内停止工作，为了防止振动，可以在主泵和前级泵之间增加储气罐，储存主泵，如扩散泵排出的气体，此时的储气罐代替机械泵进而可以让扩散泵正常工作。

还有一些生产工艺要求在不关闭扩散泵加热器的情况下，更换真空室元件、上下料。在这段时间内利用储气罐来维持扩散泵工作（作为前级泵用）。当然真空工艺生产中的某段时间内会出现放气量特别大且时间短的情况，若按照最大排气量配前级机械泵会带来投入成本浪费，此时可在系统中配置前级储气罐，在最大放气量时储存一部分气体，以避免扩散泵的前级压力超过最大反压力。另外机械真空泵的排气是脉冲的，虽然频率不高，比如一次放气 5～7s，但是也会引起扩散泵出口压力的波动，利用储气罐可减少这种波动。

3.4.4 超高真空机组

超高真空机组的要求主要包括以下几个方面：

① 极限真空要求：超高真空机组的极限真空应达到 10^{-7}～10^{-12}Pa。这意味着机组的主泵极限真空至少应在 10^{-7}～10^{-8}Pa。

② 抽速要求：在超高真空的工作压力范围内，机组的主泵需要具备一定的抽速，以确保能够有效排除气体。

③ 耐高温要求：机组的主泵或进气口以上的部分应能承受 200～450℃的高温烘烤。

④ 气体负荷要求：来自主泵的反流气体（包括工作液蒸气及解析的气体）的分压力要足够低，以减少对真空度的影响。

⑤ 材料和密封要求：机组主泵进气口以上的管道、阀门等部件应采用出气率较低的

不锈钢和金属密封材料，以耐高温烘烤。

⑥ 系统设计和制造要求：超高真空系统的设计需要遵循一定的准则，包括使用放气率低的材料、最小化腔体内表面积、减少死空间和狭缝结构、采用金属密封结构等。

⑦ 清洁和脱气要求：为了达到极高的真空度，系统需要保持清洁并进行充分的脱气处理，包括对接触表面进行抛光、清洁或烘烤处理。

⑧ 泄漏检测要求：在开始抽气前，需要确保真空腔体没有实际泄漏，通常使用乙醇或氦气进行检测。

3.4.5 机组搭配原则

对于一个真空系统，真空泵机组是其重要组成部分，由于不同真空泵功能不同，因而有时选用一种泵不能满足抽气要求，需要几种泵组合起来，相互弥补才能满足抽气要求，总体原则如下：

① 真空泵选型中，挑选主泵的时候应仔细分析作业工艺环境，在其作业压力规模内，应能去除真空室内工艺过程中发生的悉数气体量，因此真空室内的作业压力必定要在主泵的最佳抽速压力规模之内。

② 真空泵选型时，由于真空室体积大小对抽到极限真空的时间有影响，若真空室体积越大，则要求主泵抽速越大。同时选择真空泵时，应该知道被抽气体成分，针对被抽气体成分挑选相应的真空泵。假如气体中含有腐蚀性气体、颗粒灰尘等，则应该考虑挑选干式真空泵、耐腐蚀真空泵等，或在泵的进气口管道上安装辅助设备。

③ 真空泵的组合选型必定要慎重，一般主泵极限压力要比真空室的极限压力低半个到一个数量级，更要依据整套真空体系统的初次出资和日常维护费用等经济指标挑选主泵。

3.5 真空系统管路连接方式

3.5.1 不可拆卸连接

在真空系统，不可拆卸的连接通常采用焊接或熔接工艺实现。近年来，耐真空黏合剂也已经用于非 UHV（超高真空）技术领域的部件连接。连接技术的选择需综合考虑机械强度、温度、热循环负载以及气密性等要求。在真空技术中，频繁使用材料配对，如金属对金属、玻璃对玻璃、玻璃对金属、金属对陶瓷和玻璃对陶瓷。对于金属最经常用的连接方式是焊接。在玻璃设备中，单个玻璃部件通过熔接接合。通过熔接或金属化或钎焊方式实现的金属和玻璃连接结构，常用于 UHV 兼容、可烘烤的观察窗。最常见的金属和陶瓷连接方式是通过金属化或烧结实现的。

3.5.2 可拆卸的法兰连接

真空系统法兰是真空系统中用于连接管道和设备的关键部件，主要分为以下几类：

CF 法兰、KF 法兰和 ISO 法兰。

(1) CF 法兰

CF 法兰是一种用于超高真空中的连接法兰，属于金属静密封，能够承受高温烘烤。

规格与材料：公称直径尺寸包括 DN16、40、63、100、160、200、250 等，密封材料通常为 Viton（氟橡胶）、PTFE（聚四氟乙烯）、无氧铜等。

适用真空度：最高可达 10^{-12}mbar。

制造标准：304、316 不锈钢等。

(2) KF 法兰

KF 法兰是一种小尺寸的快装法兰接头，适用于高真空环境。

规格与材料：公称直径尺寸包括 DN10、16、25、40、50 等，密封材料通常为 Viton、Buna（丁钠橡胶）、Silicone（聚硅氧烷）、EPDM（三元乙丙橡胶）、铝等。

适用真空度：最高可达 10^{-8}mbar。

特点：无需工具，只需手拧碟形螺母即可连接或断开。

(3) ISO 法兰

ISO 法兰适用于从大气压到高真空的环境，常用于需要频繁装拆的场合。

规格与材料：公称直径尺寸包括 DN63、100、160、200、250、320、400、500 和 630 等，密封材料通常为 Viton、Buna、Silicone、EPDM、铝等。

适用真空度：最高可达 10^{-8}mbar。

制造标准：DIN 28404、ISO 1609 等。

这些法兰类型各有特点，适用于不同的真空系统和应用场景，选择合适的法兰对于确保系统的密封性和稳定性至关重要。

3.6 真空系统设计及注意事项

3.6.1 设计注意事项

① 真空元件，如阀门、捕集器、除尘器和真空泵等相互连接时，应尽量做到抽气管路短，管道流导大，导管直径一般不小于泵口直径，这是系统设计的一条重要原则。但同时要考虑到安装和检修方便。有时为了防振和减少噪声，允许机械泵设置在靠近真空室的泵房内。

② 机械泵（包括罗茨泵）有振动，要防止振动波及整个系统，通常用软管减振。软管有金属和非金属两种，不论采用哪种软管都要保证在大气压力作用下不被压瘪。

③ 真空系统搭建后，应便于测量和检漏。真空系统在工作过程中，无法避免出现漏气而影响生产的情况。因此每一个用阀门封闭的区间，至少要有一个测量点，以便测量和检漏，这样可以迅速找到漏孔，可进行分段检漏。

④ 真空系统中配置的阀门和管道，应使系统抽气时间短，使用方便，安全可靠。一般在有一个蒸气流泵作为主泵（扩散泵或油增压泵）和一个机械泵作为前级泵的系统上，除了有前级管道（蒸气流泵串联机械泵的管道）外，还应有一个预真空管道（真空室直通机械泵的管道）。其次是在真空室和主泵之间设有高真空阀门（也称主阀），在前级管道上设有前级管道阀（也叫低真空阀），在预真空管道上设置预真空管道阀（称低真空阀）。主泵上的高真空阀门，通常不能在阀盖下为真空状态，而阀盖上为大气压状态下开阀，这要通过电气联锁保证安全。前级管道阀和预真空管道阀要考虑到阀本身能在大气压下开阀。以蒸气流泵为主泵的真空系统，主阀要盖向主泵，前级管道阀也要盖向主泵，预真空管道阀盖向真空室。在机械泵入口管道上，应设一个放气阀门。当机械泵停止工作时，能立即打开此阀，使机械泵入口通入大气，防止机械泵油反流到管路中，因此该阀要和机械泵电气联锁。真空室上也要设置放气阀门，装料和取料时用。该阀设置的位置要考虑到放气时，气体冲力较大，防止因冲力过大而破坏真空室内的薄弱构件。放气阀的大小与真空室的体积有关，要考虑放气时间不能太长，影响工作。

⑤ 真空系统的设计应保证排气稳定可靠，安装拆卸维修容易，操作方便，各元件间的连接有互换性。为了使系统在工作时排气稳定，要求主泵性能稳定，各阀门运转灵活，密封可靠，系统中各元件的接头不漏气，真空室密封性能好，各真空元件连接采用标准尺寸，保证有互换性。在真空系统设计中，原则上讲，每一个封闭管路尺寸应有一个可调尺寸。这个可调尺寸在过去设计中，都采用软管来解决，现在设计系统时，多数不采用软管，而采用提高真空元件加工尺寸精度和利用连接法兰上的密封橡胶圈来解决安装误差，这样可以提高系统强度和刚度，减少用于系统上的支架，更加美观。

⑥ 真空系统设计中要采用新技术，做到自动控制和联锁保护。随着真空技术的发展，要求在整个抽气过程中能够进行自动操作，如采用真空继电器控制罗茨真空泵在1333Pa压强下启动工作。采用水压继电器控制蒸气流泵的水压在某一个压力上，当水压不足或断水时，能够立即断电并发出警报，防止泵被烧坏。对于复杂真空系统和工艺过程及参数要求严格的设备应采用可靠的软件程序控制，更加安全可靠。

⑦ 真空系统设计中要求做到节省能源，降低成本，使用方便可靠。

3.6.2 真空系统密封设计

在超高真空和高真空范围内，被抽气体主要来源于材料的放气。包含各类气体载荷的放气总和，如解吸、扩散、渗透、空洞和裂缝的放气，表面层的分解。在超高真空和高真空场景下，哪怕是微小放气率也会对高效抽气和极致低压力带来重要影响。因此要尽量使用解吸率、扩散率和渗透率小的材料，避免出现裂缝、内部空洞，并使用真空兼容性良好的清洁工艺。在室温条件下，经（烘烤）脱气，典型材料表面放气率相对表现良好，如不锈钢是 $2\times10^{-13}\text{mbar}\cdot\text{L}\cdot\text{s}^{-1}\cdot\text{cm}^{-2}$，氟橡胶 Viton 为 $2\times10^{-11}\text{mbar}\cdot\text{L}\cdot\text{s}^{-1}\cdot\text{cm}^{-2}$。但是对于能溶解于金属的气体会发生渗透现象，比如氢气和氧气可以渗透大多数金属，而惰性气体一般不能渗入金属。其中氢气是常见气体中对金属渗透率最高的气体。常温下，氢气对奥氏体不锈钢渗透率较小，对普通碳钢的渗透率随含碳量的增加而增加。

此外，在水或湿空气与金属表面反应时，氢的渗透率会大大增加。

低碳钢不宜做超高真空系统的材料，烘烤时会大量渗氢，空气中加热易锈蚀。对钢和铝表面进行氧化处理可降低氢的渗透率，但是部分设备或元件外表面的酸洗、碱浸、腐蚀、电解和抛光等工艺会去除氧化层。这样会使氢的渗透率增加几个数量级。任何高温处理都会使金属的晶粒变得粗大以致增加渗透率。有些金属材料对气体的渗透具有选择性，比如氧气对银的渗透率就很大。因此，在超高真空系统中应避免使用银焊料。银作为金属密封材料使用时，通常与其它低渗透率材料复合使用。

真空容器内表面上发生的物理或化学结合的气体的解吸是扩散和渗透过程的最后步骤。通过表面处理、清洁和真空烘烤等工艺实现材料小的解吸率。真空泄漏是空气或其他物质被持续吸入真空腔体内的原因，一般是由材料或密封面缺陷，以及密封件加载不当导致的。通常渗透是多阶段的过程，吸附在外壁的气体溶解在材料中，通过材料扩散，从内壁脱附。在室温条件下，可以忽略不锈钢等金属材料的气体渗透流动，但是必须考虑到弹性体中的渗透流动。此外，影响真空密封的因素还有密封座材料、密封表面粗糙度、密封材料、密封压力和加工误差等。根据不同真空范围选择密封材料，比如含氟弹性体，如FKM、Viton，用于动、静密封。PTFE聚四氟乙烯，Teflon可以抗住260℃的高温用于静密封。当前应用领域对超高纯度和超高真空的密封要求比以往更加苛刻，比如超低泄漏率（$<1\times10^{-13}$ atm·cm^3·s^{-1} He）、低放气量、低温温度（<1.8K）、化学相容性、长寿命等。

密封件的压缩量对于弹性密封材料的使用寿命至关重要。比如腐蚀性的工艺气体会破坏橡胶材料，特别是在高应力的区域。O形圈的静密封压缩量为10%～30%，动密封压缩量为5%～25%。弹性体的使用温度超过200℃时，静密封密封件将初始压缩量减少约2%，O形圈制造尺寸误差一般在2%～5%。当密封件的变形恒定时，压应力松弛表明（弹性密封）零件中的压应力降低。变形的密封件表明弹性体的不可逆流动。压应力松弛速率受应力和温度影响，温度的影响非常强烈，因此在设计真空系统时要考虑各类密封材料的使用寿命要求，选择合适的密封件材料。

3.6.3 真空系统抽气方程

真空系统的任务是抽除被抽容器中的各种气体。我们可以把被抽容器中所产生的各种气体的流量称为真空系统的气体负荷或气体流量，在前面的章节我们做了介绍。当真空泵启动之后，真空系统即对被抽容器抽气，真空系统对容器的有效抽速若以 S_e 表示，容器中的压力以 P 表示，则单位时间内系统所排出的气体流量即 S_eP，容器中的压强变化率为 dP/dt，容器内的气体减少量即是 $V\times dP/dt$。根据动态平衡，可得出真空系统抽气方程，如公式（3-4）所示：

$$V\times dP/dt=-S_e\times P+Q_G+Q_A+Q_L+Q_F+Q_S \tag{3-4}$$

式中，V 是被抽容器的容积，m^3；S_e 为真空系统对容器的有效抽速，m^3/s 或 L/s；P 为示容器压力，Pa；Q_G 为容器内工艺过程气体量；Q_A 为容器内原本气体量；Q_L 为容器内泄漏气体量；Q_F 为容器表面解吸释放气体量；Q_S 为壁材料渗透到系统内的气体量。

由于随着抽气时间 t 的增长，容器内的压力 P 降低，所以容器内的压强变化率 dP/dt 是个负值。因而 $V\times dP/dt$ 是个负值，它表示容器内的气体减少量。公式（3-4）中的其他几个量是使容器内气体量增多的气流量。$S_e\times P$ 则是真空系统将容器内气体抽出的气流量，所以方程中记为$-S_e\times P$。对于一个设计、加工制造良好的真空系统，公式（3-4）中的几个增气量可以忽略不计。

3.6.4 真空系统有效抽速

根据前面章节描述，对于一个真空系统，其有效速率可以表达为：$1/S_e=(1/C)+(1/S_p)$。

① 如果管路的流导 C 远大于泵的抽速 S_p，则 S_p/C 的值远小于 1，则真空系统对容器的有效抽速 $S_e\approx S_p$。

② 如果管路的流导 C 远小于泵的抽速 S_p，则 C/S_p 的值远小于 1，此时真空系统对容器的有效抽速 $S_e\approx C$，这就是说，在这种情况下，选择多大的泵都没有用，都不能提高泵对容器的有效抽速。

3.6.5 真空容器压力下降所需时间

由抽气方程 $V\times dP/dt=-S_e\times P$ 可以得出公式（3-5）：

$$t=-\frac{V}{S_e}\ln P+C \tag{3-5}$$

式中，V 为容器体积，m^3；S_e 为真空泵的抽速，m^3/s 或 L/s；P 为容器压力，Pa；C 为积分运算得到的常量。

这个公式所表达的是在 S_e 的抽速下真空容器到达压力 P 的所需时间。利用边界条件 $t=0$，当真空容器压力从 P_1 降到 P_2 时，可以得到公式（3-6）：

$$t=\frac{V}{S_e}\ln\frac{P_1}{P_2} \tag{3-6}$$

式中，V 为容器体积，m^3；S_e 为真空泵的抽速，m^3/s 或 L/s；P_1 为初始压力，Pa；P_2 为目标压力，Pa。

公式（3-6）可以进一步化简为公式（3-7）：

$$t=2.303\frac{V}{S_e}\lg\frac{P_1}{P_2} \tag{3-7}$$

式中各符号含义同式（3-6）。

对于一个真空容器，如果考虑漏气和放气的影响，当真空容器压力从 P_1 降到 P_2 时，其抽气时间 t 可以表示为公式（3-8）。

$$t=2.303\frac{V}{S_e}\lg\frac{P_1-P_u}{P_2-P_u} \tag{3-8}$$

式中，P_u 为极限压力，Pa；V 为容器体积，m^3；S_e 为真空泵的抽速，m^3/s 或 L/s；P_1 为初始压力，Pa；P_2 为目标压力，Pa。

对于机械真空泵从大气开始抽气时，在低真空区域时，机械泵的抽速随真空度升高而降低。其抽气时间需要做一个修正，具体表示如下：

$$t=2.303K_x\frac{V}{S_e}\lg\frac{P_1-P_u}{P_2-P_u} \tag{3-9}$$

式中，K_x 为修正系数，与设备抽气目标压力 P 有关，具体见表 3-1。

表 3-1　K_x 修正系数

P/Pa	$10^5\sim10^4$	$10^4\sim10^3$	$10^3\sim10^2$	$10^2\sim10$	$10\sim1$
K_x	1	1.25	1.5	2	4

3.7　真空系统泄漏

3.7.1　概述

一个真空系统，经相当长时间抽气之后，仍然达不到预期的真空度，可能的原因有如下几种：

① 抽气情况不良，即抽气系统本身的问题。

② 放气，即真空系统或容器内部存在气体或气源，多数属于虚漏，虚漏是相对实漏而言的一种物理现象。这是由材料放气、解吸、凝结气体的再蒸发、气体通过器壁的渗透及系统内空间中气体的流出等原因引起真空系统中气体压力升高的现象。

③ 漏气，即真空系统或被抽容器存在漏孔或缝隙。这个漏气就是泄漏，指气体通过真空系统中的漏洞或缝隙，从高压一侧流向低压一侧。泄漏的原因包括系统中的孔洞、缝隙或连接不良等，导致气体不受控制地进入或排出系统。泄漏率取决于孔的尺寸、气体类型和压差等因素。

真空系统泄漏的类型包括：

a. 由外向内泄漏：气体从外部流向容器内部。

b. 由内向外泄漏：气体从容器内部流向外部。

c. 可拆卸接头泄漏：如法兰、磨削配合面等。

d. 永久连接泄漏：如钎焊接头和焊接缝。

e. 孔隙导致的泄漏：机械变形或多晶材料热处理后的开缝。

f. 高温泄漏：极端温度下形成的开缝。

g. 虚漏：铸造零件、盲孔和接头内的中空腔中释放的气体。

h. 间接泄漏：供应管路的泄漏。

3.7.2 泄漏判断

通常采用静态升压法判断真空系统是否存在漏气，即把容器抽到一定压强后，关闭阀门将被抽容器与泵隔开，若容器漏气或材料放气，容器中的压强将随时间而上升。用真空计每隔一定时间计量一次容器中的压强，可得出压强/时间曲线（即 P/t）。由于容器的漏气与出气情况不同，其曲线也不同，具体如图 3-6 所示。

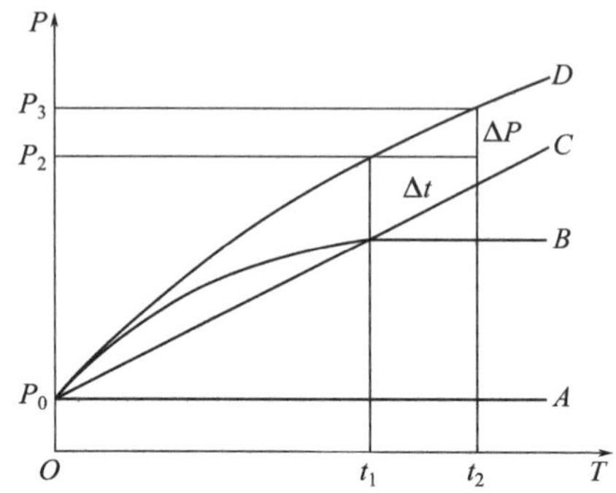

图 3-6　气体泄漏判断曲线

① 直线 A：压强不随时间变化，说明系统既不漏气也不放气。真空度上不去的原因是泵工作不良。

② 曲线 B：压强开始上升很快，而后上升速度渐渐减慢而趋于平衡，这说明容器没有漏气。真空度上不去的原因主要是放气的影响。因为放气速率随压强的升高和时间的延长而降低，故曲线逐渐趋向于平衡。

③ 直线 C：是一斜率为 $\Delta P/\Delta t$ 的直线。这说明只有漏气而没有放气。

④ 曲线 D：开始压强上升较快，而后渐渐减慢，最后变成斜率为 $\Delta P/\Delta t$ 的直线。这说明容器既有放气也有漏气。曲线 D 可以认为是 B 和 C 的叠加。如果出现曲线 C 和 D 的情况，则判定系统有漏气。

3.7.3 气体泄漏的数学表达

任何一个真空系统（或容器）要求做到绝对不漏气是不现实的。有漏气必有漏孔，真空技术中指的漏孔通常是非常微小的，其截面形状各不相同。漏孔常出现在焊缝搭头、应力集中、弯折、拆卸等部位，一般是由焊接、表面不清洁、工艺规范不当、结构不合理、安装不仔细等原因造成。漏孔的漏率也就是通过漏孔的气体流量，作为评估系统的泄漏情况。所以根据真空系统实际应用的具体条件，我们可以对漏率指标提出合理的要求，只要漏孔的漏率足够小，使得平衡压强低于真空系统工作所需的压强，这些漏孔就是允许的。真空系统正常工作所能允许的最大漏气量，称最大允许漏率，简称允许漏率，其数学表达式如公式（3-10）所示。

$$Q_{漏}=\frac{\Delta P\times V}{\Delta t} \tag{3-10}$$

式中，$Q_{漏}$ 为泄漏率，$Pa \cdot m^3/s$；ΔP 为期间的压力变化，Pa；V 为体积，m^3；Δt 为测量时间间隔，s。

泄漏率不仅是设计真空系统的一项主要指标，也是检漏的依据。如果已知允许的总气载，而没有具体指明究竟有多大，在设计合理的前提下，最大允许漏率为总容器量的 1/10，

即 $Q_{\max漏}=\frac{1}{10}Q_{总}$，同时不同真空系统所允许的总漏率也不同。

(1) 动态系统

即边抽边工作的真空系统。通常的真空泵、真空设备都属于这一类。这种系统是利用一定抽速的泵来获得和维持真空，即使系统存在较大的漏孔也可以达到所要求的真空度，因此对气密性和放气的要求相对降低。显然，这种系统一旦与泵隔开，真空度会急剧下降。对于这种系统，容许的最大气载可以用气体流量恒定关系来获得。当系统达到动态平衡时，单位时间进入系统空间的气量必然等于被泵抽走的气量。

(2) 静态系统

密封容器达到一定真空度后与真空泵隔开。通常的电真空器件、真空容器都属于该类系统。那么，所允许的总气载（漏气和放气）是：$Q_{总}\leqslant(\Delta P\times \mathrm{V})/t$，其中 V 表示器件的体积，ΔP 为期间压力变化，t 为抽气时间，即所允许的最大漏率为 $Q_{\max漏}=\frac{1}{10}Q_{总}\leqslant[0.1\times V(\Delta P\times V)]/t$。

可用压力、温度和气体种类的函数表达式来计算气体泄漏率的变化。在检漏中通常考虑两种流动状态：黏滞流状态和分子流状态。通常认为氦气漏率小于或等于 $10^{-7}\mathrm{Pa\cdot m^3/s}$ 时流动状态为分子流状态，氦气漏率大于 $10^{-5}\mathrm{Pa\cdot m^3/s}$ 时是黏滞流状态。下面分别来学习如何用压力、温度及气体种类函数来表达泄漏率。

3.7.3.1 压力函数表达

(1) 分子漏孔

对于分子漏孔，在不同压力下的漏率按下式计算：

$$q_2=q_1\frac{\Delta P_2}{\Delta P_1} \tag{3-11}$$

$$\Delta P_2=P_{B2}-P_{A2}$$

$$\Delta P_1=P_{B1}-P_{A1}$$

式中，q_2 为漏孔在第 2 种压力状态下的漏率，$\mathrm{Pa\cdot m^3/s}$；q_1 为漏孔在第 1 种压力状态下的漏率，$\mathrm{Pa\cdot m^3/s}$；P_{A1} 为漏孔在第 1 种压力状态下的出口压力，Pa；P_{A2} 为漏孔在第 2 种压力状态下的出口压力，Pa；P_{B1} 为漏孔在第 1 种压力状态下的入口压力，Pa；P_{B2} 为漏孔在第 2 种压力状态下的入口压力，Pa。

(2) 黏滞漏孔

对于黏滞漏孔，在不同压力下的漏率按下式计算：

$$q_2=q_1\frac{(P_{B2}^2-P_{A2}^2)}{(P_{B1}^2-P_{A1}^2)}=q_1\frac{\Delta P_2}{\Delta P_1}\frac{\overline{P}_2}{\overline{P}_1} \tag{3-12}$$

$$\overline{P}_2=\frac{(P_{B2}+P_{A2})}{2}$$

$$\overline{P}_1=\frac{(P_{B1}+P_{A1})}{2}$$

3.7.3.2 温度函数表达

(1) 分子漏孔

对于分子漏孔，在不同温度下的漏率采用下式计算：

$$q_{T_2}=q_{T_1}\times\sqrt{\frac{T_2}{T_1}} \tag{3-13}$$

式中，q_{T_2} 是在温度 T_2 下的漏率，Pa·m^3/s；q_{T_1} 是在温度 T_1 下的漏率，Pa·m^3/s；T_2 是气体在第 2 种状态下的热力学温度，K；T_1 是气体在第 1 种状态下的热力学温度，K。

(2) 黏滞漏孔

对于黏滞漏孔，在不同温度下的漏率按下式计算：

$$q_{T_2}=q_{T_1}\times\frac{\eta_{T_1}}{\eta_{T_2}}\text{或近似为 } q_{T_2}=q_{T_1}\times\sqrt{\frac{T_1}{T_2}} \tag{3-14}$$

式中，η_{T_1} 是气体在 T_1 温度下的气体动力黏度，Pa·s；η_{T_2} 是气体在 T_2 温度下的气体动力黏度，Pa·s。

3.7.3.3 气体种类函数表达

(1) 分子漏孔

对于分子漏孔，漏率与气体分子量的换算关系如下式所示：

$$q_{G_2}=q_{G_1}\times\sqrt{\frac{M_{G_1}}{M_{G_2}}} \tag{3-15}$$

式中，q_{G_2} 是气体 G_2 通过漏孔的漏率，Pa·m^3/s；q_{G_1} 是气体 G_1 通过漏孔的漏率，Pa·m^3/s；M_{G_1} 是气体 G_1 的分子摩尔质量，g/mol；M_{G_2} 是气体 G_2 的分子摩尔质量，g/mol。

(2) 黏滞漏孔

对于黏滞漏孔，漏率与气体分子量的换算关系如下式所示：

$$q_{G_2}=q_{G_1}\times\frac{\eta_{G_1}}{\eta_{G_2}} \tag{3-16}$$

式中，η_{G_1} 是气体 G_1 的动力黏度，Pa·s；η_{G_2} 是气体 G_2 的动力黏度，Pa·s。

3.8 泄漏检测

3.8.1 真空系统泄漏检测

检漏即用适当的方法判断真空系统中漏气问题是否存在。确定漏气率，找出泄漏部位，以便修补堵漏。真空检漏就是检测真空系统的漏气部位及其大小的过程，常用的检测方法如下。

（1）气泡检漏法

气泡检漏法是一种常用的真空泄漏检测方法，主要用于大型真空系统或外部表面不易检测的装置。具体步骤如下：

① 将试件浸入具有良好润湿性的水槽中。

② 在试件表面均匀涂抹一层薄薄的肥皂水或其他可形成气泡的液体。

③ 通过真空泵抽取系统中的气体，观察涂层表面是否冒泡。

④ 如果在某些部位冒泡，说明该部位存在泄漏。

（2）氦质谱检漏法

氦质谱检漏法是一种高灵敏度的真空泄漏检测方法，适用于高真空和超高真空系统。具体步骤如下：

① 将氦气注入待检测系统。

② 使用气质谱仪检测系统中是否存在氦气泄漏。

③ 如果氦气在某些部位检测到，则该部位存在泄漏。

氦质谱检漏法的优点是能够检测极小的泄漏量，缺点是设备价格较高，操作技术要求较高。

（3）静态漏率检漏法

静态漏率检漏法是一种常用的真空泄漏检测方法，适用于大型真空系统。具体步骤如下：

① 关闭真空系统的所有阀门，记录系统的初始压力。

② 在一定时间内观察系统的压力变化，计算泄漏速率。

③ 如果泄漏速率超过设定的阈值，则说明系统存在泄漏。

静态漏率检漏法的优点是能够定量评估泄漏问题，缺点是需要较长的检测时间。

（4）红外检漏法

红外检漏法是一种适用于可见光透明材料的真空泄漏检测方法，如玻璃或有机材料。具体步骤如下：

① 使用红外摄像机或红外热像仪对待检测系统进行拍摄。

② 通过红外辐射检测系统中是否存在泄漏点。

③ 如果出现辐射异常的区域，则可能存在泄漏。

红外检漏法的优点是无须接触待检测系统，可实时监测泄漏情况，缺点是需要专门的设备。

(5) 负压差法

负压差法是一种常用的真空泄漏检测方法，适用于密封良好的系统。具体步骤如下：

① 将待检测系统与真空泵相连。

② 使用真空泵抽取系统中的气体，观察系统是否能保持负压状态。

③ 如果系统不能保持负压状态，说明存在泄漏。

负压差法的优点是简单易行，适用于一些快速检测需求，但其缺点是无法定量评估泄漏量。

(6) 超声波检测法

超声波检测法是一种高灵敏度的真空泄漏检测方法，适用于密封结构的系统。具体步骤如下：

① 使用超声波探测器对待检测系统进行扫描。

② 通过接收到的超声波信号判断系统是否存在泄漏。

③ 如果接收到异常信号，则说明存在泄漏。

超声波检测法的优点是可以检测到微小的泄漏，缺点是需要专门的设备和技术。

(7) 气体追踪法

气体追踪法是一种定量评估真空泄漏的方法，适用于需要知道泄漏量大小的情况。具体步骤如下：

① 在待检测系统中加入追踪气体，如氦气或氢气。

② 使用气体分析仪测量系统中追踪气体的浓度。

③ 根据测量结果计算泄漏量大小。

气体追踪法的优点是能够定量评估泄漏问题，缺点是需要专门的设备和技术，且成本较高。

(8) 涡流检漏法

涡流检漏法是一种适用于表面平整的真空系统的检漏方法。具体步骤如下：

① 将待检测系统沾湿电导液。

② 用涡流泄漏探测器扫描系统表面。

③ 如果检测器发出警报或显示异常则说明存在泄漏。

涡流检漏法的优点是操作简单易行，适用于一些较大面积的表面泄漏检测。

常见真空设备检漏方法的原理及检测范围可以参见表 3-2。

表 3-2　常见真空设备检漏方法原理和检测范围

序号	检漏方法	原理简述	检测装置	检测范围 /[$(Pa \cdot m^3)/s$]	示踪介质	检漏类型	备注
1	质谱法	使示漏气体离子和残余气体离子分开	质谱分析仪	$\geqslant 10^{-9}$	氢 氩 氦	定量 定位	应用技术与氦质谱真空检漏、氦质谱正压相似

续表

序号	检漏方法		原理简述	检测装置	检测范围/[(Pa·m³)/s]	示踪介质	检漏类型	备注
2	化学法	氨比色法	被检件内部抽真空后充入一定压力和浓度的氨气，泄漏的氨气使着色剂颜色变化	氨气灵敏度检测试剂或试纸	$\geqslant 10^{-9}$	氨气	定位	检漏灵敏度与被检件容积无关，可一次对整体进行检漏，不存在大漏孔掩盖小漏孔现象
3		氨气烟雾法	被检件内充入氨气，外部用二氧化碳、二氧化硫、盐酸喷涂，在漏孔处“冒白烟”		$\geqslant 10^{-6}$	氨气 二氧化碳 二氧化硫 盐酸	定位	检漏灵敏度与被检件容积无关，可一次对整体进行检漏
4	声学法	声发射法	示踪介质在压力作用下从漏孔泄漏时会在漏孔处激发出较低频的机械波，利用声发射传感器接收来自泄漏部位的声信号，经过分析处理可以判断漏孔的位置和漏率的大小	声发射传感器	$\geqslant 10^{-3}$	空气 工作气体	定位	其频率检测范围可以从几千赫兹到几百千赫兹，频率越低，可以检测到的漏率越小、距离越远
5		听音法	被检件内加压，气体通过漏孔后，引起周围环境介质产生声波，通过人耳或医用听诊器检测漏孔	人耳，医用听诊器	$\geqslant 10^{-2}$	空气 氮气	定位	采用耳听方式检测，检漏系统较简单，成本低
6	着色渗透法		将着色渗透剂涂敷在被检件一侧表面，通过漏孔的毛细作用进入漏孔内部并从被检件的另外一侧表面渗出，从而检出漏孔位置的一种检漏方法	人眼	$\geqslant 10^{-3}$	着色渗透剂	定位	目测
7	荧光渗透法		被检件经过带有荧光材料的饱和有机溶剂浸泡或涂抹，然后清除表面液体，用紫外灯照射观察	人眼	$\geqslant 10^{-9}$	荧光材料	定位	目测

3.8.2 真空系统检漏特征参数及应用

真空检漏方法较多，实际工程实践中需要了解各种检漏方法工作特征参数和注意事项，具体参见表 3-3。

表 3-3　真空设备检漏方法工作特征参数和注意事项

序号	检漏方法		示踪介质	压力方向	q_{emin} /[(Pa·m³/s)]	检漏类型		检漏区域		典型应用
	基础方法	应用技术				定量	定位	整体	局部	
1	氦质谱真空法①	示踪探头	氦气	负压	10^{-9}	B	A	—	A	真空容器、镀膜设备、真空冶金设备、加压浸渍设备、管道、真空获得设备、表面分析设备、真空焊接设备
2		护罩	氦气	负压	10^{-10}	A	B	B	A	
3		检漏盒	氦气	无要求	10^{-10}	B	A	B	A	处于加工阶段的大型真空容器、管道
4		充压	氦气	正压	10^{-10}	A	—	A	—	正压工作的真空设备
5	氦质谱正压法②	容器积累	氦气	正压	10^{-8}	A	—	A	—	管道、小型真空容器、真空获得设备的腔体、中大型正压状态下工作的设备
6		罩盒积累	氦气	正压	10^{-7}	A	—	A	—	
7		结构预置容器积累	氦气	正压	10^{-8}	—	A	—	A	
8		简易包封积累	氦气	正压	10^{-7}	B	A	—	A	
9		吸枪直测	氦气	正压	10^{-6}	B	A	—	A	
10	气泡法	收集	氮气或干燥空气	正压	10^{-4}	A	—	A	—	真空阀门、小型密闭容器、真空获得设备的腔体、真空设备的密封件
11		浸泡		正压	10^{-4}	A	B	A	—	
12		液体膜		正压或无要求	10^{-3}	B	A	B	A	真空容器、管路
13	压力变化法	压力下降	氮气或干燥空气	正压	10^{-5}	A	—	A	—	可承受正压的容器、管道、深冷真空设备
14		静态升压	空气	负压	10^{-5}	A	—	A	—	真空设备的容器、腔体
15		钟罩压力变化	氮气或干燥空气	正压或负压	10^{-6}	A	—	A	—	小型真空容器、管道、夹层真空容器的内胆
16	卤素内-外式检漏法	罩盒积累	卤素	正压	10^{-7}	A	—	A	—	真空冷冻干燥设备的制冷系统
17		吸枪	卤素	正压	10^{-7}	—	A	—	A	
18		真空积累	卤素	正压	10^{-9}	A	—	A	—	
19	超声检漏法		氮气或干燥空气	正压	10^{-2}	B	A	—	A	大型真空规设备、容器、管道

注："A" 为优选，"B" 为按照一定要求可应用，"—" 为不推荐或不适用。

① 氦质谱真空检漏时，氦质谱检漏仪从真空环境中捕获示踪介质。

② 氦质谱正压检漏时，氦质谱检漏仪从大气压力状态或环境压力状态下捕获示踪介质。

3.8.3 真空系统泄漏检测方法确定流程

真空设备检漏方法的选择逻辑程序如图 3-7 所示。

常见的检漏操作流程，如图 3-8 所示。测试样本也被称为“测试对象”在阀（3）打开时通过入口被抽空。阀（6）和（3）连接的方式是，前级真空压力总是优于测试样本的抽空。一旦试样已被抽空，它可以通过阀（4）被连接至前级真空泵或中间级泵，这取决于有关的压力范围。现在将测试气体喷射到试样的外部，并连同周围空气一起通过泄漏渗入试样中。残余气体中的测试气体通过涡轮分子泵经由阀（3）和（6）向泵送方向相反的方向流动，流入质谱仪单元，并在这被检测出来。

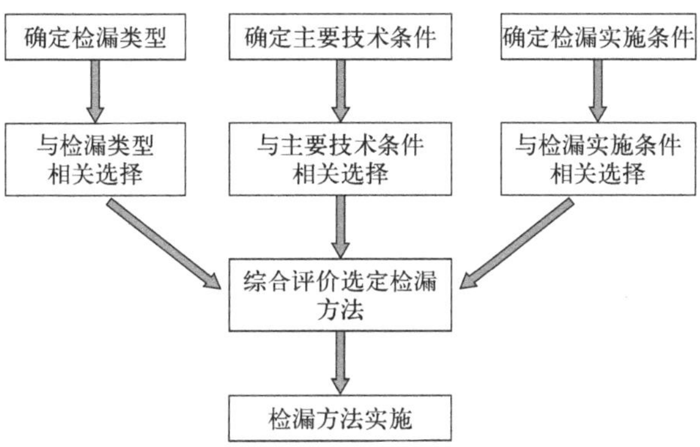

图 3-7 气体检漏方法选择逻辑程序

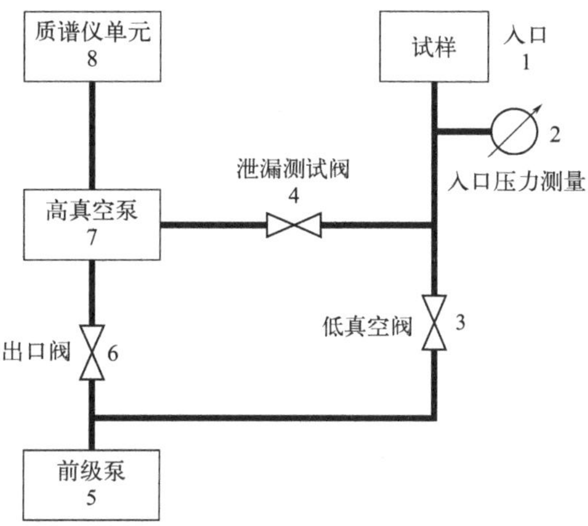

图 3-8 气体检漏一般操作流程

3.9 真空处理模拟仿真计算

由前面的章节可知，流体的研究处理过程比较复杂，涉及多种复杂计算，比如偏微分方程的计算、连续性方程的计算等，而这些计算在流体研究中必不可少，因此这个章节引入计算流体力学的相关介绍，一方面是帮助大家理解流体力学模型计算的一般过程和关键方法，另外一方面是使真空技术或真空获得设备研究知识构成体系更加系统化。限于篇幅原因，此书无法对计算流体力学做全面细致的讲解，对于计算流体力学的学习需要读者再通过专业书籍或者材料深入研究。

在设计真空设备对气体进行处理时，流体计算是必不可少的环节，通常需要使用计算流体力学（computational fluid dynamics，CFD）进行模拟计算。计算流体力学是 20 世纪 50 年代以来，随着计算机的发展而产生的一个介于数学、流体力学和计算机之间的交叉学科，主要研究内容是通过计算机和数值方法来求解流体力学的控制方程，对流体力学问题进行模拟和分析。流体力学和其他学科一样，是通过理论分析和实验研究两种手段发展起来的，早期就分为理论流体力学和实验流体力学两大分支。理论分析是用数学方法求出问题的定量结果，但能用这种方法求出结果的问题毕竟是少数，计算流体力学正是为弥补理论分析方法的不足而发展起来的。

早在 20 世纪初，理查德就已提出用数值方法来解流体力学问题的思想。但是由于这种问题本身的复杂性和当时计算工具的落后，这一思想并未引起人们重视。自 20 世纪 40 年代中期电子计算机问世以来，用电子计算机进行数值模拟和计算才成为现实。1963 年美国的哈洛和弗罗姆用当时的计算机，成功地解决了二维长方形柱体的绕流问题并给出尾流涡街的形成和演变过程，受到普遍重视。1965 年，哈洛和弗罗姆发表《流体动力学的计算机实验》一文，对计算机在流体力学中的巨大作用作了引人注目的介绍。

CFD 基本思想是把原来在时间域及空间域上连续的物理量的场，如速度场和压力场，用一系列有限个点上的变量的集合来代替，通过一定的原则和方式建立起关于这些离散点上场变量之间的代数方程组，然后求解代数方程组获得场变量的近似值。CFD 的整个处理包含三大步骤，如图 3-9 所示：第一个步骤是前处理，就是对研究的问题进行建模；第二个步骤是模拟计算；第三个步骤对计算结果进行后处理。目前 CFD 广泛应用到流体力学的各个领域，相应地也形成了各种不同的数值解法。就目前情况看，主要是有限差分方法和有限元法。有限差分方法在流体力学中已得到广泛应用。而有限元法是从求解固体力学问题发展起来的。近年来在处理低速流体问题中，已有相当多的应用，而且还在迅速发展中。

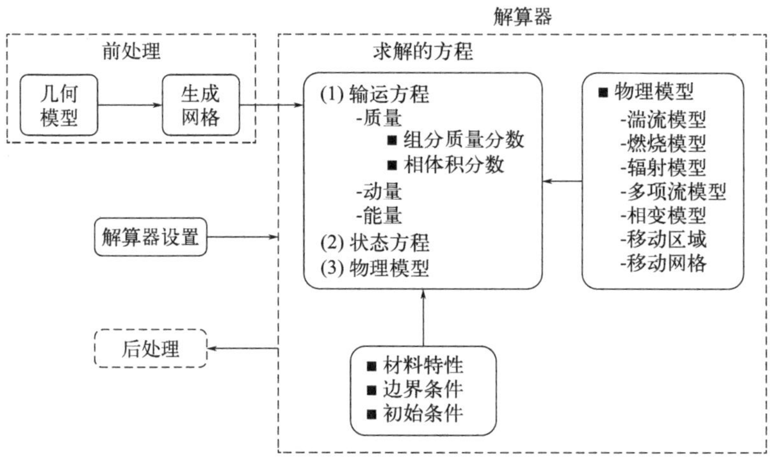

图 3-9　CFD 结构图

3.9.1 模拟仿真求解的过程

CFD 问题的求解过程是一个迭代计算过程，通过对值的收敛判断进行计算，如图 3-10 所示。如果所求解的问题是瞬态问题，则可将图 3-10 的过程理解为一个时间步（step）的计算过程，循环这一过程求解下一个时间步（step）的解。下面对各求解步骤进行简单介绍。

(1) 建立控制方程

建立控制方程是求解任何问题前首先进行的环节。一般来讲这一步比较简单，因为对于一般的流体流动而言，可直接写出其控制方程。假定没有热交换发生，则可直接将连续方程与动量方程作为控制方程使用，一般情况下，需要增加湍流方程。如果有能量交换，就写出 N-S 方程。

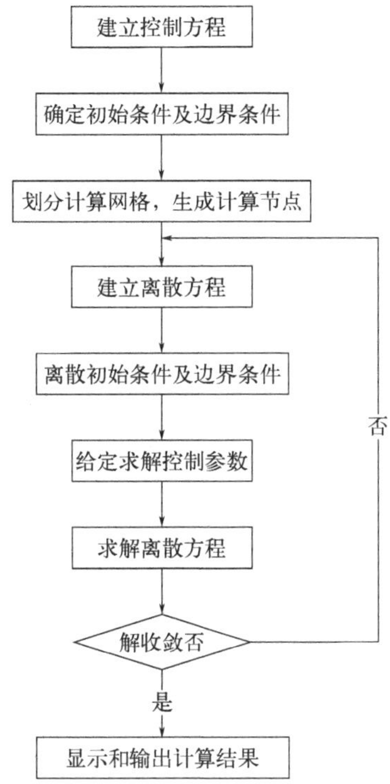

图 3-10　CFD 迭代求解过程

（2）确定初始条件和边界条件

初始条件与边界条件是控制方程有确定解的前提，控制方程与相应的初始条件、边界条件的组合构成对一个物理过程完整的数学描述。初始条件是所研究对象在过程开始时刻各个求解变量的空间分布情况。对于瞬态问题，必须给定初始条件。对于稳态问题，不需要初始条件。边界条件是在求解区域的边界上所求解的变量或其导数随地点和时间的变化规律。对于任何问题，都需要给定边界条件。

（3）划分计算网格

采用数值方法求解控制方程时，将控制方程在空间区域上进行离散，然后求解得到离散方程组。要想在空间域上离散控制方程，必须使用网格。目前已有多种对各种区域进行离散并生成网格的方法，这些方法统称为网格生成技术。不同的问题采用不同数值解法时，所需要的网格形式有一定区别，但生成网格的方法基本是一致的。目前网格分为结构网格和非结构网格两大类。

① 结构网格在空间上比较规范，如对一个四边形区域，网格往往是成行成列分布的，行线和列线比较明显。而非结构网格在空间分布上没有明显的行线和列线。

② 对于二维问题，常用的网格单元有三角形和四边形等形式。

③ 对于三维问题，常用的网格单元有四面体、六面体、三菱体等形式。

在整个计算域上，网格通过节点联系在一起。目前各种 CFD 软件都配有专用的网格生成工具，如 FLUENT 使用 Gambit 作为前处理软件。多数 CFD 软件可接收采用其他 CAD 或 CFD/FEM 软件产生的网格模型。例如 FLUENT 可以接收 ANSYS 所生成的网格。

（4）建立离散方程

对于在求解域内所建立的偏微分方程，理论上是有真解（或称精确解或解析解）的。但由于所处理问题自身的复杂性，一般很难获得方程的真解。因此需要通过数值方法把计算域内有限数量位置（网格节点或网格中心点）上的因变量值当作基本未知量来处理，从而建立一组关于这些未知量的代数方程组，然后通过求解代数方程组来得到这些节点值，而计算域内其他位置上的值则根据节点位置上的值来确定。

由于所引入的因变量在节点之间的分数假设及推导离散化方程的方法不同，所以形成了有限差分法、有限元法、有限元体积法等不同类型的离散化方法。

对于瞬态问题，除了在空间域上的离散外，还要涉及在时间域上的离散，离散后，再考虑使用哪种时间积分方案。

（5）离散初始条件及边界条件

CFD 软件往往在前处理阶段完成网格划分后，直接在边界上指定初始条件和边界条件，然后由前处理软件自动将这些初始条件和边界条件按离散的方式分配到相应的节点上。对于边界条件要考虑边界条件是否合理，边界条件的类型是否合适，是否可以将现有的数据转化为几何模型等。

（6）给定求解控制参数

在离散空间上建立了离散化的代数方程组，并施加离散化的初始条件和边界条件后，还需要给定流体的物理参数和湍流模型的经验系数等。此外，还要给定迭代计算的控制精度、瞬态问题的时间步长和输出频率等。

（7）求解离散方程

进行上述设置后，生成了具有定解条件的代数方程组。对于这些方程组，数学上已有相应的解法，如线性方程组可采用 Gauss 消去法或 Gauss-Seidel 迭代法求解，而对于非线性方程组，可采用牛顿-拉弗森法（Newton-Raphson method），它是牛顿在 17 世纪提出的一种在实数域和复数域上近似求解方程的方法。商用 CFD 软件往往提供多种不同的解法，以适应不同类型的问题。可以通过设置求解器来选择解法。

（8）显示计算结果

通过上述求解过程得出了各计算节点上的解之后，需要使用适当的方法将整个计算域上的结果呈现出来，可采用线值图、矢量图、等值线图、流线图、云图等方式来表示计算结果。

① 线值图是指在二维或三维空间上，将横坐标取为空间长度或时间历程，将纵坐标取为某一物理量，然后用光滑曲线或曲面在坐标系内绘制出某一物理量沿空间或时间的变化情况。

② 矢量图是直接给出二维或三维空间里矢量（如速度）的方向及大小，一般用不同颜色和长度的箭头表示速度矢量。矢量图可以比较容易发现其中存在的漩涡区。

③ 等值线图是用不同颜色的线条表示相等物理量（如温度）。

④ 流线图是用不同颜色的线条表示质点运动轨迹。

⑤ 云图是使用渲染的方式，将流场某个截面上的物理量（如压力或温度）用连续变化的颜色块表示其分布。

3.9.2 常用模拟仿真计算分类

CFD 的数值解法有很多分支，各种方法之间的区别主要在于对控制方程的离散方式。根据离散原理的不同，CFD 总体上分为有限差分法（finite difference method，FDM）、有限元法（finite element method，FEM）和有限体积法（finite volume method，FVM）。

（1）有限差分法

有限差分法（FDM）是计算机数值模拟最早采用的方法。该方法将求解域划分为差分网格，用有限个网格节点代替连续的求解域。有限差分法以泰勒级数展开的方法，把控制方程中的导数用网格节点上的函数值的差商代替，从而创建以网格节点上的值为未知数的代数方程组。该方法直接将微分问题变为代数问题，从而可以用近似数值解法求解，数学概念直观，表达简单，是发展较早且比较成熟的数值方法。

有限差分格式按精度来划分，有一阶格式、二阶格式和高阶格式；从差分的空间形式来考虑，可分为中心格式和逆风格式；考虑时间因子的影响，差分格式还可分为显格式、隐格式、显隐交替格式等。目前常见的差分格式主要是这几种格式的组合，不同的组合构成不同的差分格式。差分方法主要适用于有结构网格，网格的步长一般由实际情况和稳定条件决定。

（2）有限元法

有限元法（FEM）的基础是变分原理和加权余量法，有限元法最早应用于结构力学，后来随着计算机的发展逐渐用于流体力学的数值模拟。其基本求解思想是把计算域划分为有限个互不重叠的单元，在每个单元内，选择一些合适的节点作为求解函数的插值点，将微分方程中的变量改写成由各变量或其导数的节点值与所选用的插值函数组成的线性表达式，借助变分原理或加权余量法，将微分方程离散求解。

FEM 采用不同的权函数和插值函数形式，便于构成不同的有限元方法。在有限元法中，把计算域离散剖分为有限个互不重叠且相互连接的单元，在每个单元内选择基函数，用单元基函数的线性组合来逼近单元中的真解，整个计算域上总体的基函数可以看作由每个单元基函数组成，而整个计算域内的解可以看作由所有单元上的近似解构成。有限元方法的基本思路和解题步骤可归纳如下：

① 建立积分方程：根据变分原理或方程余量与权函数正交化原理，建立与微分方程初边值问题等价的积分表达式，这是有限元法的出发点。

② 区域单元划分：根据求解区域的形状及实际问题的物理特点，将区域划分为若干相互连接、不重叠的单元。区域单元划分是采用有限元方法的前期准备工作，这部分工作量比较大，除了给计算单元和节点进行编号和确定相互之间的关系之外，还要表示节点的位置坐标，并列出自然边界和本质边界的节点序号和相应的边界值。

③ 确定单元基函数：根据单元中节点数目及对近似解精度的要求，选择满足一定插值条件的插值函数作为单元基函数。有限元方法中的基函数是在单元中选取的，由于各单元具有规则的几何形状，所以在选取基函数时可遵循一定的法则。

④ 单元分析：将各个单元中的求解函数用单元基函数的线性组合表达式进行逼近；再将近似函数代入积分方程，并对单元区域进行积分，可获得含有待定系数（即单元中各节点的参数值）的代数方程组（称为单元有限元方程）。

⑤ 总体合成：在得出单元有限元方程之后，将区域中所有单元有限元方程按一定法

则进行累加，形成总体有限元方程。

⑥ 边界条件的处理：一般边界条件有 3 种形式，分别为本质边界条件（狄里克雷边界条件）、自然边界条件（黎曼边界条件）、混合边界条件（柯西边界条件）。对于自然边界条件，一般在积分表达式中可自动得到满足。对于本质边界条件和混合边界条件，需按一定法则对总体有限元方程进行修正满足。

⑦ 解有限元方程：根据边界条件修正的总体有限元方程组，是含所有待定未知量的封闭方程组，采用适当的数值计算方法求解，可求得各节点的函数值。

(3) 有限体积法

有限体积法（FVM）又称为控制体积法。其基本思路是：将计算区域划分为一系列不重复的控制体积，并使每个网格点周围有一个控制体积；将待解的微分方程对每一个控制体积积分，便得出一组离散方程。其中的未知数是网格点上的因变量的数值。为了求出控制体积的积分，必须假定值在网格点之间的变化规律，即假设值分段分布的剖面。从积分区域的选取方法看来，有限体积法属于加权剩余法中的子区域法；从未知解的近似方法看来，有限体积法属于采用局部近似的离散方法。简言之，子区域法属于有限体积法的基本方法。

有限体积法的基本思路易于理解，并能得出直接的物理解释。离散方程的物理意义就是因变量在有限大小的控制体积中的守恒原理，如同微分方程表示因变量在无限小的控制体积都得到满足，在整个计算区域，自然也就得到满足一样，这是有限体积法的优点。

有限差分法，仅当网格极其细密时，离散方程才满足积分守恒；而有限体积法即使在粗网格情况下，也显示出准确的积分守恒。就离散方法而言，有限体积法可视为有限单元法和有限差分法的中间物，有限单元法必须假定值符合网格点之间的变化规律（即插值函数），并将其作为近似解；有限差分法只考虑网格点上的数值而不考虑其在网格点之间如何变化；有限体积法只寻求节点值，这与有限差分法相类似，但有限体积法在寻求控制体积的积分时，必须假定值在网格点之间的分布，这又与有限单元法相类似。在有限体积法中，插值函数只用于计算控制体积的积分，得出离散方程后，便可忽略插值函数；如果需要的话，可以对微分方程中不同的项采取不同的插值函数。

3.9.3 SIMPLE 算法介绍

流场计算的基本过程是在空间上用有限体积法（或其他类似方法）将计算区域离散成许多小的体积单元，在每个体积单元上对离散后的控制方程组进行求解。其本质是对离散方程进行求解，一般可以分为分离解法（segregated method）和耦合解法（coupled method）两大类，应用中再根据实际情况扩展成具体的计算方法。分离解法不是直接求解出联立的方程组，而是顺序地、逐个地求解各变量代数方程组。例如分离解法中应用广泛的压力修正法，其求解基本过程如下：

① 假定初始压力场。

② 利用压力场求解动量方程，得到速度场。

③ 利用速度场求解连续方程，使压力场得到修正。

④ 根据需要，求解湍流方程及其他标量方程。

⑤ 判断当前时间步上的计算是否收敛。如不收敛，则返回第二步，迭代计算；如收敛，重复上述步骤，计算下一时间步的物理量。

详细计算步骤如下：

步骤 1：初始化。

设定初始压力场 P^0 和速度场 u^0。

步骤 2：求解动量方程，预测速度场 u^*。

$$\frac{u^*-u^0}{\Delta t}+(u^n\times\nabla)u^n=-\nabla P^n+v\,\nabla^2 u^n+f^n \tag{3-17}$$

式中，u^n 为第 n 步的速度场；P^n 为第 n 步的压力场；v 为运动黏度系数；f^n 为外力项。

步骤 3：压力修正 P'

$$\nabla^2 P'=\frac{\nabla\times u^*}{\Delta t} \tag{3-18}$$

式中，$\nabla\times u^*$ 是预测速度场的散度。

步骤 4：修正速度场 u^{n+1}

$$u^{n+1}=u^*-\Delta t\,\nabla P' \tag{3-19}$$

步骤 5：修正的压力场 P^{n+1}

$$P^{n+1}=P^n+P' \tag{3-20}$$

步骤 6：重复步骤 2～5，直至满足收敛条件。

SIMPLE 算法的基本思想可描述为：对于给定的压力场（它可以是假定的值，或是上一次迭代计算所得到的结果），求解离散形式的动量方程，得出速度场。因为压力场是假定的或不精确的，这样，由此得到的速度场一般不满足连续方程，因此，必须对给定的压力场加以修正。

修正的原则是：与修正后的压力场相对应的速度场能满足这一迭代层次上的连续方程。据此原则，把由动量方程离散形式所规定的压力与速度的关系代入连续方程的离散形式，从而得到压力修正方程，由压力修正方程得出压力修正值，接着根据修正后的压力场，求得新的速度场，然后检查速度场是否收敛，若不收敛，用修正后的压力值作为给定的压力场，开始下一层次的计算。如此反复，直到获得收敛的解。

在求解过程中，如何获得压力修正值（即如何构造压力修正方程），以及如何根据压力修正值确定“正确”的速度（即如何构造速度修正方程），是 SIMPLE 算法的两个关键问题，读者可以针对性查阅相关资料学习，此处不再叙述。

3.9.4 常用模拟仿真软件介绍

目前市面上较为著名的商业 CFD 软件，包括 Phoenics、CFX 和 FLUENT 等，其特点和应用对比如表 3-4 所示。

表 3-4 模拟仿真软件特点和应用对比

软件名称	开发者	特点	应用领域	优势	缺点
ANSYS FLUENT	ANSYS Inc.	基于有限体积法（FVM），支持多物理场耦合，提供多种湍流模型和物理模型	航空航天、汽车、能源、化工、电子散热等	界面友好，功能强大，支持复杂流动和传热问题模拟	商业软件，许可证费用较高，对计算资源要求较高
COMSOL Multiphysics	COMSOL Inc.	基于有限元法（FEM），支持多物理场耦合，提供流体、结构、电磁等模块	微流体、生物医学、能源、声学、电磁等	高度灵活，适合多物理场耦合问题，界面直观	对于纯流体动力学问题，计算效率可能不如专用 CFD 软件
OpenFOAM	OpenFOAM Foundation	开源 CFD 软件，基于 C++ 编写，支持有限体积法（FVM），适用于复杂几何和流动问题	学术研究、工业应用（如汽车、能源、化工等）	完全免费，源代码开放，高度可定制，适合开发新算法和模型	学习曲线较陡，需要编程和 CFD 基础知识，界面不如商业软件友好
STAR-CCM+	Siemens Digital Industries Software	基于有限体积法（FVM），支持多物理场仿真，具有自动网格生成功能	汽车、航空航天、船舶、能源等	集成化平台，高效的网格生成和求解器，支持大规模并行计算	商业软件，许可证费用较高，对硬件资源要求较高
CFX	ANSYS Inc.	基于有限体积法（FVM），擅长解决旋转机械和传热问题，提供多种湍流模型和物理模型	涡轮机械、泵、风扇、压缩机等旋转机械	在旋转机械模拟中具有较高的精度，与 ANSYS 其他工具集成良好	商业软件，许可证费用较高，在非旋转机械问题中的应用相对较少
SimScale	SimScale GmbH	基于云平台的 CFD 软件，支持多种仿真类型（流体、结构、热分析等）	建筑环境、电子散热、汽车、能源等	无须高性能硬件，通过浏览器即可使用，提供免费版本，适合初学者	依赖网络连接，计算速度受限于云服务器性能，高级功能需要付费订阅
Autodesk CFD	Autodesk Inc.	基于有限体积法（FVM），支持流体流动和传热模拟，与 Autodesk 其他设计工具集成良好	建筑、制造、电子散热等	界面友好，易于上手，适合中小型企业和教育版块	功能相对简单，不适合复杂流动问题，商业软件，许可证费用较高
NUMECA	NUMECA International	专注于旋转机械和涡轮机械的 CFD 模拟，提供高效的网格生成工具（AutoGrid）和求解器	涡轮机械、泵、风扇、压缩机等	在旋转机械模拟中具有较高的精度和效率，提供专业的优化工具	商业软件，许可证费用较高，在非旋转机械问题中的应用有限
Phoenics	CHAM Ltd.	最早的 CFD 软件之一，基于有限体积法（FVM），界面简单，易于使用	建筑环境、工业流程、电子散热等	适合基础流动和传热问题，学习曲线较低	功能相对简单，不适合复杂流动问题，商业软件，许可证费用较高

下面重点介绍一下 FLUENT 软件，凡是和流体、热传递和化学反应等有关的工业均

可使用。它具有丰富的物理模型、先进的数值方法和强大的前后处理功能，在航空航天、汽车设计、石油天然气和涡轮机设计等方面都有着广泛的应用。

FLUENT 软件包含基于压力的分离求解器、基于密度的隐式求解器和显式求解器，多求解器技术使 FLUENT 软件可以用来模拟从不可压缩到高超声速范围内的各种复杂流场。FLUENT 软件包含非常丰富、经过工程确认的物理模型，由于采用了多种求解方法和多重网格加速收敛技术，因而 FLUENT 能达到最佳的收敛速度和求解精度。灵活的非结构化网格和基于解的自适应网格技术及成熟的物理模型，可以模拟高超声速流场、传热与相变、化学反应与燃烧、多相流、旋转机械、动/变形网格、噪声、材料加工等复杂机理的流动问题。

FLUENT 软件采用基于完全非结构化网格的有限体积法，而且具有基于网格节点和网格单元的梯度算法，如图 3-11 所示。定常/非定常流动模拟，而且新增快速非定常模拟功能；FLUENT 软件中的动/变形网格技术主要解决边界运动的问题，用户只需指定初始网格和运动壁面的边界条件，余下的网格变化完全由解算器自动生成。网格变形方式有三种：弹簧压缩式、动态铺层式以及局部网格重构。其中局部网格重构是 FLUENT 所独有的，而且用途广泛，可用于非结构网格、变形较大问题以及物体运动规律事先不知道而完全由流动所产生的力所决定的问题。

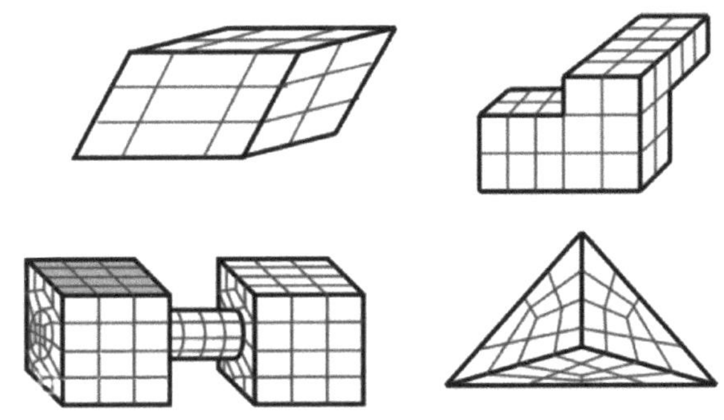

图 3-11　FLUENT 前置网格化处理

FLUENT 模块包含前处理器、求解器、后处理器，其功能如下：

（1）前处理器

早期的 FLUENT 只是一个求解器，还需要专门的前处理网格划分软件来输出网格。可用 ANSYS 公司的 ICEM CFD 进行网格划分，其功能十分强大。另外，诸如 Gridpro、hypermesh、pointwise、ansa 等前处理软件均能输出 FLUENT 支持的网格文件。另外，在 FLUENT 被 ANSYS 收购之后，ANSYS 将 tgrid 模块集成到了 FLUENT 中，因此 FLUENT 也具有划分网格的功能了。

（2）求解器及分类

FLUENT 是基于非结构化网格的通用 CFD 求解器，针对非结构性网格模型设计，是用有限体积法求解不可压缩及中度可压缩流场问题的 CFD 软件。可应用的范围有湍流、热传、化学反应、混合、旋转流（rotating flow）及激波（shocks）等。在涡轮机及推进系统分析方面都有相当优秀的结果，并且对模型的快速建立及激波处的格点调试都有相当好的效果。

FIDAP 是基于有限元方法的通用 CFD 求解器，是专门解决科学及工程上有关流体力学传质及传热等问题的分析软件，是全球第一套使用有限元法于 CFD 领域的软件，其应用的范围有一般流体的流场、自由表面的问题、紊流、非牛顿流体流场、热传、化学反应等等。FIDAP 本身含有完整的前后处理系统及流场数值分析系统。对整个研究问题的程序，数据输入与输出的协调及应用均极有效率。

Polyflow 是针对黏弹性流动的专用 CFD 求解器，用有限元法仿真聚合物加工的 CFD 软件，主要应用于塑料射出成形机，挤型机和吹瓶机的模具设计。

MixSim 是针对搅拌混合问题的专用 CFD 软件，是一个专业化的前处理器，可建立搅拌槽及混合槽的几何模型，不需要一般计算流体力学软件的冗长学习过程。它的图形人机接口和组件数据库，让工程师直接设定或挑选搅拌槽大小、底部形状、折流板配置、叶轮的型式等等。MixSim 随即自动产生三维网络，并启动 FLUENT 做后续的模拟分析。

Icepak 是专用的热控分析 CFD 软件，专门仿真电子电机系统内部气流、温度分布的 CFD 分析软件，特别是针对系统的散热问题进行仿真分析，借由模块化的设计快速建立模型。

(3) 后处理器

FLUENT 求解器本身就附带比较强大的后处理功能。另外，Tecplot 也是一款比较专业的后处理器，可以把一些数据可视化，这对于数据处理要求比较高的用户来说是一个理想的选择。

其他 CFD 软件大家可以查询对应资料学习和使用。希望大家了解 CFD 的相关基础知识，包括 CFD 数值模拟方法、空间和方程的离散方法及 CFD 常用算法等，为工程实践和科学研究提供基础。

第4章 螺杆真空泵

4.1 概述

本章将介绍螺杆真空泵的工作原理、结构及其关键的设计参数等。螺杆真空泵是利用一对螺杆，在泵壳中做同步高速反向旋转而产生吸气和排气作用的抽气设备，如图 4-1 所示。能抽除含有大量水蒸气及少量粉尘的气体，在制药、化工、半导体等对清洁真空要求较高的企业领域得到广泛应用。

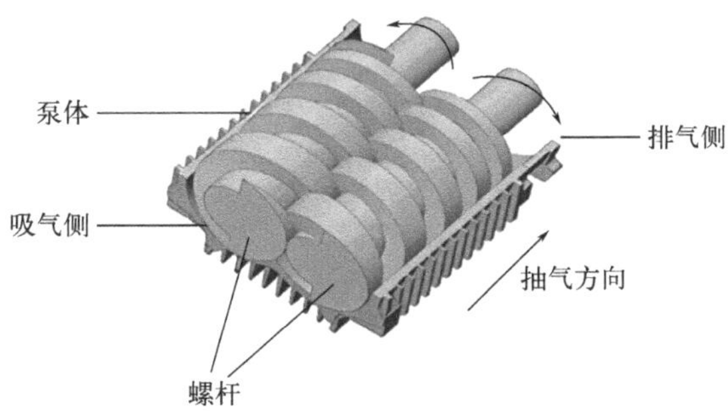

图 4-1　螺杆真空泵抽气示意图

螺杆真空泵也称为干式螺杆真空泵、无油螺杆真空泵等。其内部两个螺杆经精细动平衡校正，由轴承支撑，安装在泵壳中，螺杆与螺杆之间都有一定的间隙，因此泵工作时，相互之间无摩擦，运转平稳，噪声低。工作腔无需润滑油，因此，螺杆真空泵能抽除含有大量水蒸气及少量粉尘的气体，极限真空更高，消耗功率更低，具有节能、免维修等优点，如图 4-2 所示。

图 4-2　螺杆真空泵

其主要结构包括螺杆转子、轴承、泵体、驱动轴、传动齿轮等，如图 4-3 所示。

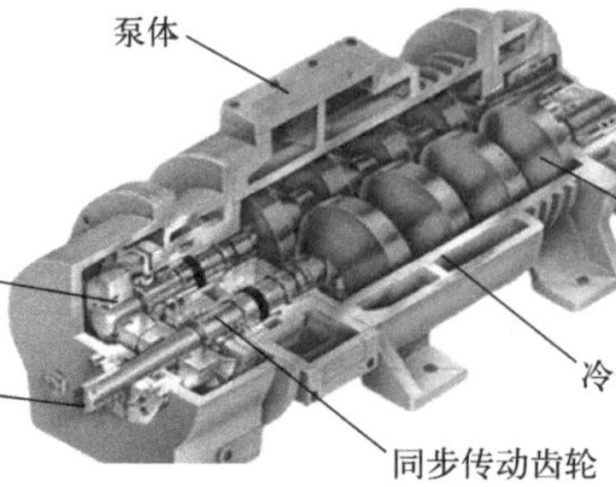

图 4-3　螺杆真空泵组成结构

工作中传动轴连接主动转子，通过同步齿轮带动从动转子旋转，在壳体上开有冷却水通道，用来降低转子和排气口温度，同步齿轮及轴承用油润滑，轴承和壳体内部通过密封件来密封以达到无油的效果。干式螺杆真空泵同无油螺杆压缩机在密封和润滑上结构类似，一般真空泵的排气端用机械式密封件，进气侧通常用双唇形密封件。在传动方式上，通用的是直连电机，用联轴器与转子连接，极少数用传动带或者传动链传动。等螺距螺杆泵由于无内压缩过程，排气温度非常高，如冷却效果不好，会造成转子和机壳变形，影响抽气效果。冷却机壳是必不可少的一个环节，水冷是最常见的方法，在机壳本体、轴承外侧通冷却水，可以达到冷却壳体进而冷却转子的目的。

4.2　螺杆真空泵分类

4.2.1　按照螺头划分

依据螺杆转子型线的不同螺杆真空泵可分为单头螺杆真空泵与多头螺杆真空泵，如图 4-4 所示。单头型线适用于中小型螺杆真空泵，市场上也多为单头螺杆真空泵。多头型线在一个导程内即能完成吸气、压缩、排气过程，导程少，可有效减少泵的体积与重量，适用于大抽速领域，但其型线复杂，需特制模具与专用机床，加工费用昂贵，且由于泄漏三角的因素，真空度不高，因此市场上并不多见。

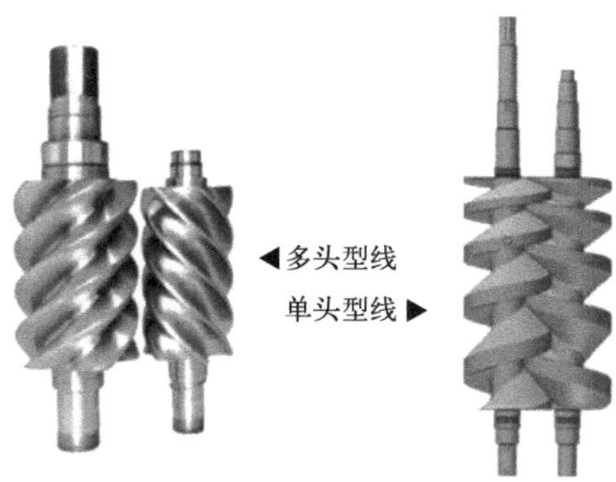

图 4-4　单头和多头螺杆

4.2.2　按照螺距划分

按照螺距划分为等螺距螺杆真空泵和变螺距螺杆真空泵。等螺距螺杆真空泵腔内无压缩，可以轻松排出固体颗粒与可凝性气体，但其排气温度与能耗较高。变螺距螺杆真空泵腔内有压缩，排气温度低、能耗低，但对粉尘颗粒以及可凝性气体的耐受性不如等螺距螺杆真空泵。等螺距和变螺距螺杆如图 4-5 所示。

图 4-5　等螺距和变螺距螺杆

4.3　螺杆真空泵工作原理

螺杆真空泵的压缩原理是通过螺杆轴的旋转，使气体在密封的工作室内被逐渐压缩。当主动螺杆轴转动时，从动螺杆轴跟随旋转，在两个螺杆轴的螺纹间形成一系列密封工作室。随着螺杆轴的转动，工作室从入口端逐渐缩小，从而使气体被不断压缩和排出，实现真空状态。整个工作循环可分为三个过程：吸气、压缩和排气。

4.3.1　吸气处理

吸气过程如图 4-6 所示。吸气开始时，转子的一对齿前端的型线完全啮合，即将与吸气口连接，随着转子开始转动，由于齿的一端逐渐脱离啮合而形成了齿间容积，这个齿间容积的扩大，在其内部形成了一定的真空，在压差作用下气体流入齿间容积，在随后的转子旋转过程中，阳转子齿不断从阴转子齿的齿槽中脱离出来，齿间容积不断扩大，并与吸气口保持连通，随着转子的旋转齿间容积不会再增加，齿间容积在此位置与吸气口断开，吸气过程结束。

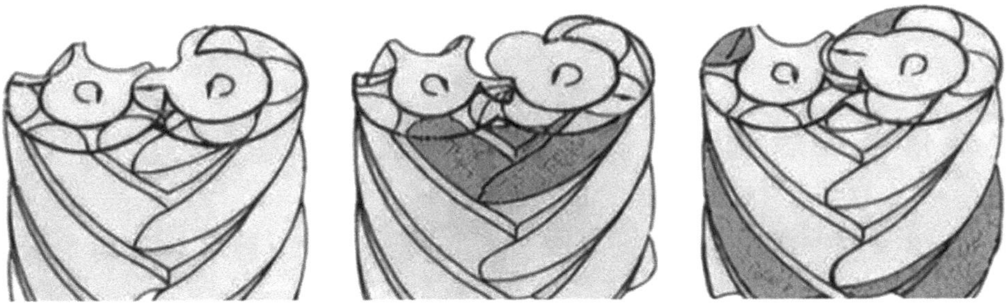

图 4-6　螺杆真空泵吸气过程

4.3.2　压缩处理

压缩过程如图 4-7 所示。螺杆真空泵压缩过程即将开始时，气体被转子齿和机壳包围在一个封闭的空间中，齿间容积由于转移齿的啮合就要开始减小，随着转子的旋转被密封在齿间容积中的气体体积也随之减小，导致压力升高，从而实现气体的压缩过程。压缩过程可以一直持续到齿间容积排气口连通之前。

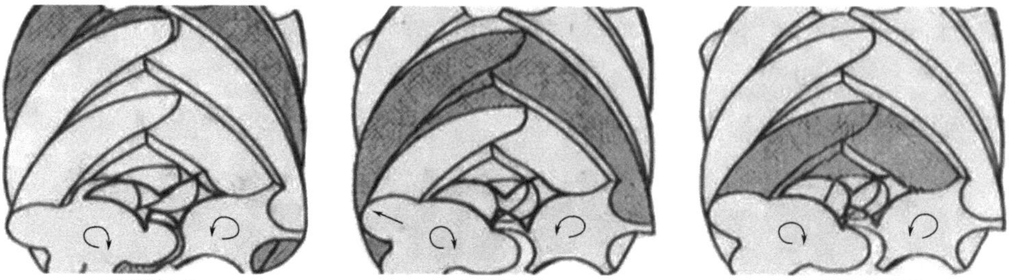

压缩初态　　压缩过程　　压缩过程结束

图 4-7　螺杆真空泵压缩过程

4.3.3 排气处理

螺杆真空泵开始排气时，齿间容积与排气口连通，随着齿间容积不断缩小，具有排气压力的气体逐渐通过排气口被排出，这个过程一直持续到齿末端的型线完全啮合，此时齿间容积内的气体通过排气口被完全排出，封闭的齿间容积的体积变为零，如图 4-8 所示。

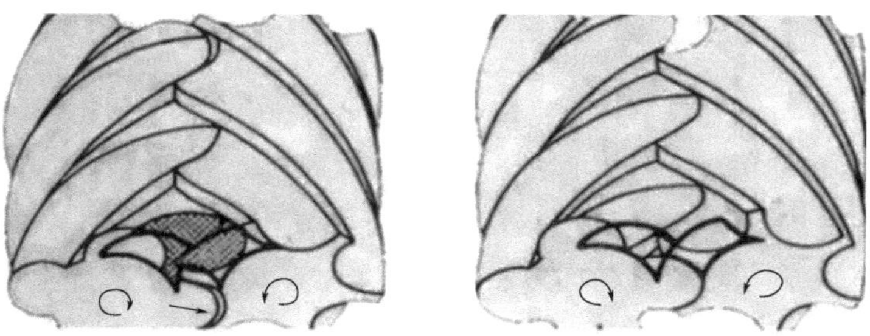

排气中　　排气结束

图 4-8　螺杆真空泵排气过程

4.4 螺杆真空泵端面型线及基本参数

4.4.1 常见端面型线结构

螺杆转子端面型线必须满足曲线啮合的基本定律，还要有良好的密封性，要求泄漏三角形面积尽量小，接触线尽量短；其次，要求有较大的面积利用系数，这样不仅机器的尺寸可以小一些，而且单位容量的泄漏损失也要少一些，可使效率相对提高；另外，还要求啮合区域尽量避免滞留区，型线流线化以减少气体流动损失，也要便于加工；还要提高抽气效率和降低工作温度。

单头、爪形的螺杆转子型线是目前最为常用的一种型线，采用单头其综合性能优秀，加工相对于多头螺杆要简单得多，爪形的设计解决了转子的齿面干涉问题，故广泛采用。这种螺杆采用基圆半径相等、端面曲线相同而螺杆旋向相反的型线，齿根圆弧与齿顶圆弧过渡一般采用圆弧、渐开线或摆线及其共轭曲线等。常见的端面型线有阿基米德曲线、渐开线等。阿基米德曲线及对应的包络曲线、大小两段圆弧、长幅外摆线如图 4-9 所示。

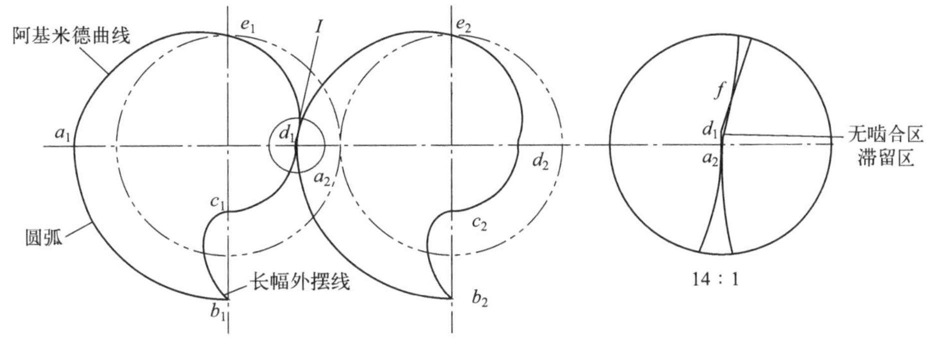

图 4-9 阿基米德曲线端面示意图

在阿基米德曲线中存在奇异点 a_2，形成三角形区域 a_2d_1f，该区域形成气体的滞留区和泄漏区，影响抽气效率。

渐开线也是螺杆端面型线常选用的基本型线，如图 4-10 所示，但若渐开线与根部圆弧直接相连，会形成一定的泄漏区 e_2d_2f，故渐开线和根部圆弧采用摆线 e_2d_2 过渡。该过渡区域解决了泄漏的问题，尖点与线啮合，在过渡区域也会形成一定的滞留区，影响排气效率内部工作温度。

摆线有五段曲线，分别由齿顶圆弧 a_1b_1、外余摆线 b_1c_1、齿根圆弧 c_1d_1、过渡摆线 d_1e_1 和渐开线 e_1a_1 组成。过渡摆线 d_1e_1 的存在，既能保证成对螺杆啮合的密封性，又使得螺杆转子在齿根和齿廓之间形成平滑过渡，构成一个具有共同加工可能性的平滑曲面，可以明显提高加工效率。

带有三段长幅外摆线的螺杆端面型线由大小两段圆弧、三段长幅外摆线五段线组成，如图 4-11 所示，型线 $b_1c_1d_1$ 段形成较小的泄漏三角会影响排气效率。

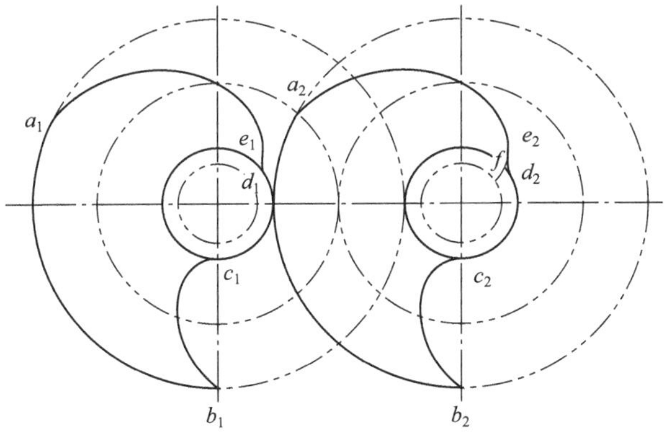

图 4-10 渐开线端面示意图

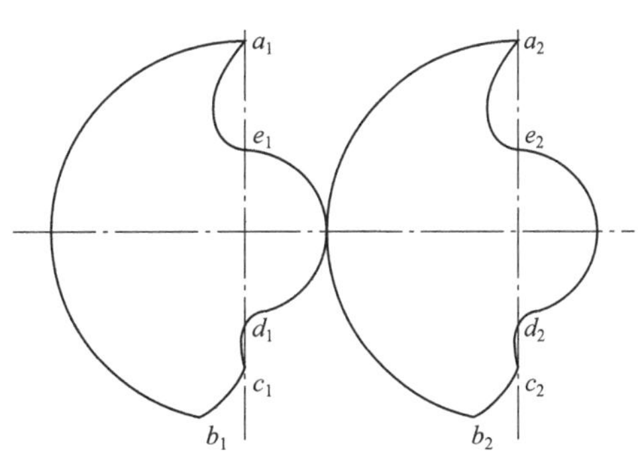

图 4-11 摆线端面示意图

4.4.2 端面共轭曲线数学模型

端面曲线的计算中共轭是常用的曲线模型，利用共轭的特征，很好地解决了两个转子的啮合，确保了气密性。而求解过程中经常要用到坐标变换模型，如图 4-12 所示。比如我们已知道标准正交坐标系 $f(X_f, Y_f)$，利用 (x_1, y_1) 曲线，求解其共轭曲线 (x_2, y_2)，下面我们可以简洁回顾一下坐标变化的数学模型。

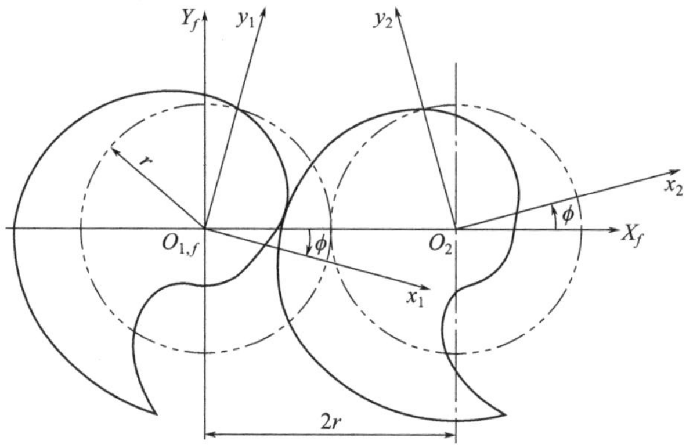

图 4-12 摆线端面的坐标变换模型

从图 4-12 中我们可以得到从 (x_2, y_2) 坐标系变化到 f 坐标系的坐标变换矩阵为：

$$\boldsymbol{M}_{2\to f}=\begin{bmatrix}\cos\phi & \sin\phi & -2r\cos\phi\\ -\sin\phi & \cos\phi & 2r\sin\phi\\ 0 & 0 & 1\end{bmatrix} \tag{4-1}$$

从 f 坐标系变化到 (x_1, y_1) 坐标系的坐标变换矩阵为：

$$\boldsymbol{M}_{f\to 1}=\begin{bmatrix}\cos\phi & \sin\phi & 0\\ -\sin\phi & \cos\phi & 0\\ 0 & 0 & 1\end{bmatrix} \tag{4-2}$$

所以从坐标系 (x_1, y_1) 到坐标系 (x_2, y_2) 的变换矩阵为：

$$\boldsymbol{M}_{1\to 2}=\begin{bmatrix}\cos2\phi & \sin2\phi & -2r\cos\phi\\ -\sin2\phi & \cos2\phi & 2r\sin\phi\\ 0 & 0 & 1\end{bmatrix} \tag{4-3}$$

从坐标系 2 到坐标系 1 的坐标变化矩阵为：

$$r_2=\boldsymbol{M}_{2\to 1}r_1=\boldsymbol{M}_{2\to f}\boldsymbol{M}_{f\to 1}r_1 \tag{4-4}$$

啮合方程为：

$$f=\left(\frac{\partial r_2}{\partial\theta}\boldsymbol{K}\right)\frac{\partial r_2}{\partial\phi}=0 \tag{4-5}$$

式中，$\frac{\partial r_2}{\partial \phi}$是转子 1 相对转子 2 的切线速度，$\frac{\partial r_2}{\partial \theta}\boldsymbol{K}$ 是接触点转子 2 的法线矢量，θ 是法线夹角。

利用公式（4-4）和公式（4-5）就可求出互为共轭曲线的点坐标。

4.4.3 基本参数求解注意事项

（1）吸气容积

吸气容积是指螺杆真空泵在单位时间内能够吸入的气体体积，是评估泵性能的重要指标之一。它直接反映了泵的抽气能力和工作效率。

螺杆真空泵的吸气容积计算公式通常不直接给出具体的数学表达式，因为吸气容积受到多种因素的影响，如泵的尺寸、转速、进口压力，以及工作条件等。主要影响因素如下：

① 泵的尺寸：泵的几何尺寸决定了其内部腔体的容积，进而影响吸气容积。

② 转速：转速越高，泵在单位时间内完成的工作循环次数越多，从而可能增加吸气容积。

③ 进口压力：进口压力的变化会影响泵的吸气性能，进而影响吸气容积。

④ 工作条件：如温度、湿度等环境因素也可能对吸气容积产生一定影响。

虽然没有直接的数学公式可以精确计算螺杆真空泵的吸气容积，但通常可以通过实验测量或查阅相关技术资料来获取具体数值。此外，一些厂家会提供泵的性能曲线或数据表，其中包含了不同工作条件下的吸气容积信息。

（2）端面共轭曲线求解

共轭曲线是指两个相互啮合的机械零件（如齿轮、转子等）在接触点处，其齿廓的法线必须通过两零件的瞬心点（即相对速度为零的点）。在转子中齿顶曲线与齿根曲线就是一对共轭曲线。一般采用如下步骤求解其端面曲线坐标：

① 确定已知条件。已知转子的齿顶曲线方程，确定转子的运动关系，包括自转和公转的速度、方向等。

② 建立坐标系。在转子上建立适当的坐标系，以便于描述齿廓的位置和形状。

③ 应用共轭曲线原理。利用共轭曲线的定义，即齿廓法线通过瞬心点，来建立齿根共轭曲线的方程。这通常涉及复杂的几何和数学运算，如坐标变换、方程联立等。

④ 求解方程。通过解析法或数值法求解上述方程，得到齿根共轭曲线的具体表达式。

⑤ 验证结果。通过仿真或实验验证求解结果的正确性。

这个部分的共轭曲线的求解方法也会用到其他类型真空泵的端面型线设计上。

（3）螺杆长度设计

螺杆真空泵螺杆长度的计算通常涉及多个因素，包括泵的规格、设计参数以及具体的应用需求。一般来说，泵的抽速、真空度等性能指标会直接影响螺杆的设计长度，我们综合思考如下因素来设计螺杆长度。

① 螺杆的导程与转速：螺杆的导程（即螺杆每转一圈所前进的距离）和转速是决定螺杆真空泵流量和性能的重要参数。在设计螺杆长度时，需要确保螺杆的导程和转速能够满足泵的工作需求。

② 密封与间隙要求：螺杆真空泵要求螺杆与泵体内腔之间保持一定的间隙，以确保密封性和减少泄漏。因此，在计算螺杆长度时，还需要考虑这些间隙对螺杆长度的影响。

4.5 螺杆真空泵保养维护

螺杆真空泵的维护与保养主要包括日常巡检、定期保养和注意事项三个方面，具体如下。

密封状况上要定期检查螺杆真空泵各部位密封情况，保证螺杆间隙合理，预防气体泄漏和能耗上升。环境清洁上要确保泵周围清洁干燥，杜绝灰尘、水分等污染物侵入，保证运行畅通无阻。润滑维护上对轴承、齿轮等关键部件定期润滑，确保其运行平稳。同时根据使用情况，定期更换螺杆、主轴等耐磨件，保持高效稳定的工作状态。定期清洗进气管道和过滤器，避免灰尘和杂质积聚，提升吸气效率。定期检查电机和电气系统，确保稳定运行，减少电气故障对设备的影响。防止设备损坏和性能下降。定期检查密封性能，及时发现并处理气体泄漏问题，降低能耗。建立详细的维护记录和维护计划，对设备的运行情况进行跟踪和管理。通过这些措施，可以有效保障螺杆真空泵的稳定性和持久性，实现长期可靠运行。

第5章

罗茨真空泵

5.1 概述

罗茨真空泵（简称罗茨泵）是指泵内装有两个相反方向同步旋转的叶形转子，转子间、转子与泵壳内壁间有细小间隙而互不接触的一种变容真空泵。整体结构如图 5-1 所示。罗茨真空泵在石油、化工、塑料、农药、汽轮机转子动平衡、航空航天空间模拟等装置上得到了长期运行的考验，所以应该在国内大力推广和应用。罗茨泵是一种无内压缩的真空泵，通常压缩比很低，故高、中真空泵需要前级泵。

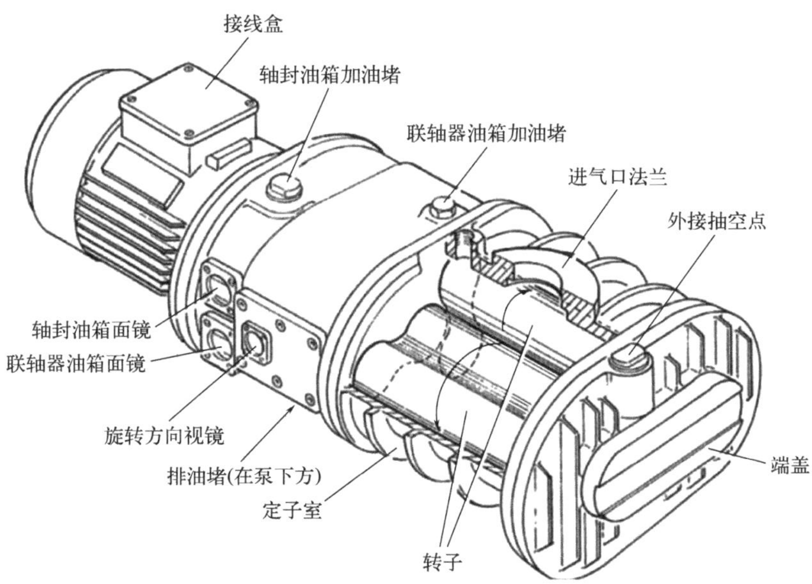

图 5-1　罗茨真空泵整体结构示意图

罗茨真空泵是依靠腔内一对叶形转子同步、反向旋转的推压作用来移动气体而实现抽气的真空泵，其截面图如 5-2 所示，其主要特点如下：

① 罗茨真空泵是指具有一对同步高速旋转的鞋底形转子的机械真空泵，此泵不可以单独抽气，前级需配油封、水环等，可直排大气。

② 它的结构和工作原理与罗茨鼓风机相似，工作时其吸气口与被抽真空容器或真空系统主抽泵相接。这种真空泵的转子与转子之间、转子与泵壳之间互不接触，间隙一般为 0.1～0.8mm，不需要用油润滑。

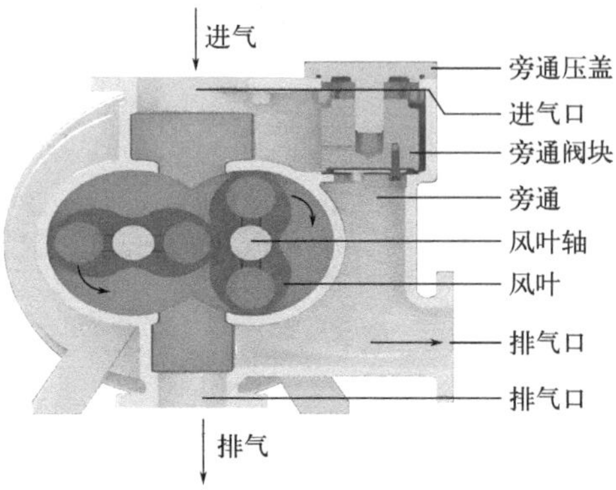

图 5-2　罗茨真空泵截面示意图

③ 转子型线有圆弧线、渐开线和摆线等。渐开线罗茨真空泵的容积利用率高，加工精度易于保证，故转子型线多用渐开线。罗茨真空泵的转速可高达 3450～5000r/min。

④ 抽气速率为 30～10000L/s，极限真空单级为 6.5×10^{-2}Pa，双级为 1×10^{-3}Pa。

罗茨泵的极限真空除取决于泵本身结构和制造精度外，还取决于前级泵的极限真空。为了提高泵的极限真空度，可将罗茨泵串联使用。由于转子的不断旋转，被抽气体从进气口吸入到转子与泵壳之间的空间 V 内，再经排气口排出。由于吸气后 V 空间是全封闭状态，所以，在泵腔内气体没有压缩和膨胀。但当转子顶部转过排气口边缘，V 空间与排气侧相通时，由于排气侧气体压强较高，则有一部分气体返冲到空间 V 中去，使气体压强突然增高。当转子继续转动时，气体排出泵外。罗茨泵的泵腔内，有两个“8”字形的转子相互垂直地安装在一对平行轴上，由传动比为 1 的一对齿轮带动做彼此反向的同步旋转运动。具体吸排气过程如图 5-3 所示。

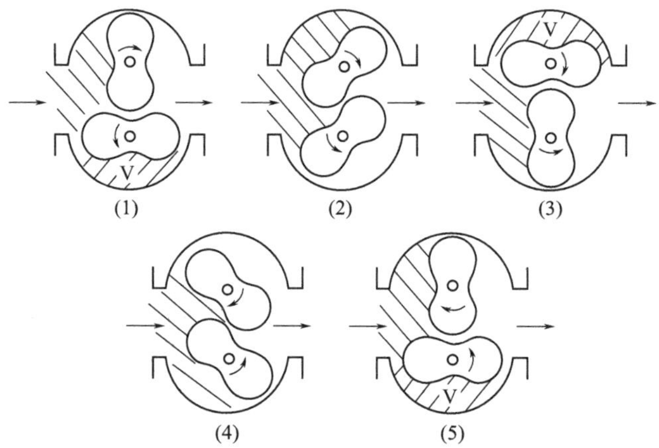

图 5-3　罗茨泵吸排气过程示意图

5.2　结构组成

5.2.1　转子布局结构

罗茨真空泵的两个转子在泵体中的布置，决定了泵的总体结构。罗茨真空泵的总体结构布置一般有三种方案：

① 立式：两个转子的轴线呈水平安装，但两个转子轴线构成的平面与水平面垂直，这种结构，泵的进排气口呈水平设置，装配和连接管道都比较方便。但其缺点是泵的重心

太高，在高速运转时稳定性差，所以除小规格的泵外，采用这种结构型式的不太多。

② 卧式：两个转子的轴线呈水平安装，两个转子轴线构成的平面成水平方向，这种结构的泵的进气口在泵的上方，排气口在泵的下方（也有与此相反的）。下边的排气口一般水平方向接出，所以进排气方向是相互垂直的。排气口接一个三通管向两个方向开口，一端接排气管道，另一端堵死或接旁通阀。这种结构的特点是重心低，高速运转时稳定性好。国内外大中型泵多采用此种结构型式。

③ 竖轴式：国外有的罗茨泵的两个转子轴线与水平面垂直安装。这种结构的泵装配间隙容易控制，转子装配方便，占地面积小，但齿轮等传动机构装拆不便，润滑装置也较复杂。

当总体结构决定后，泵体本身的结构与形状也就相应地决定了。

5.2.2 罗茨真空泵其他附带结构

（1）带溢流阀的罗茨泵

为了防止超载引起事故，罗茨泵上装有一个比较可靠的安全保护器，即在旁通管路上装有一个溢流阀。排气口处于规定压力时，溢流阀是关闭的。当其排气口压力超过规定压力时，则溢流阀的阀门自动被顶开而产生溢流，排气口压力变正常后，溢流阀再自行关闭。它能自动调节，也是泵的允许压差装置，因此溢流阀的最大好处是使罗茨泵能连同前级泵一起，在各种压力范围内连续运转。采用这种设计，能使真空容器在粗真空状态的抽气停息时间缩短30％～50％。对于比较大的泵，溢流阀安装在泵体外边的旁通管路上，在比较小的泵上，溢流阀则是装在泵壳内的。

（2）带蒸汽冷凝器的罗茨泵

在需要抽吸蒸汽情况下，抽气机组必须设计会使蒸汽冷凝的冷凝器，这个冷凝器可装在泵之前或泵之后，而不装在罗茨泵的泵体上。在某种情况下，冷凝器升化吸热能够减少罗茨泵发热。假设采用了复式冷凝器，在维修时可用适当的溶剂清除污垢，蒸汽就能顺畅地在导管中流动。

（3）冷却装置

① 空气冷却：罗茨真空泵由于输送和压缩气体而产生热量，这些热量必须从转子传至壳体而散发。但在低压下，气体热传导性能和对流性能极差，致使转子吸收的热量不易散出，造成转子温度永远高于壳体的温度。由于转子的热膨胀，使转子与转子间、转子与泵壳间的间隙减少，特别在压差也高的情况下，尤为严重，甚至造成转子卡死，使泵损坏。为了使罗茨泵在较高的压差下工作，以扩大使用范围，增加泵的可靠性，就必须设法散出转子产生的热量，也就是说要对转子进行冷却。

为了理解空气冷却的实质，先来看一下气体在罗茨真空泵排气一侧的流动情况。在罗茨真空泵中吸入气体被压缩的过程不是连续的，而是突然的。吸入气体随转子转动而被封闭于腔内，又随转子的旋转，使封闭腔突然与排气口接通。由于排气一侧的气体压力较高，排气口处的气体就向腔中返冲，然后又随着转子的旋转而被驱赶排出泵外。两转子每旋转一周共进行四次排气过程。

从上述气体的流动情况可以设想：假若每次返冲到泵腔中的气体是冷的，则可以在高温的泵腔内吸收大量的热量，这些吸收了热量的气体又在转子的继续压缩中排出，从而会达到冷却转子的目的。

空气冷却就是运用上述原理。在泵的排气口处设置密集的冷却片，冷却片用冷水管进行冷却，或在泵的排气口处直接安装冷却水管，这样排气口处的气体就会降温，这种冷却方法能有效地散出罗茨泵转子在压缩气体中所产生的热量。而且当排气压力较高时，因气体分子的密度大，使热传导性能更好，其冷却效果也好些。使用这种方法能保证泵在较高的压差下作，实验证明，一台罗茨泵在 30Torr 压差下运转 6h，其转子与外壳的温度差为 22℃，当在排气口处安装冷却器后，在 85Torr 压差下长期运转，其温差也不超过 17℃。一般说来，罗茨真空泵采用空气冷却之后，可将压差提高 80Torr，而不加冷却器一般只能达到 15～30Torr。

这种冷却方法与环境温度有关系，环境温度高吸入的气体温度就高，则冷却效果就不好。此外，这种方法只能避免高压差产生的高热，而不能防止泵压缩过程中发热，引起间隙变小的问题，所以受泵本身间隙的限制。

② 转子的内部冷却：为了使罗茨真空泵在更高压差下工作，可采取更有效的冷却方法，即用循环油冷却转子，从泵轴两端的油孔、油径轴头打入冷却油，经转子内壁再从另一端排出。冷却油除冷却转子外，还润滑齿轮和轴承。这种冷却方式冷却效果较好，泵在运转时转子温度低于外壳温度，大泵常采用这种方式。例如在 80Torr 压差下工作时，罗茨真空泵转子温度较外壳低 78℃，同时还发现泵负荷越重时，间隙越大，这是因为转子用油冷却，温度比壳体低，负荷越大，壳体膨胀越厉害，轴间距加大，所以间隙会增大。

由于负荷大，转子和壳体温差不断增高，使间隙不断增大，这会使逆流增大，引起罗茨泵抽速下降。为了克服这个缺点，罗茨泵在高负荷下工作时，需要采用有效措施，一般是将罗茨泵的外壳和转子同时采用油循环系统进行冷却。

③ 转子的油膜冷却：这种冷却方法是在罗茨真空泵入口处连接一个输油管，用均匀滴下的冷却油带走转子的热量。油经过滤器、冷却器，通过密封良好的油泵，再经过输油管将油送到泵的入口。油滴到转子上之后，随着转子的旋转而均匀地涂在转子的表面上。这不仅将转子的热量带走，同时在两个转子表面上形成油膜，防止气体的逆流，而且还能将转子表面上附着的微细尘埃带走。在泵的出口处设有油槽，收集废油，经过过滤，冷却后重新循环使用。此种方法效果良好。但由于泵内有油，失去了罗茨泵无油蒸气污染真空系统的特点。再则油具有一定的黏度，对高速旋转的罗茨泵转子增加了不少的摩擦力，当然使泵的功率消耗增加。所使用的油，要求饱和蒸气压应尽量大。

④ 水冷却：由单级或双级泵吸入的空气经压缩后，通过综合吸收及有相位差的组合消音器传送。将微量的水注入泵内，便能消除因压缩空气而产生的热量。吸入水管装在单级或双级泵组的吸气端并连接到真空泵的进气口上。水是靠真空泵产生的真空度而吸入，真空度越大，吸入水量就越高。用一只简单的调节阀门便能保证最佳的吸入量，吸入水的温度应保持在 20℃左右，要清洁，无钙质，这种是湿式罗茨泵。而干式罗茨泵不需要任何液体来冷却。

5.3 罗茨真空泵转子型线

5.3.1 转子外观结构

罗茨真空泵转子叶数的不同主要体现在其设计和性能上。两叶罗茨转子采用两个两叶转子进行工作，而三叶罗茨转子则采用两个三叶转子进行工作。三叶转子相比两叶转子在出气脉动、噪声和运行平稳性等方面具有优势，三叶罗茨转子的出气脉动更小、噪声更低、运转更平稳。转子叶轮的叶片数量越多，泵的运转稳定性和压缩能力就越强，但也意味着转速会减慢，效率会降低。同时叶数越多，其加工难度越大，成本也高。当前主要以两叶和三叶转子为主。具体如图 5-4 所示。

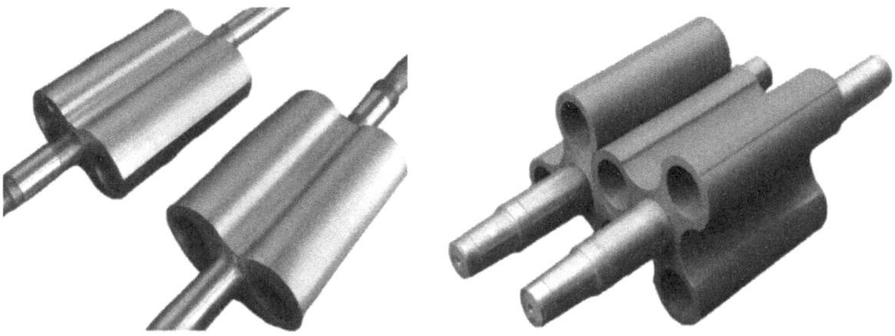

图 5-4　罗茨真空泵转子两叶和三叶形状

5.3.2 转子端面型线

无论是两叶转子还是三叶转子，罗茨转子的端面外轮廓多由圆弧线、渐开线、摆线组成，且两个转子的外轮廓曲线彼此满足共轭曲线特征，如图 5-5 所示。

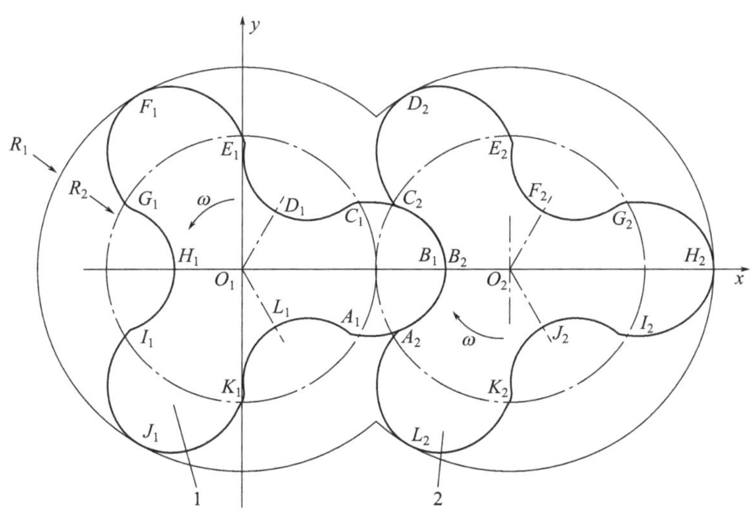

图 5-5

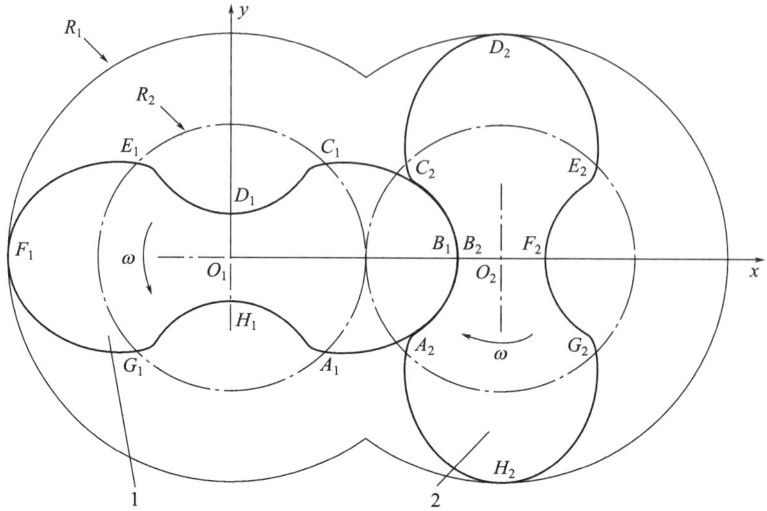

图 5-5　罗茨真空泵转子端面外轮廓示意图

圆弧型转子理论型线如图 5-6 所示，其位于第一象限的顶部曲线 AC 为圆弧线，腰部曲线 AB 与 AC 互为共轭曲线。

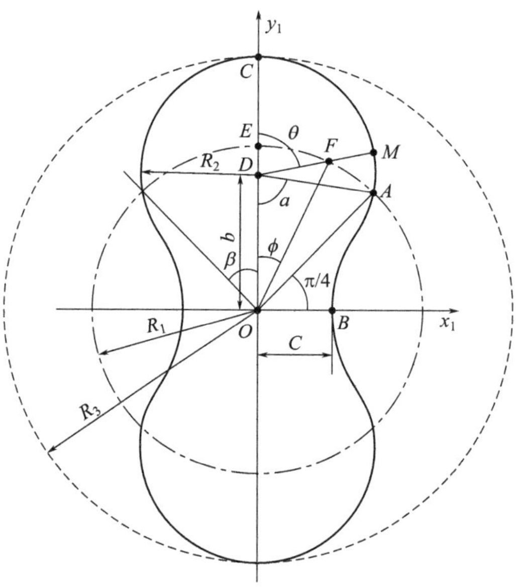

图 5-6　罗茨真空泵转子理论型线示意图

转子节圆半径为 R_1；顶部圆弧 AC 的圆心为 D，半径为 R_2；转子圆头中心与转子中心的距离为 b；转子顶圆半径为 R_3，C 为转子腰部宽度，β 为转子头部相位角。由于转子型线为中心和轴对称曲线，因此分析设计型线的 1/4 便可获得整个转子型线。很容易得出如下结论。

$$b=(R_3^2-R_1^2)/(2R_3-\sqrt{2}R_1^2) \tag{5-1}$$

$$\beta=\pi/(2Z) \tag{5-2}$$

式中，Z 为转子叶数。

$$R_2=\sqrt{R_1^2+b^2-\sqrt{2}R_1 b} \tag{5-3}$$

则顶部圆弧 AC 的坐标系方程为：

$$\begin{cases}x_1=R_2\cos\left(\dfrac{\pi}{2}-\theta\right)\\ y_1=b+\sin\left(\dfrac{\pi}{2}-\theta\right)\end{cases} \tag{5-4}$$

共轭曲线特点是给定运动规律的一对光滑曲线在运动过程中按给定接触方法始终保持连续相切接触。转子型线 AB 部分可视为圆弧线 AC 的共轭曲线，应用共轭特性分析时，须求解转子的啮合角 ϕ，啮合角为啮合点 M 处法线和节圆的交点 F 与转子中心的连线与坐标轴 y_1 的夹角。

为了计算共轭曲线 AB，建立两个固定于转子的坐标系 O_1 和 O_2，如图 5-7 所示。转子旋转过程中，由共轭特性可知，位于两个坐标系中的转子型线关系可表示为：

$$\begin{cases}x_2=x_1\cos2\phi-y_1\sin2\phi+d\sin\phi\\ y_2=x_1\sin2\phi+y_1\cos2\phi-d\cos\phi\end{cases} \tag{5-5}$$

通过如上的推导就可以得到转子的 CAB 段型线。

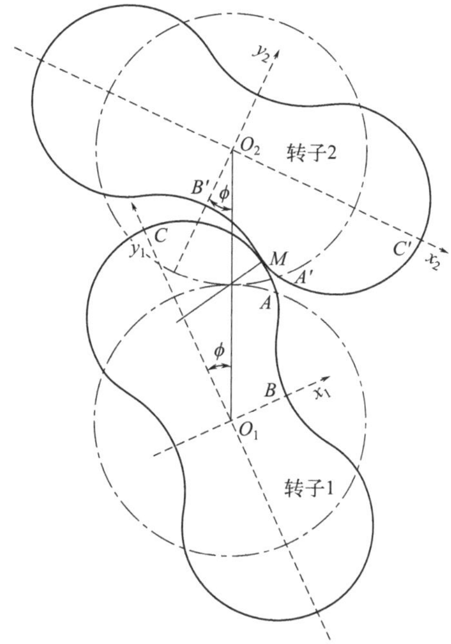

图 5-7 建立罗茨真空泵转子坐标系

5.4 罗茨真空泵基本参数

5.4.1 理论几何抽速

如图 5-8 所示，为罗茨泵转子由 0°转到 180°的抽气过程。在 0°位置时（图中Ⅰ），下转子从泵入口封入 V_2 体积的气体。当转到 45°位置时（Ⅱ），该腔与排气口相通。由于排气侧压强较高，引起一部分气体返冲过来。当转到 90°位置时（Ⅲ），下转子封入的气体，连同返冲的气体一起排向泵外。这时，上转子也从泵入口封入 V_2 体积的气体。当转子继续转到 135°时（Ⅳ），上转子封入的气体与排气口相通，重复上述过程。180°

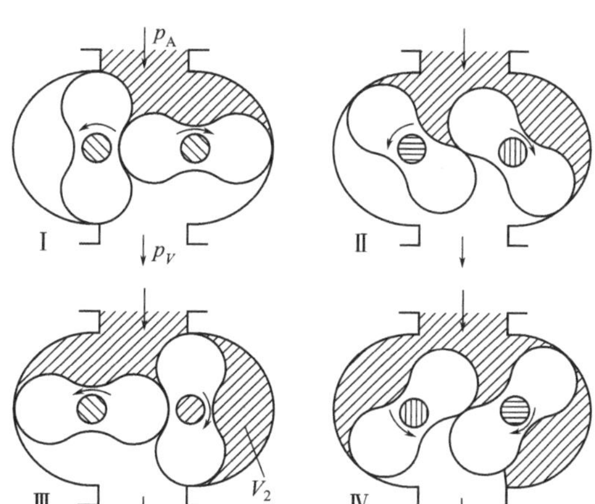

图 5-8 罗茨真空泵抽气过程

位置和 0°位置是一样的。

因此转子主轴旋转一周共排出四个 V_2 体积的气体，从这个过程可以得出罗茨真空泵几何抽速为：

$$S_{th}=4V_2\times(n/60)=2\pi R^2\times L\times n\times k_0\times 10^{-6}/60 \quad \text{单位 (L/s)} \tag{5-6}$$

式中，n 为泵的轴转速，r/min；R 为转子半径，mm；L 为转子轴向长度，mm；k_0 为转子端截面系数。

其中端面系数 $k_0=A_0/(\pi R^2)$，端截面面积 A_0 的求法如下：

根据式（5-4）和式（5-5）分别可以得到 CDA 区域和 $DABO$ 区域的面积分别为：

$$A_1=\int_0^{\pi-\alpha}\mathrm{d}x_1\times\mathrm{d}y_1\mathrm{d}\theta \quad \text{和} \quad A_2=\int_0^{\pi-\theta}\mathrm{d}x_2\times\mathrm{d}y_2\mathrm{d}\phi$$

其中，$\phi=-\arcsin\left(\dfrac{b}{R_1}\sin\theta\right)+\theta$，则 $A_0=4\times(A_1+A_2)$

5.4.2 罗茨真空泵温度考虑

罗茨真空泵在工作过程中，由于其压缩做功原因其热量会传递到转子和腔体上，因此需要考虑其温度变化，根据热力学知识其温度变化满足如下公式：

$$\frac{T_2-T_1}{T_1}=\frac{(\gamma-1)}{\eta_v\gamma}(K-1) \tag{5-7}$$

式中，T_1 为进气口温度，T_2 为出气口温度，K 为压缩比，γ 为比热容比。

5.4.3 有效抽气量

对任何气体输送型真空泵来说，当从泵内抽出的气体与从前级侧反流（或反扩散）的气体、泵腔内材料放出的气体及从泵外向泵腔内泄漏的气体达到了动态平衡，真空泵才进入到极限压力状态。对真空罗茨泵来说，泵内放气可以忽略，要想得到较低的入口极限压力，关键就是降低泵内的返流气体量和从泵外向泵腔内泄漏的气体量。罗茨泵与各种前级真空泵组合后的真空机组有效抽气量和有效抽速可以通过计算求出，在以下计算中忽略前级连接管路的流阻影响，有效抽气量可以用公式（10-8）表示

$$Q_{eff}=Q_{th}-Q_v \tag{5-8}$$

式中，Q_{eff} 是罗茨泵的有效抽气流量，Pa·L/s；Q_{th} 是罗茨泵的几何抽气流量。

$$Q_{th}=P_A\times S_{th} \quad \text{单位为 Pa·L/s} \tag{5-9}$$

其中，Q_v 为罗茨泵各处间隙的泄漏反流流量：

$$Q_v=Q_{v_1}+Q_{v_2}+Q_{v_3} \quad \text{单位为 Pa·L/s} \tag{5-10}$$

式中，Q_{v_1} 为罗茨泵转子之间及转子与泵壳之间的间隙而造成的气体返流量，可用下式表达：

$$Q_{v_1}=C(P_v-P_A) \tag{5-11}$$

式中，C 是罗茨泵内上述所有间隙的等效通导，P_v 为罗茨泵排气压力（泵前级压力），P_A 为罗茨泵吸入压力。Q_{v_2} 是罗茨泵转子在高压排气侧吸附与携带返回低压吸入侧的气体量，以及两转子啮合处的有害空间携带返回吸入侧的气体，称返扩散气体量，则：

$$Q_{v_2}=S_r\times P_v \tag{5-12}$$

式中，S_r 泵内返扩散气体的等量抽速，这个值与转子表面精度有关。

Q_{v_3} 为罗茨泵泵体材料缺陷之处和各处静密封及动密封部位的漏气量。对于低中真空泵来说，如果泵体材料及各处静密封按照正常设计要求去做，Q_{v_3} 中的静密封漏气量可忽略不计，动密封漏气量则要根据设计结构及所选动密封组件而定。

于是公式（5-8）可表达成：

$$Q_{eff}=Q_{th}-(Q_{v_1}+Q_{v_2})=P_A\times S_{th}-[C(P_v-P_A)+S_r\times P_v] \tag{5-13}$$

5.4.4 零流量压缩比

关闭泵进气管路，气体流量为零时，前级真空管路中压力与泵入口压力之比为罗茨泵零流量压缩比，即

$$K_0=P_v/P_A \tag{5-14}$$

该压缩比的最大值用 K_{0max} 表示，称最大零流量压缩比。根据这个定义，令式（5-13）中 Q_{eff} 等于零则有

$$P_A\times S_{th}-[C(P_v-P_A)+S_r\times P_v]=0 \tag{5-15}$$

所以 $K_{0max}=P_v/P_A=(S_{th}+C)/(S_r+C)=[S_{th}/(S_r+C)]+[C/(S_r+C)]$ （5-16）

可见零流量压缩比的大小反映了罗茨泵的反逆流能力的强弱，即泵出口处返流到入口的气体量的多少。压缩比越大，说明泵的“反流”量越小，抽气效率越高。因此，零流量压缩比能够衡量罗茨泵的实际抽气效率。

5.4.5 有效压缩比

大多数的罗茨真空泵（除直排大气罗茨泵以外）都需与前级泵组合成罗茨泵机组应用于各个领域。根据用途不同，罗茨泵机组常用的前级泵有旋片泵、滑阀泵、水环泵等。罗茨泵机组在实际抽气过程中存在以下关系：

$$Q_{eff}=P_A\times S_e=P_V\times S_V=P_A\times S_{th}-[C(P_v-P_A)+S_r\times P_v] \tag{5-17}$$

式中，S_e 为罗茨泵机组有效抽速；S_V 为前级泵的实际抽速，它随压力变化而变化。

对式（5-17）简化有：　$(S_{th}+C)P_A=(S_V+C+S_r)P_v$　　(5-18)

同时有：

$$K_e=S_e/S_V=P_v/P_A \tag{5-19}$$

因为

$$S_{th}>>C\text{，令：}K_{th}=S_{th}/S_V \tag{5-20}$$

所以式（5-19）可化为：

$$1/K_e=1/K_{th}+1/K_0 \tag{5-21}$$

容积效率 η_v 为罗茨泵机组（即罗茨泵）的有效抽速 S_e 与罗茨泵机组的理论抽速 S_{th} 之比，则据公式：

$$\eta_v=S_e/S_{th}=K_e/K_{th}=(K_0/K_{th})/(1+K_0/K_{th}) \tag{5-22}$$

所以自然可以得到有效抽速为：

$$S_e=\eta_v S_{th} \tag{5-23}$$

罗茨泵机组中罗茨泵的有效抽速实际上就是机组的抽速。由以上分析可知，它除了与罗茨泵本身的理论抽速有关外，还取决于泵的最大零流量压缩比及前级泵的实际抽速 S_V 等。

5.4.6 功率估算

罗茨真空泵功率主要取决于压缩功和摩擦功，其中压缩功可以用下式表达：

$$P_i=S_{th}(P_v-P_A)\times10^{-6}(\text{kW})$$

则罗茨真空泵的功率 $P=\dfrac{P_i}{\eta_P}$，机械效率 η_p 的取值范围 0.5～0.85。

5.5 罗茨真空泵保养维护

罗茨真空泵是一种常用于半导体、医疗和科学研究等领域的真空泵。它通过两个相互转动的螺旋叶轮将气体抽出，从而达到真空的效果。然而，罗茨真空泵在使用过程中也需要定期维护和保养，以确保其长期稳定的工作和延长使用寿命。

（1）安装

在安装罗茨真空泵时，应确保其平稳且离地面适当高度。如果泵不平稳，则可能会发生振动，导致泵损坏。另外，为了便于维护，罗茨真空泵周围应该保持充足的空间。

（2）滑油更换

罗茨真空泵的滑油非常重要，可以提供润滑和密封作用。因此，滑油需要定期更换，以确保泵的正常工作。更换滑油的时间间隔取决于泵的使用频率和工作环境，一般建议每

6 个月至 1 年更换一次。

（3）滤网清洗

罗茨真空泵中的滤网可以过滤掉污垢，并防止它们嵌入泵内部。因此，应定期清洗滤网以确保其正常运转。清洗频率取决于使用环境，一般建议每 6 个月到 1 年清洗一次。

（4）检查密封性

密封是罗茨真空泵正常工作的关键。密封失效可能导致泵的性能下降或出现泄漏。因此，需要定期检查泵的密封性，并更换橡胶密封件或润滑油密封件等密封部件，以确保泵的正常工作。

（5）清洁泵内部

在使用罗茨真空泵时，灰尘、油脂和其他杂质可能会进入泵内部，影响其正常工作。因此，需要定期进行泵内部的清洁，以确保泵的顺畅运转。清洁频率取决于使用环境，一般建议每 6 个月到 1 年清洗一次。

（6）定期检查机械部件

罗茨真空泵中的机械部件需要定期检查，以确保其工作正常。例如，螺旋叶轮必须处于良好的状态，防止其磨损或变形。此外，泵体、法兰、轴承等部件也需要进行定期检查和维护。

（7）调节运行参数

罗茨真空泵的运行参数需要定期调节。例如，排气温度和压力应该控制在合适的范围内，以确保泵的性能和寿命。在调节运行参数时，需要根据泵的使用频率和环境条件进行适当的设置。

综上所述，罗茨真空泵的维护和保养对于其长期性能和使用寿命具有重要意义。定期更换滑油、清洗滤网、检查密封性、清洁泵内部、检查机械部件和调节运行参数等措施可以帮助泵保持良好的工作状态。

第6章 油封机械真空泵

油封机械真空泵（简称油封机械泵）是一种使用油来保持密封的机械泵，主要分为定片式、旋片式、滑阀式、余摆线式等类型。这种泵通过油封来维持泵内部的密封性，适用于多种工业领域。

以滑阀式油封机械泵为例说明油封机械泵的工作原理，它是一种变容式气体传输泵，通过滑阀在泵缸内做偏心转动，改变泵缸容积来达到抽气的目的。滑阀式油封机械泵有单级和双级两种型式，两个单级泵串联即为双级泵，提高了抽气效率。滑阀式油封机械泵常用于大型真空设备，因其结构特点使其容量较大，但在使用时需注意其振动问题，可通过质量平衡减少振动。

6.1 旋片真空泵

旋片真空泵是一种油封机械真空泵，是真空技术中最基本的真空获得设备之一。它借助于旋片在泵腔中连续运转将气体吸入并压缩，最后由排气口排出。泵主要由定子、转子、旋片等组成，转子被偏心地装入定子腔内。转子槽中有两块旋片，旋片弹簧置于两旋片之间。定子上的进、排气口被转子和旋片分离为两部分。当转子在定子腔内旋转时，旋片在弹簧张力与本身离心力的共同作用下其端部紧贴于泵腔内壁滑动，周期性地将进气口侧的腔内容积扩大而吸入气体，同时逐渐缩小排气口的容积，将已吸入的气体压缩，然后从排气口排出从而达到抽气的目的，如图 6-1 所示。

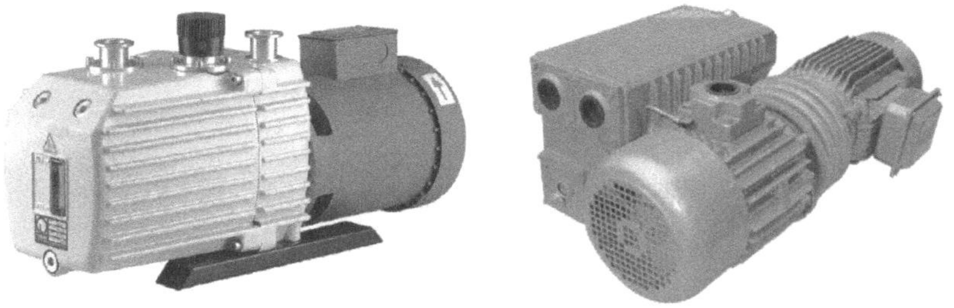

图 6-1　旋片真空泵

6.1.1 旋片真空泵的结构

旋片真空泵外观如图 6-2 所示，内部截面图如图 6-3 所示。旋片真空泵的主要结构包含泵体、转子、旋片、旋片弹簧及盖板等，如图 6-4 所示。其中转子偏心安装在腔体内，转子外圆与泵体内表面相切（但有很小间隙）。转子槽内装有带弹簧的旋片，这些旋片在旋转过程中，依靠离心力和弹簧的张力紧贴泵腔内壁滑动，从而将泵腔分隔成不同的工作室。

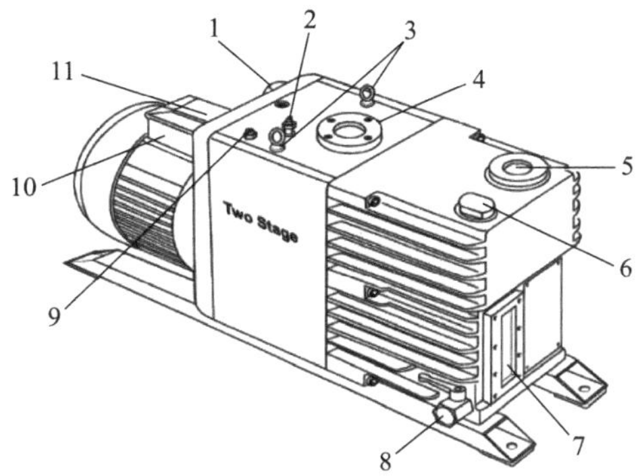

图 6-2　旋片真空泵外观图

1—油过滤；2—外置油过滤器接口；3—吊环；4—入口；5—排气口；6—加油口；7—油视窗；8—放油口；9—油压监测接口；10—电机；11—气镇控制阀

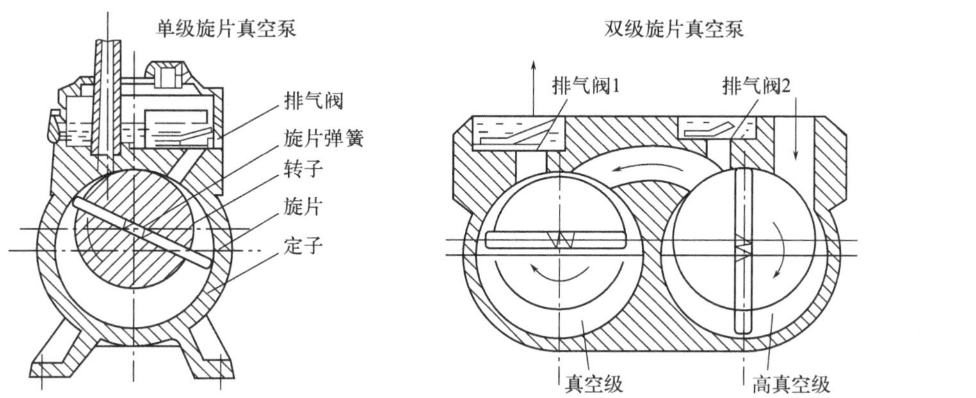

图 6-3　旋片真空泵内部截面图

(1) 泵体

泵体是旋片真空泵的主体，根据其安装结构的不同可以分为三种类型：整体式、中壁压入式和组合式，如图 6-5 所示。整体式结构要求加工精度高，高低真空级的两腔同心度不易保证。中壁压入式结构中高、低真空腔为一体，中壁经冷却后由压力机装入，结构简单加工和装配量小，但中壁尺寸公差要求严格。组合式结构各零件易于加工，加工面多、精度高、废品率低、互换性好，适合大批量生产。

(2) 转子

转子是旋片真空泵的核心部件。转子结构有三种形式：压套式、转子盘式和整体式，如图 6-6 所示。整体式结构加工件少，装配量小，但旋片槽加工困难，难以达到高精度，多用于大泵。转子盘式结构中两半转子盘用螺钉和锥销紧固后，两转子体之间形成旋片槽，这种结构零件多，加工装配量大，有较高的加工精度。压套式结构中，两半转子中间用衬块保证旋片槽宽，要求加工精度较高，装配较复杂。通常使用最多的是转子盘式。

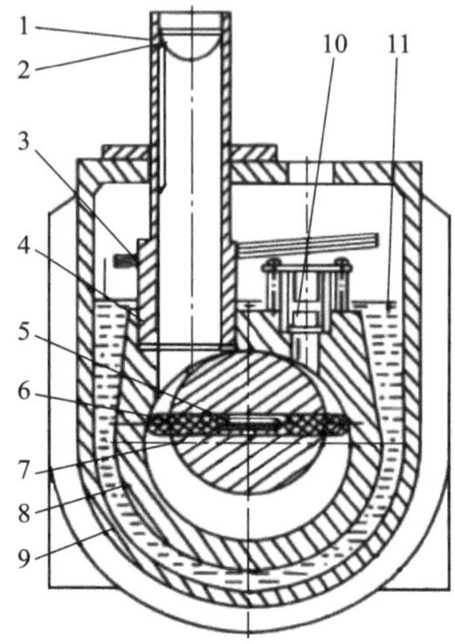

图 6-4　旋片真空泵的结构组成

1—进气嘴；2—滤网；3—挡油板；4—进气嘴 O 形密封圈；5—旋片弹簧；
6—旋片；7—转子；8—泵身；9—油箱；10—1 号真空泵油；11—排气阀片

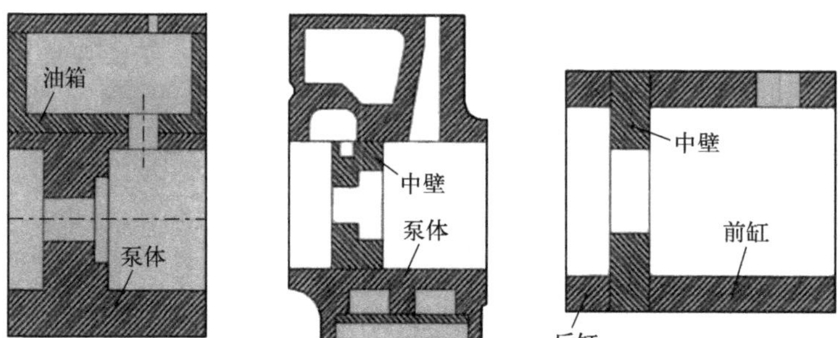

(a) 整体式　　(b) 中壁压入式　　(c) 组合式

图 6-5　旋片真空泵泵体分类示意图

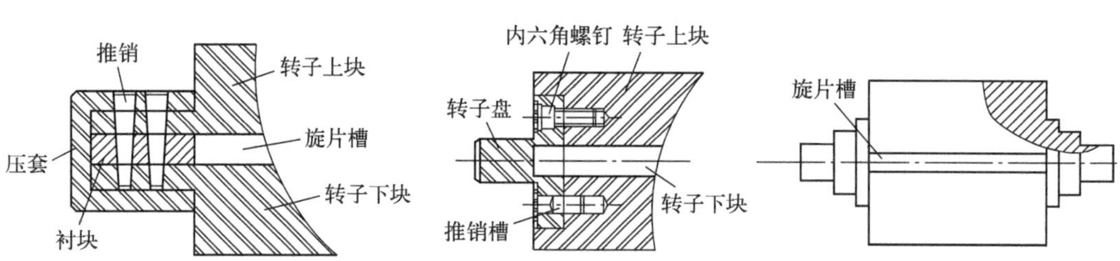

(a) 压套式　　(b) 转子盘式　　(c) 整体式

图 6-6　旋片真空泵转子分类示意图

(3) 气镇阀结构

由于旋片真空泵的抽气过程是压缩过程，当有水蒸气之类的可凝性气体时，且如果在排出泵腔前达到其饱和蒸气压力，就会凝结在油中，使泵油乳化变质，润滑密封性能变坏，凝结物在吸气腔中还会重新变成气态，导致真空度降低。由于排气腔的压力是由空气分压力和蒸气分压力两部分组成的，只有当二者之和足以克服排气阀的大气压力和弹力时，才发生排气。气镇阀的作用就是在排气发生之前向泵的排气腔充入一定量空气，以降低排气压力中的蒸气分压力，当它低于泵温下的饱和蒸气压时，可随充入气体排出泵外，而避免凝结在泵油中。另外，当密闭泵口运转时，已混入油内的可凝性气体的凝结物或气相就会溶于油中的物质，又会在泵腔内从油中逸出，这时如果打开气镇阀工作，可抽除一定量的可凝性物质，从而起到一定净化作用，延长泵油的使用期。气镇阀结构如图 6-7 所示。

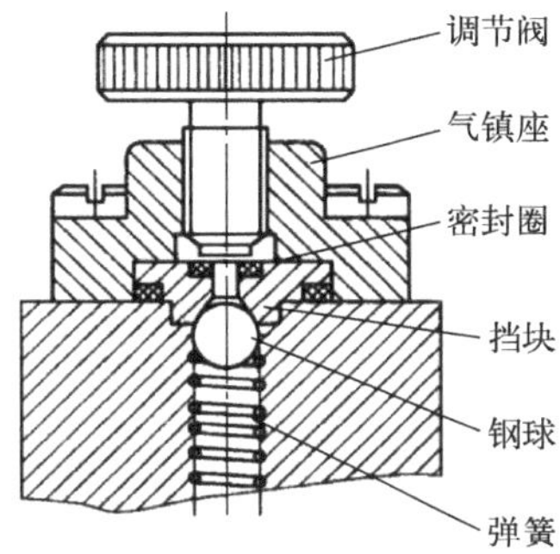

图 6-7 旋片真空泵气镇阀结构示意图

6.1.2 旋片真空泵的工作原理

旋片真空泵的工作过程（图 6-8）如下：

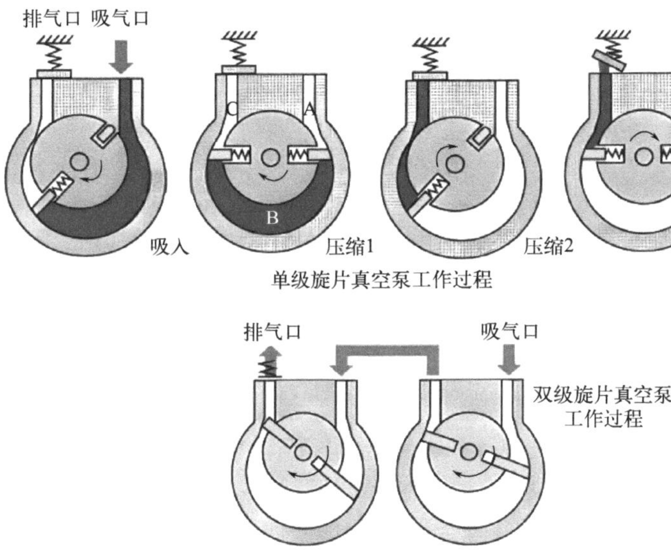

图 6-8 旋片真空泵工作过程

（1）初始状态

旋片真空泵在初始状态下，泵腔与吸气口和排气口相连，但尚未开始工作。此时，泵腔内没有压力变化。

（2）吸气阶段

当泵启动时，气体从吸气口进入泵腔。由于转子的旋转，与吸气口相通的空间 A 的容积逐渐增大，形成负压区，使得外部气体被吸入泵腔。这个过程中，空间 A 的压强逐渐降低，低于外部环境的压强，根据气体压强平衡的原理，外部气体被吸入泵腔。

（3）旋转与压缩阶段

随着转子的继续旋转，旋片沿泵腔内壁滑动，将泵腔分割成 A、B、C 三部分。空间

A 继续增大，同时空间 B 和 C 的容积开始减小。特别是空间 B，其容积逐渐缩小，压力逐渐增大，处于压缩状态。此时，被吸入的气体在 B 空间内被压缩。

（4）排气阶段

当转子继续旋转至某一位置时，空间 C 的容积进一步减小，其内部压力超过排气口的阻力，压缩后的气体被推出泵腔，通过排气口排出。在油封式旋片真空泵中，排气阀浸在油中以防止外部气体流入泵中，同时油还起到了密封和冷却的作用。

（5）重复循环

以上过程不断重复，形成了旋片真空泵的连续工作循环。气体被源源不断地吸入、压缩和排出，实现了连续的气体抽取。

6.1.3 旋片真空泵的极限压力

极限压力是指旋片真空泵稳定工作时所能达到的最低压力值。旋片真空泵开始工作后不久会出现最低工作压力，但一段时间后由于温度的升高，油液的饱和蒸气压等参数发生变化，会促使极限压力有小幅度的回升，最终达到一个稳定值。这个稳定值就是旋片真空泵的极限压力。对油封式旋片真空泵来说，有诸多因素影响极限压力，比如抽气时间、油液、加工精度、齿顶间隙，以及有害空间等。

① 油液对极限压力的影响主要是油液的高度和油液的温度。比如油液的高度大代表油循环量大，泵的密封效果就越好，极限压力就越低。因为在真空泵的运转过程中，旋片真空泵的油液中吸收的空气和水蒸气会释放出来，影响其极限压力。所以循环油量要适量。同样油温升高会使油液的饱和蒸气压随之升高，挥发的气态油液也多，导致旋片真空泵的极限压力升高，所以要尽可能地降低油液的温度。

② 间隙影响极限压力。旋片真空泵间隙指的是顶点间隙和断面间隙。间隙对旋片真空泵的极限压力影响比较大。间隙过大会导致旋片真空泵高压腔的气体向低压腔泄漏，严重影响旋片真空泵的极限压力，间隙小能降低旋片真空泵的极限压力，但会导致彼此摩擦力的增加，进而出现功率、磨损和散热等一系列问题。一般情况下间隙的取值要考虑润滑、泄漏和热膨胀等因素。

6.1.4 旋片真空泵的抽速

抽气速率是指旋片真空泵在单位时间内排除气体的体积。这里我们提到的抽速是指泵的几何抽速，按照额定转速运转时，在单位时间内抽出气体的体积。几何抽速 S 是吸气终了时吸气腔容积 V 与转子转数 n 以及旋转一周的排气次数 z 的乘积，即：

$$S=V\times n\times z=A\times L\times n\times z \tag{6-1}$$

其中，A 是吸气腔的截面面积，L 是泵腔宽度。

6.1.5 旋片真空泵的功率

旋片真空泵每个工作周期内都包含吸气、压缩、排气三个过程，其 P-V 关系如图 6-9 所示，ab 为吸气阶段，bc 是压缩阶段，cd 是排气阶段。

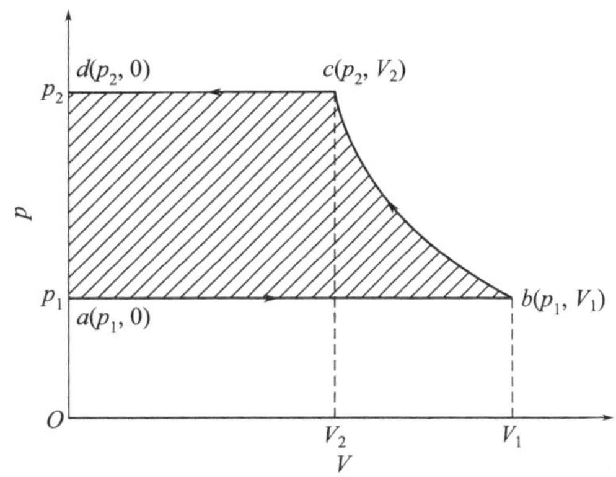

图 6-9　旋片真空泵一个周期内 P-V 关系图

所以其功率可以表示为：

$$W=\int_{P_1}^{P_2} V\mathrm{d}P \tag{6-2}$$

式中，V 为容积，P_1 和 P_2 为初态和终态的压力。

图 6-9 中 bc 是多变阶段，不能完全满足 $P_1V_1=P_2V_2$，可用 $P_1(V_1)^m=P_2(V_2)^m$ 代替，其中 m 为多变系数，一般取值为 1.3；功率是单位时间内做的功，因此功率 N 可以用如下公式表示：

$$N=P_1S\times[m/(m-1)]\times[(P_2/P_1)^{[(m-1)/m]}-1] \tag{6-3}$$

式中，S 是几何抽速。

6.1.6 旋片真空泵的转子半径和腔体半径

旋片真空泵的转子半径 d 与腔体半径 D 满足如下关系：

$$b=d/D$$

另外，泵的宽度 $L=a\times D$，式中 a 的取值范围是 0.4～0.5。

$$\text{转子半径 } d=b\times D\text{，其中 } b=0.75\sim0.9$$

则腔体截面面积 $A=\pi(D^2-d^2)\times K_\mathrm{v}$，其中 K_v 是面积利用系数。

b_i 和 $K_{\mathrm{v}i}$ 一一对应且满足公式（6-4），其中 i 取值范围是 1～22，其中 $b_1=0.75$，$K_{\mathrm{v}1}=0.860$

$$\begin{cases} b_{i+1}=b_i+0.01 \\ K_{\mathrm{V}i+l}=K_{\mathrm{V}i}-0.001 \end{cases} \tag{6-4}$$

6.1.7 旋片真空泵的转子偏心率和旋片长度

旋片真空泵的偏心率 e 满足如下方程：

$$e=\frac{1}{2}\times(2D-2d)=D-d \tag{6-5}$$

式中，d 为旋片真空泵的转子半径，D 为旋片真空泵的腔体半径。

旋片在转子槽内，随转子旋转，顶端始终与泵腔接触，并在转子槽内滑动，如图 6-10 所示。为防止因旋片太短或太长影响其自由滑动，旋片长度应满足，$h_2 \geqslant 0.4h$。所以旋片长度 h 满足如下条件：$h < \sqrt{D^2 - e^2} - \Delta$，其中 Δ 是冗余量（2～5mm）。

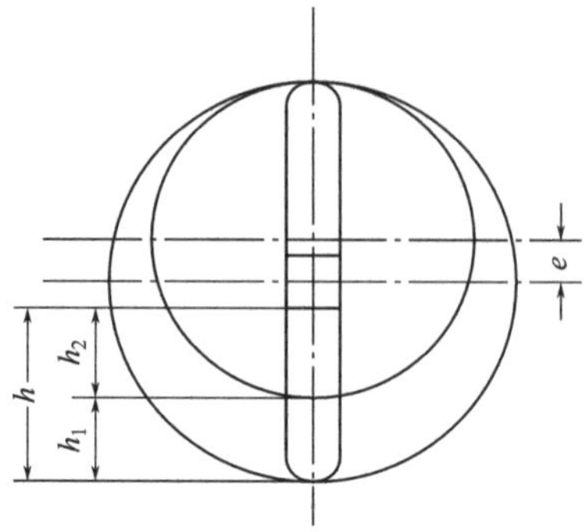

图 6-10　旋片真空泵旋片位置关系图

6.1.8　旋片真空泵的维护保养

（1）使用注意事项

① 油位检查与维护：确保油位在停泵时位于油标中心线，过低会影响排气阀的润滑效果，影响真空度；过高则可能在启动时引发喷油现象。运转过程中，油位上升属于正常现象。

② 油品选择与加油：使用指定牌号的清洁真空泵油，加油后确保旋紧螺塞，防止油液泄漏。油液最好经过过滤，避免杂质进入堵塞油孔。

③ 启动与操作：启动前确保泵口无异物阻塞，按照正确的启动程序操作。如果泵口装有电磁阀或其他附件，确保它们与泵同步操作。

④ 环境温度与油性能：高温环境下，油的黏度和饱和蒸气压会受到影响，可能导致极限真空降低。加强通风散热或选择性能更好的泵油可以改善极限真空。

⑤ 极限真空检测：使用压缩式水银真空计检测极限真空，充分预抽和泵温稳定后，运转 30min 即可达到极限真空。

⑥ 高湿度与可凝性蒸气：当被抽气体含有较多可凝性蒸气或环境湿度较高时，建议在接通被抽容器后先打开气镇阀，运行 20～40min 后再关闭。停泵前，同样建议开启气镇阀空载运行 30min，以延长泵油寿命。

⑦ 定期检查与维护：定期检查油质情况，发现油变质应及时更换新油。工作 2000 小时后应进行检修，检查橡胶密封件老化程度、排气阀片是否开裂等。

⑧ 安全操作：泵的安装场所应清洁、通风、干燥，避免抽吸含有颗粒、尘埃、腐蚀性物质或爆炸性物质的气体。系统不能漏气，匹配的容器不能过大，以免影响泵的使用寿命。

（2）使用注意事项

① 泵温太高：指排气阀附近所测得的油温超过说明书规定值。泵温太高的原因可能是泵环境温度太高、进气温度太高、进气冷却装置失效、水冷泵冷却水量不足或循环水设计效果不佳等。

② 漏油：可能发生在轴封、油箱与泵零部件的密封面、放油塞、油标、定子部件与支座的通孔衔接处等部位。可能由密封件老化、装置不当、外表不平整、有杂质、铸件疏

松等引起。

③ 漏水：多发生在水管接头及放水孔螺塞等处，可能是铸件缺陷或管路冻裂而引发的漏水。

④ 功率过高：可能是入口压力太高，排气压力太高，杂物进入发作咬合，泵温太高，旋片等配合间隙太小，导致电压过高，会导致电机损坏。

⑤ 极限压力不达标：可能因外漏、内漏、油孔堵塞、泵油质量不良、有水汽可凝性物质或泵运转不正常等引发。外漏较多时，排气口可看到白色蒸汽，手在排气口上可感到排气压力，低级排气阀处油面有较多气泡，内漏可能因泵内的运动间隙、排气阀的密封面不严、内轴封损坏、进气管或气镇阀密封件坏损等引发。

6.2 滑阀真空泵

图 6-11 一种滑阀真空泵

滑阀式油封机械真空泵（简称滑阀真空泵）同旋片真空泵一样，也是一种变容式气体传输泵，其使用条件与旋片真空泵基本相同，结构形式上有立式和卧式两种，如图 6-11。滑阀真空泵由于其结构特点，容量比旋片真空泵大得多，因此常常被用在大型真空设备上。滑阀真空泵有单级和双级两种型式。单级泵的极限压力对小泵≤0.6Pa，对大泵≤1.3Pa（均关气镇阀），双级泵的极限压力≤0.06Pa（关气镇阀）。双极 2H 滑阀真空泵最大抽速为 300L/S。由于滑阀真空泵的旋转质量有较大的偏心，如果滑阀没有很好的质量平衡，在运转时会产生较大的振动。但泵旋转质心的运动轨迹是形状复杂的封闭曲线。滑阀真空泵通常与罗茨泵组合成机组工作，罗茨滑阀真空机组具有显著的节能效果，真空度高，高真空区间抽气量大，可广泛应用于电力工业的变压器、电线电缆、电容器的真空浸渍、真空干燥工艺，是真空镀膜、真空冶炼、真空热处理、真空滤油、冷冻干燥，航空模拟试验较理想的真空设备。如抽吸含有少量水蒸气或少量粉尘的气体，应加装过滤装置。

6.2.1 滑阀真空泵的组成

滑阀真空泵的主要结构包括泵体、偏心轮、滑阀环、滑杆、导轨等一系列组件。与旋片真空泵类似，滑阀真空泵也设有气镇阀，气镇孔开在排气口附近或端盖上，以排除含可凝性蒸气的气体，并在泵出口设置油气分离器，减少泵油的损耗和对环境的污染。图 6-12 是典型的滑阀真空泵结构图。

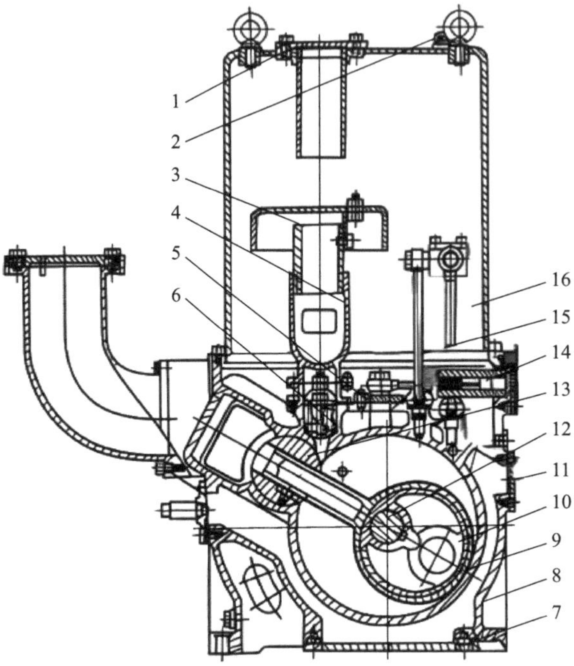

图 6-12　滑阀真空泵结构图

1—排气口盖；2—加油螺塞；3—挡油帽组件；4—排气罩；5—排气座；6—排气阀组件；7—底盖；8—泵体；9—滑阀；10—偏心轮；11—长闷板；12—轴；13—导轨组件；14—滤油器组件；15—油路组件；16—油箱组件

6.2.2　滑阀真空泵的工作原理

如图 6-13 所示，与泵腔同心的驱动轴带动偏心轮旋转，偏心轮带动滑阀环运动，使滑阀杆在导轨上下滑动和左右摆动。滑阀将泵腔分成 A、B 两个部分。当驱动轴按图中所示方向转动时，A 腔容积增加，压力降低，气体经入口、滑阀杆（A 腔一侧开口）进入 A 腔，此时处于吸气过程。滑阀继续顺时针向左上位置运转，A 腔容积达到最大时，进气口

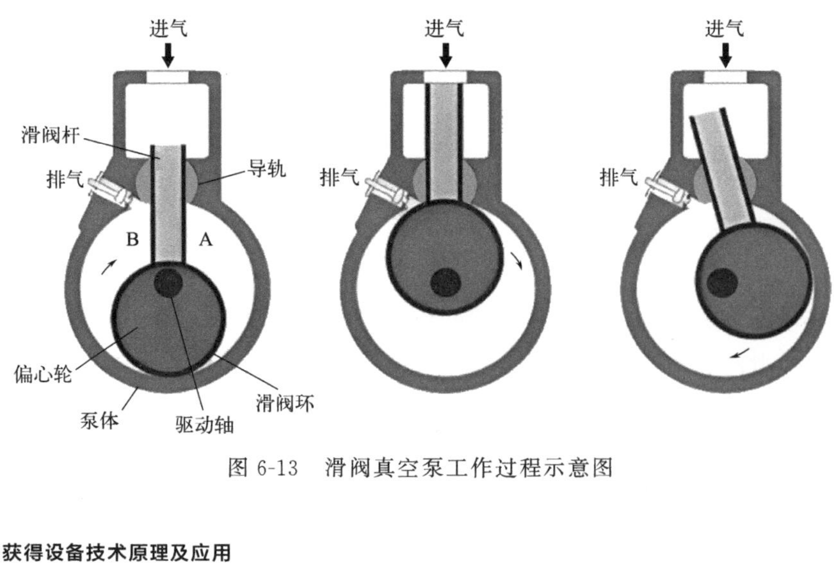

图 6-13　滑阀真空泵工作过程示意图

与A腔隔绝，吸气过程结束，与此同时，B腔处于容积不断地减小、压缩气体的过程。当B腔气体压力达到排气压力时，推开油封的排气阀，开始排气。当滑阀处于正上方的位置时，排气结束（A腔容积也处于最大），新一轮的循环过程开始。

6.2.3 滑阀真空泵的结构介绍

（1）降低不平衡振动的设计考虑

滑阀真空泵在工作过程中，为了减少滑阀不平衡惯性力引起的振动，对于常用于大、中型泵的单缸单级泵，要在驱动轮对面一侧加平衡轮，并在驱动轮上加不平衡质量进行平衡减振；对于常用于中、小型泵的双缸滑阀泵，通常将两个滑阀长度比设定为2∶1，并相差180°摆放，然后再在驱动轮上加上不平衡质量，如图6-14所示。

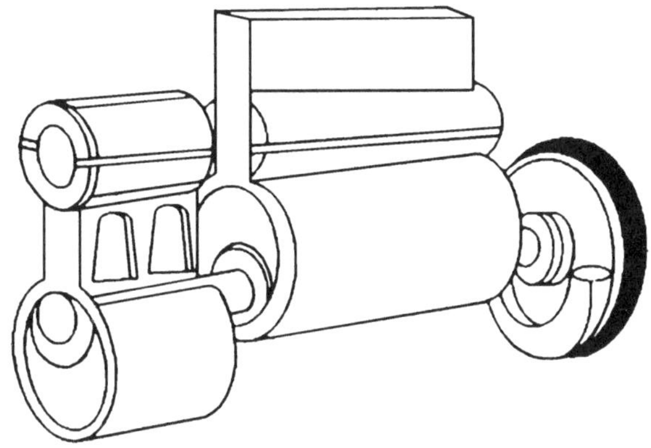

图6-14　双缸滑阀的平衡

（2）油雾捕集器设计

滑阀真空泵的排气过程中，悬浮在被抽气体中的油滴随气体一起被排出，在泵的出口形成油雾，由此产生了油封机械泵的排气喷油现象。随着油封机械泵进气压力的升高，油雾的生成量也随之上升，喷油现象也越来越严重。随排气而排出的大量油滴由于扩散及吸附作用，会在极大范围内附着在物体表面形成油附着层，此附着层形成的速度取决于排出气体的油滴含量、排气方法以及被附着材料的表面性质。该附着层会对周围环境构成严重的污染，并妨碍操作人员的身体健康。为了降低或者减缓这个现象，通常采用如下两种方法：

① 在泵的排气口接上管道，并通向室外的油气分离装置。小型泵可用橡胶管道，大型泵用金属管道。这种方法适用于大型真空设备，以及泵有固定安装位置的情况。

② 在机械泵的排气口上，安装分离油雾的捕集器。油雾分离捕集器可以把真空泵油从被抽气体中分离出来，使泵油重新返回到机械真空泵的油箱中。油雾捕集器的挡油体是用多孔材料制成的，有一定的消声作用，可以降低机械真空泵的排气噪声。

图6-15给出了两种油雾分离捕集器的结构简图。这两种油雾分离捕集器均采用过滤分离原理，其主要部件挡油体即过滤元件是用多孔材料制成的。其中图6-15（a）结构适用于小型滑阀真空泵，可过滤的油滴直径大约为0.01～0.8μm，这种直径大小的油滴需要

采用特殊纤维制成的过滤装置来实现油气分离，利用足够小的微孔吸收油雾。过滤元件3是用多孔树脂与玻璃纤维压成片，再卷成圆筒制成的，置于圆筒形油雾分离器之中，排出的气体由泵出口进入分离器，气体经过过滤元件后，到达过滤器出口时已经得到净化。油在分离器中被收集，收集的油量可由观察窗看到。当过滤元件被堵时，压力将增加。当压力达到 1.5×10^5 Pa 时，分离器的安全阀打开，此时必须清洗或更换过滤元件。

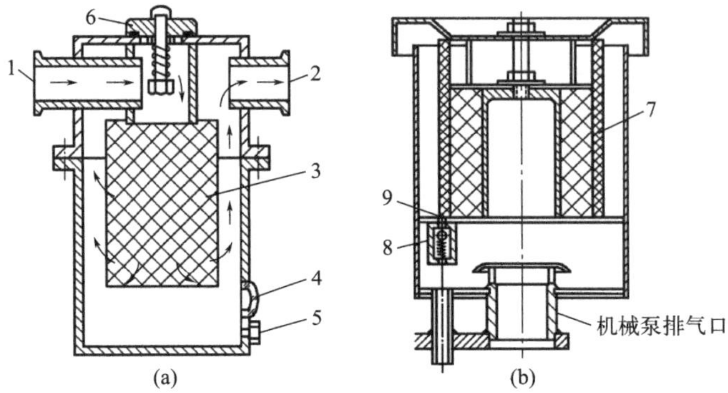

图 6-15 油雾分离捕集器

1—进气口；2—排气口；3，7—过滤元件；4—观察窗；5—放油口；6—安全阀；8—单向阀；9—贮油盘

图 6-15（b）所示结构适于大型机械泵，其主要部件有：挡油过滤元件、单向阀及贮油盘。其挡油过滤元件是由玻璃毡及金属网构成的。滑阀真空泵工作时，含有油雾的气流经过挡油体过滤后，气体被排到大气中去。而油雾被过滤元件分离出来变成油，并聚集在贮油盘中。贮油盘下面装有单向阀，此阀由阀片及弹簧构成，弹簧支撑阀片。弹簧弹力很弱，当泵停止排气时，由于阀片的自重或贮油盘的油压力可以使单向阀打开，油经过单向阀流回到油箱中。泵排气时，由于排气口处的压力大于大气压，因而使单向阀处于关闭状态，气流只有经过挡油过滤元件才能到大气中去，这样便达到了分离油雾的目的。

6.2.4 滑阀真空泵的关键参数

滑阀真空泵的性能参数包含极限压力、抽气速率、功率、转速、温升等，由于偏心力的存在，限制了滑阀真空泵的转速，其转速范围一般为 350～600r/min。对于泵腔直径为 D，长度 L，滑阀环直径为 d，偏心轮的偏心距为 e，转速为 n，并联缸数目为 Z 的滑阀真空泵，其几何抽速 S_{th} 是名义抽速（泵铭牌抽速）的 1～1.2 倍，则 S_{th} 满足如下公式：

$$S_{th}=\frac{\pi}{4}(D^2-d^2)\times L\times n\times Z \tag{6-6}$$

假设 $L/D=a$，$d/D=b$

则
$$D=\sqrt[3]{\frac{4S_{th}}{\pi\times a\times n\times Z(1-b^2)}} \tag{6-7}$$

偏心距 $e=\frac{D}{2}-\frac{d}{2}$。

单缸泵时系数 $a=0.9\sim1.2$，双缸泵时 $a=0.6\sim0.75$，大泵取大值，小泵取小值。大泵取大值可不使滑阀径向尺寸过大，降低其圆周速度，不使泵温过高，影响泵油的密封性，保证泵的极限压力，同时不使泵的振动、噪声和磨损过大；小泵取小值，适当增大泵腔的径向尺寸，提高其加工工艺性。系数 $b=0.65\sim0.7$，b 取值小，可以提高泵的抽速，但 b 值的减小，即滑阀环直径 d 值的减小受转轴强度、滑阀环强度、偏心轮最薄处强度的制约。因此滑阀环的直径 $d=(D/2)+$转轴半径$+$偏心轮最薄处厚度$+$滑阀环的厚度。

6.2.5 滑阀真空泵的保养维护

滑阀真空泵的保养维护主要包括以下几个方面：润滑、清洗、部件检查和更换。首先，润滑是滑阀真空泵保养中的重要步骤，正确的润滑可以减少部件磨损，提高泵的使用寿命。具体方法包括：将合适的油滴入泵体的油孔中，注意不要过量；每隔一段时间应更换润滑油和清洗泵体内部。其次，为了保持泵的清洁，稳定泵的性能，需要定期进行检测。具体步骤如下：

① 排气阀检测：检查排气阀与导轨的间距，确保间距适当，避免漏气。如果间距过大，需要调整排气阀位置。

② 泵轴检测：测量泵轴的磨损程度，确保其直径在出厂设定的范围内。如果泵轴磨损严重，需要更换。

③ 滑阀检测：检查滑阀与泵体之间的间距，保持在 0.03～0.15mm，避免摩擦和磨损。如果滑阀磨损严重，需要及时更换。

④ 轴承检测：使用振动测试仪检测轴承的磨损程度，如果磨损严重或有锈斑，需要及时更换。

此外，根据实际使用情况，可以适当缩短维护时间间隔，特别是在灰尘较大的工作环境中，更需要频繁检查和保养，以确保泵的性能和寿命。

第7章 往复真空泵

7.1 概述

往复真空泵是通过活塞往复运动使泵腔（气缸）的工作容积周期性地变化来抽气的真空泵，又称活塞真空泵，如图 7-1 所示。它是正位移泵的一种，应用比较广泛。往复真空泵的结构与往复活塞压缩机相似，工作时，吸气管接被抽真空容器，排气管直通大气。往复真空泵抽气量较大，抽气速率范围为 45～20000m^3/h，单级泵极限压力约为 10^3Pa，双级泵可达 1Pa。往复真空泵可用于真空蒸馏、真空浓缩、真空结晶、真空过滤、真空干燥和混凝土真空作业等。在泵的吸气口处若安装冷凝器，可抽除含水蒸气的气体，若安装过滤器，则可抽除含尘气体。与旋片真空泵相比较，它能被制成大抽速的泵；与水环式真空泵相比，效率稍高。这类泵的主要缺点是结构复杂，体积较大，运转时振动较大等。

7.2 工作原理

图 7-2 为往复真空泵的工作原理图，往复真空泵的主要部件是气缸及在其中做往复直线运动的活塞，活塞由曲柄连杆机构（包括十字头）驱动。除上述主要部件外还有排气阀和吸气阀等重要部件，以及机座、曲轴箱、动密封和静密封等辅助部件。运转时，在电动机的驱动下，通过曲柄连杆机构的作用（旋转运动转变成直线运动），使气缸内的活塞做往复运动。具体过程如下：

① 吸气过程。当活塞在气缸内从左端向右端运动时，由于气缸的左腔体积不断增大，左腔空间的压强不断地降低。当左腔空间内的压强低于被抽容器内的压强，根据气体压强平衡的原理，被抽容器内的气体经过吸气阀不断地被抽进左腔，此时正处于吸气过程。当活塞达到最右位置时，气缸左腔内就充满了气体。

② 压缩过程。接着活塞从右端向左端运动，此时吸气阀自动关闭。气体随着活塞从右往左运动而逐渐被压缩。

③ 排气过程。当气缸内的气体达到排气压力时，此时排气阀被打开，气体被排出，完成了一个工作循环。

重复上述循环，如此反复下去，被抽容器内最终达到某一稳定的平衡压力。为提高抽气效率，一般在气缸的两端均设有吸气阀和排气阀，然后用管路将气缸两端的吸气口和排气口并联起来。

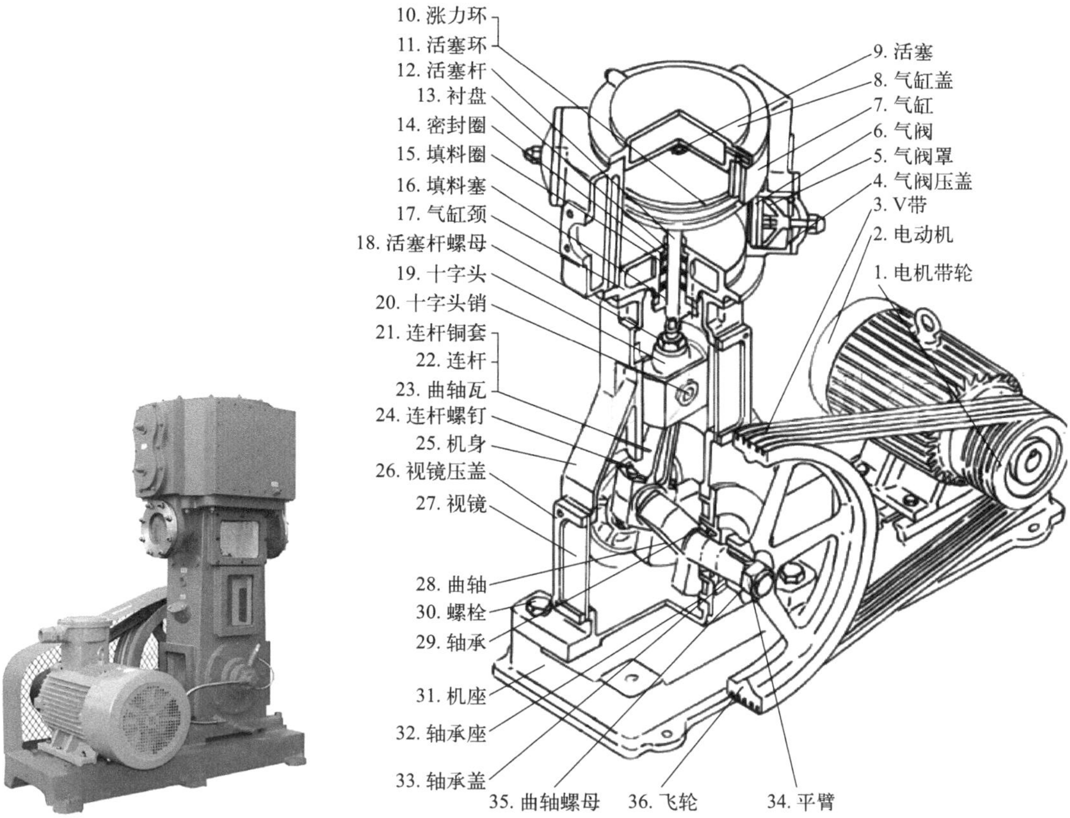

图 7-1　往复真空泵

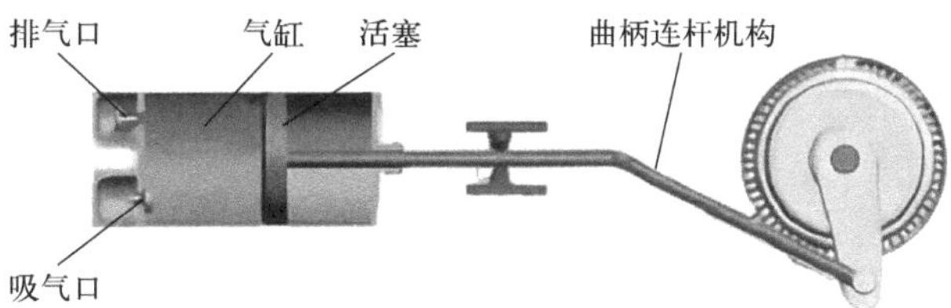

图 7-2　往复真空泵工作原理图

7.3　组成结构

往复真空泵由机械传动部分和气体流通部分两部分组成。机械传动部分整个结构原件装在一个封闭的机体内，曲轴被支承在机体两旁的圆锥滚子轴承中。往复真空泵曲轴一端装有一个大带轮，以驱动传动部分。连杆把曲轴的轴颈和十字头连接起来。活塞杆的一端旋入十字头的螺孔中，另一端装在活塞的锥孔中并以螺母固定。往复真空泵电动机和装在轴上的小带轮通过 V 带带动曲轴旋转，这样通过连杆和十字头的作用，使活塞在气缸中做往复运动。往复真空泵连杆曲轴机构在机体内运动时，使油池中的润滑油飞溅以润滑轴承、曲轴颈、十字头和滑道等摩擦表面。往复真空泵的结构主要由以下几个部分组成：缸体、活塞、吸气阀和排气阀、传动机构。由往复真空泵的结构剖面图（图 7-3）可知，其分为上缸体（进排气阀、活塞及活塞杆、活塞环、导向环、涨力环、上填料总成）、下缸体（下填料总成、十字头、十字头销、连杆、接杆、连杆大轴瓦、连杆小轴瓦、曲轴、轴承、连接套、油泵总成）、大小带轮等。

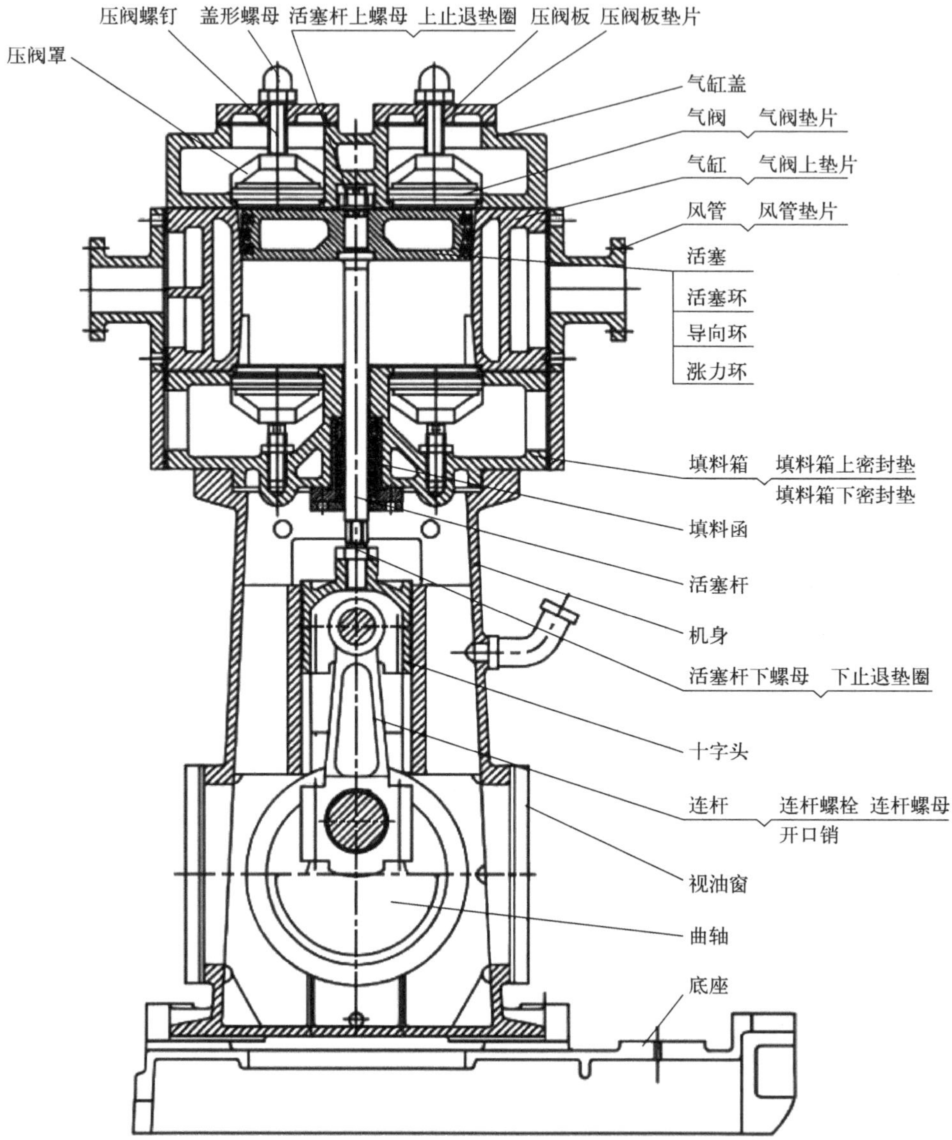

图 7-3　往复真空泵内部结构剖面图

① 缸体：缸体是泵的核心部分，活塞在缸体内进行往复运动。缸体的设计直接影响泵的效率和稳定性。

② 活塞：活塞通常由金属或合成材料制成，是实现工作容积变化的关键部件。活塞的往复运动使得气体被吸入和排出。

③ 吸气阀和排气阀：控制气体的进出，确保泵的正常运行。吸气阀允许气体进入泵内，排气阀则将气体排出泵外。

④ 传动机构：包括连杆、曲轴等，将动力传递给活塞，使其进行往复运动。

7.4 往复真空泵基本参数

7.4.1 几何抽速

如图 7-2 所示的往复真空泵，其几何抽速 S_{th} 满足如下公式：

$$S_{th}=\frac{\pi\times D^2}{4}\times L\times n\times i \tag{7-1}$$

式中，D 为气缸的直径，L 为气缸的行程长度，n 为曲轴的转速，i 为气缸数。这个公式里面没有考虑活塞与气缸之间缝隙引发的泄漏量以及由压缩带来的气体温度上升导致的容积率减小等因素，实际应用中要考虑这些因素带来的影响，要进行扣减。

7.4.2 极限压力考虑

往复真空泵的极限压力受多种因素影响，主要包括泵的结构设计、工作介质的性质以及泵的运行状态等。首先，泵的结构设计是影响极限压力的重要因素。泵体内部的密封性能、进气口和排气口的设计等都会直接影响极限压力。密封性能好、进气口和排气口设计合理，通常能够获得更低的极限压力。其次，工作介质的性质也会影响极限压力。被抽气体的种类、温度、压力等因素会影响泵内气体的流动和压缩过程，从而影响极限压力。最后，泵的运行状态也是影响极限压力的关键因素。泵的运行速度、油位、油温等因素会影响泵的性能，从而导致极限压力的变化。降低极限压力的具体关键措施如下：

① 降低吸、排气阀的阻力损失，设计超薄型气阀，阀盖、阀座减薄之后缩短了气道长度，减小了流动阻力，减少了阀孔造成的余隙容积。

② 余隙容积对真空度的影响很大，设计时应尽可能减小余隙容积。比如轴向布置气阀，或者是靠近气缸中心，这样气阀不产生偏置，尽量减小余隙容积；采用超薄型气阀、阀盖、阀座，也能使气阀通道造成的余隙进一步减小。

③ 不要把往复真空泵的转速设计太高，因为转速高了以后，在一定的抽气速率下，行程就短，而装气阀，缸径又不能太小，会引起余隙容积增大，对提高真空度不利。

④ 密闭考虑，通常有两个地方需要关注，一个是填料密封性能，密封不好，空气会漏入气缸，降低泵的真空度。另外一个是活塞环，既要考虑运动摩擦又要考虑密闭性。

7.5 往复真空泵保养维护

往复真空泵的保养维护主要包括以下几个方面：

① 定期检查和清洁：定期检查泵的各个部件，包括管路、结合处是否有松动，泵体内部是否有杂质积累。清洁泵体可以避免杂质对泵的影响，保持泵的正常运行。

② 润滑保养：根据泵的润滑方式，定期加入适量的润滑油，并检查润滑油的充足性

和清洁度。润滑油应及时更换或补充，以减少泵的摩擦和磨损。

③ 密封维护：定期检查密封件，如O形圈、填料室等，确保其完好无损。磨损或老化的密封件应及时更换，以避免泄漏。

④ 电机维护：定期检查电机的绝缘电阻值，调整和清洗轴承，确保电机正常工作。动态监测励磁电流，确保电机良好散热。

⑤ 温度控制：避免泵长时间在高温环境下工作，采取降温措施，如增加散热设备或减少工作负荷，以延长泵的使用寿命。

⑥ 预防性维护：定期进行全面检测，包括检查泵的各个零部件是否正常，排查潜在的故障原因。

第8章 爪式真空泵

8.1 概述

爪式真空泵利用连接在两轴上的成对的爪形转子之间、转子与泵腔内壁之间以及转子与隔板之间进行有间隙、无摩擦的啮合所形成的密闭腔的容积大小变化来完成吸排气过程。其核心组件是一对相互啮合的爪形转子，这些转子在泵腔内旋转时并不接触，从而实现无摩擦运转，如图 8-1 所示。这一设计不仅避免了传统真空泵中常见的润滑油污染问题，还减少了机械磨损，使得爪式真空泵在多种工业应用中表现出色。

(a) 爪式真空泵内部图

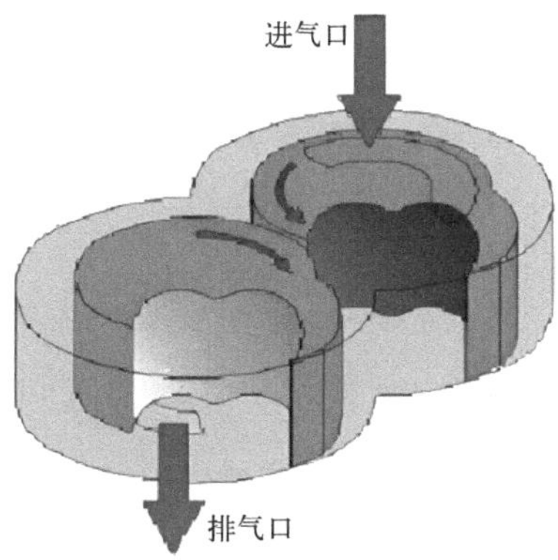

(b) 爪式真空泵内部转子

图 8-1　爪式真空泵结构图

在工作过程中，爪式真空泵通过两个同步转动的爪形转子来捕获和压缩气体。转子的特殊设计和精准的同步运动轨迹确保了气体的高效压缩和排放。由于转子之间没有直接接触，摩擦和磨损被大大降低，这显著延长了泵的使用寿命，降低了维护成本。泵体内部的高精度制造和装配工艺进一步保证了设备的稳定性和耐用性。

爪式真空泵在多个行业中得到了广泛应用。在化工行业，因其处理腐蚀性或敏感气体的能力而被广泛采用，确保了生产过程中的安全性和产品纯度。在制药行业，爪式真空泵被用于真空蒸馏、干燥和过滤等关键工序，帮助维持严格的卫生标准和质量控制。在食品加工领域，爪式真空泵用于真空包装和冷冻干燥，延长食品的保质期，保持食品新鲜度。此外，这种泵的能效高、运行安静、振动小，使其成为许多工业和实验室的理想选择。随着科技的不断进步，爪式真空泵的设计和制造技术也在不断提升，其性能和可靠性持续改进。同时，随着环保和节能需求的增加，爪式真空泵的无油设计和低能耗特性也使其符合现代工业发展的趋势。

近年来真空技术的应用日趋广泛，行业对真空泵的使用寿命、所能达到的压缩比、转速及动平衡性等方面更加关注。那么对于爪式真空泵，目前多采用干式真空泵，且采用多级爪式转子串联或罗茨转子与多级爪式转子串联组合成干式真空泵。图 8-2 为卧式多级爪式真空泵内部转子示意图，四级泵腔依次串联，每级泵腔内各有一对共轭啮合，做同步反向运动的爪形转子。四级泵腔中的第一级泵腔为吸气级，其吸气容积比后面三级大，形成级间压缩。四对转子装在两根平行轴上，轴由上下两端轴承支撑，泵腔级与级之间有隔板，隔板上有吸排气通道。电机首先通过一组过渡齿轮将动力传递至其中一根转子轴上。随后该轴通过一对精密加工的同步齿轮将动力同步到另一根转子轴上。这对同步齿轮的核心作用是确保两个爪形转子始终维持既定的相位角，实现非接触的同步反向旋转。图 8-3 为立式多级爪式真空泵内部转子示意图。

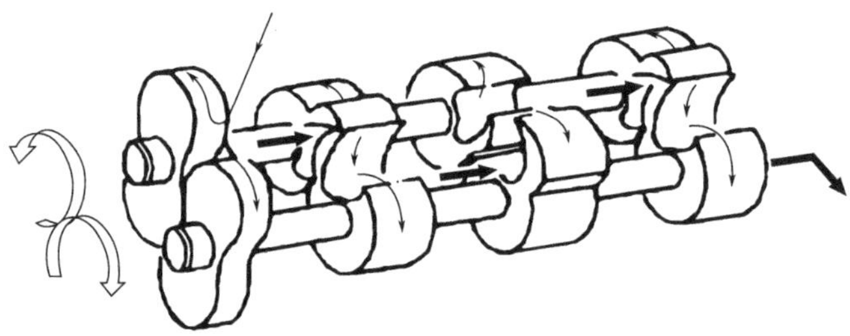

图 8-2　卧式多级爪式真空泵内部转子示意图

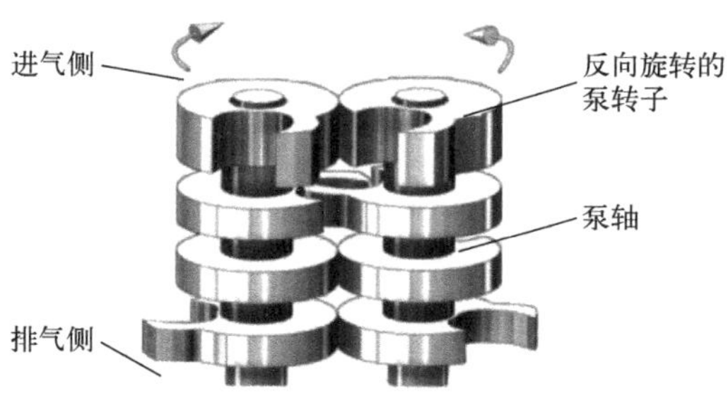

图 8-3　立式多级爪式真空泵内部转子示意图

这两种结构的多级爪式真空泵其转子之间及转子与泵腔内部都留有微小缝隙，转子悬浮于泵腔使得过流部分无任何实质性接触摩擦，也不需要润滑，可以长期稳定保持极限真空、抽速、压缩比不变，寿命长。整个爪式真空泵的截面俯视图及其关键组件如图 8-4 所示。

8.2 爪式真空泵的工作原理

爪式真空泵的工作过程如图 8-5 所示。在图（a）位置，A 腔和进气口接通，随着转子同步反方向运动 A 腔的容积变大，气体就吸入泵内，B 腔内的气体也在转子对的作用下得到了压缩，这个过程为吸气过程。图（b）位置，A 腔的容积继续变大，继续吸气，同

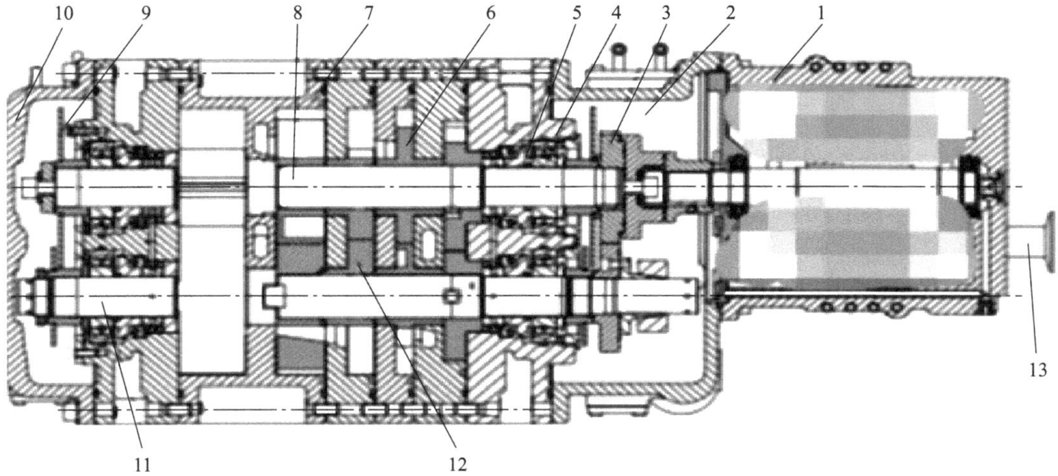

图 8-4　多级爪式真空泵截面示意图

1—电机；2—油箱；3—齿轮；4—轴承；5—密封装置；6，12—转子；
7—腔体；8，11—轴；9—甩油盘；10—油箱；13—排气口

时 B 腔的容积在转子同步反方向运动下逐渐变小，运动到和排气口接通的位置，气体通过排气口排到下一级，这个过程一直持续到图（c）位置，吸气和排气同时进行，简称吸排气过程。在图（c）位置，A 腔容积达到了最大，吸气结束，B 腔的容积达到了最小，排气结束。一对转子挡住了进气口和排气口，起到了自动关闭进排气口的作用；在图（d）位置随着转子的运转，B 腔内没有被排出去的气体和 A 腔内被吸入的气体混合到了一起，既不吸气也不排气，我们称为过渡过程。通过不间断重复以上几个过程，实现真空。

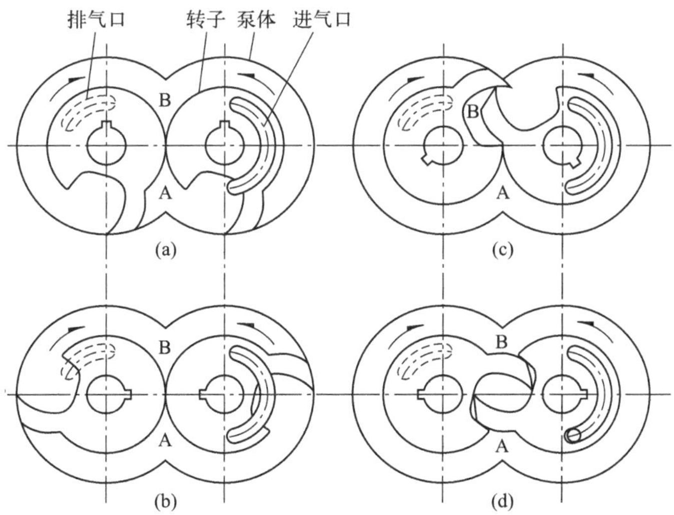

图 8-5　多级爪式真空泵截面示意图

对于多级爪式真空泵，在第一级的排气口位置，设计一个通道，这样第一级排出去的气体能进入第二级的进气口。同时为了保证在前一级排气时，下一级泵体开始吸气，同步转子之间应保留相位差。

8.3 爪式真空泵转子型线结构

根据爪形转子的工作原理可以知道，其型线往往是由多段曲线构成（端面型线一般是由多段摆线、圆弧等组成），且每条曲线都有对应啮合的点或曲线，尤其是曲线和曲线的啮合部分十分重要。曲线之间的共轭对于转子工作过程中的稳定性起着十分重要的作用。共轭曲线的求解需要平面啮合理论的支撑。共轭曲线的求解方式有多种，主要有曲线包络法、运动学法、啮合法线法。本节介绍曲爪式和直爪式两种型线结构。

8.3.1 曲爪式型线结构

曲爪式型线结构主要包括以下几个部分：

① 爪形转子型线。这种转子型线通常由多段曲线组成，包括圆弧、椭圆弧及其包络线等。各段曲线在爪顶、爪尖、爪底处通过特定的数学方程和几何构造方式连接，确保转子在运转过程中能够实现正确的啮合，并且相邻曲线之间光滑连接，没有不光滑的连接点。

② 型线设计方法。曲爪式转子的设计注重提高转子的力学性能、啮合性能和密封性能。通过优化型线的构建方法，如数值模拟和受力分析，来确定最佳的性能曲线。例如，通过增加爪尖半径来减小工作压力比和最大应力，从而提高转子的工作效率和耐用性。

③ 特殊结构。为了进一步提高转子的使用性能，曲爪式转子在设计中会采用一些特殊结构，如修正圆弧段和点啮合外摆线的等距曲线。这些特殊结构能够消除尖点，避免运行过程中的严重磨损，同时增加设计参数空间，降低功耗，提高泵效率。

曲爪式真空泵的转子型线通过数值模拟和受力分析，可以得到最佳的性能曲线，使转子在工作过程中能够更好地密封和啮合，从而减小功耗，提高压缩比和抽速。此外，特殊结构的采用进一步减少了磨损和噪声，提高了整体性能。通常曲爪式转子的轮廓型线主要由六段不同的曲线围合而成，其中包括三段圆弧和三段摆线。曲爪式转子成型的关键在于摆线的建立，曲爪式转子的三条摆线里有两条是相互对称的长摆线，还有一条独立的短摆线，如图 8-6 所示，ab 和 ef 为长摆线，cd 为短摆线。

① 由前文可知长摆线 ab 的方程是

$$X(t)=R_2\times\cos t-R_1\times\cos(2t)$$

$$Y(t)=R_2\times\sin t-R_1\times\sin(2t)$$

② 短摆线 cd 的方程是

$$X(t)=R_2\times\cos t-R_2\times\cos(2t)$$

$$Y(t)=R_2\times\sin t-R_2\times\sin(2t)$$

③ 圆弧 bc 的方程为

$$X(t)=R_1\times\cos t$$

$$Y(t)=R_1\times\sin t$$

④ 圆弧 de 的方程为

$$X(t)=R_2\times\cos t$$

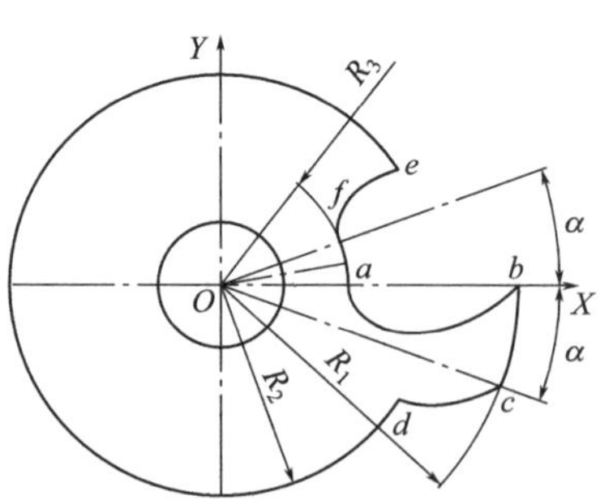

图 8-6 曲爪式型线结构示意图

$Y(t)=R_2 \times \sin t$

⑤ 摆线 ef 的方程和摆线 ab 的方程一致，需要对 ab 经过一系列变化得到 ef，但是轮廓形状是一致的。

⑥ fa 的形状是一段圆弧，其方程为

$X(t)=R_3 \times \cos t$

$Y(t)=R_3 \times \sin t$

上述各段曲线的啮合关系如表 8-1 所示。

表 8-1 曲爪式转子啮合对应关系

主动转子	从动转子	啮合关系
长摆线 AB	尖点 b	点与摆线
爪顶圆弧 BC	爪底圆弧 fa	圆弧与圆弧
短摆线 CD	尖点 e	点与摆线
分度圆弧 DE	分度圆弧 de	圆弧与圆弧
长摆线 EF	尖点 c	点与摆线
爪底圆弧 FA	爪顶圆弧 bc	圆弧与圆弧

8.3.2 直爪式型线结构

直爪式型线是一种用于干式真空泵的转子型线，旨在提高泵的性能和耐用性。这种型线结构通过特定的几何形状和设计方法来减少应力集中，提高泵的热状态下的运转效率和稳定性。直爪式型线结构主要包括以下几个部分：

① 爪尖直线：连接爪尖的直线部分，通常首尾相连，形成闭环。

② 摆线：在爪臂和爪底处出现的摆线部分，通过长幅外摆线的等距方法生成，以增强结构的强度和耐用性。

③ 圆弧：包括爪顶圆弧、节圆圆弧、爪底圆弧、爪臂处圆弧和去锐角圆弧等，这些圆弧的设计旨在减少应力集中，提高密封性能。

④ 节圆位置：由三段不同半径的圆弧组成，以提高转子在工作过程中的均匀性和稳定性。

这种型线设计的主要优点包括：

① 减少应力集中：通过去除尖点和使用圆弧过渡，有效地减少了应力集中现象，提高了转子的强度和耐用性。

② 提高密封性能：合理的圆弧设计改善了爪尖处的力学性能和密封性能，减少了泄漏的可能性。

③ 增强运转平稳性：节圆位置的三段圆弧设计提高了热状态下啮合间隙的均匀性，保证了运转的平稳和高效。

通常直爪式转子的组成型线主要有七段，包括两段长摆线、三段圆弧、一段线段和一

段与直线段共轭的直线包络线，如图 8-7 所示。

直爪式转子的长摆线部分和曲爪式的生成方式一致。曲爪和直爪的不同之处主要在于直线和直线包络线的成型。

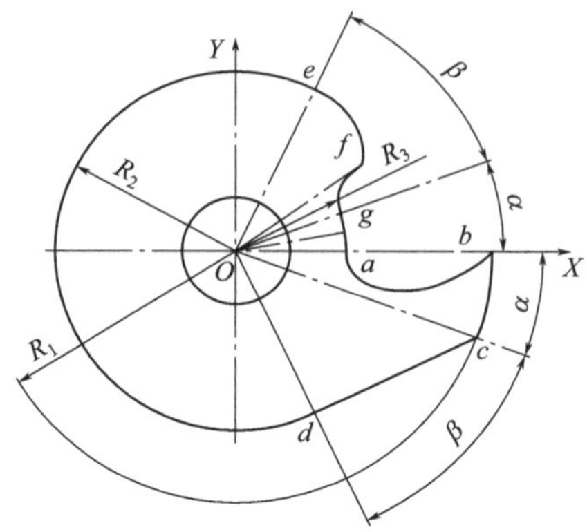

图 8-7　直爪式型线结构示意图

直爪式转子的各段方程如下：

① 摆线 ab 的方程是

$X(t)=R_2\times\cos t-R_1\times\cos(2t)$

$Y(t)=R_2\times\sin t-R_1\times\sin(2t)$

② 圆弧 bc 的方程为

$X(t)=R_1\times\cos t$

$Y(t)=R_1\times\sin t$

③ 线段 cd 的方程为

$X(t)=R_2$

$Y(t)=R_2\times\tan t$

④ 圆弧 de 的方程为

$X(t)=R_2\times\cos t$

$Y(t)=R_2\times\sin t$

⑤ 直线包络线 ef 的方程为

$X(t)=R_1\times\cos t+(1-\cos t)\times R_2\times\cos(\pi+2t)$

$Y(t)=R_2\times\sin t+(1-\cos t)\times R_2\times\sin(\pi+2t)$

⑥ 摆线 fg 的方程和摆线 ab 一致。

⑦ ga 是一段圆弧，其方程为

$X(t)=R_3\times\cos t$

$Y(t)=R_3\times\sin t$

上述各个曲线啮合关系如表 8-2 所示。

表 8-2　直爪式转子啮合对应关系

主动转子	从动转子	啮合关系
长摆线 AB	尖点 a	点与摆线
爪顶圆弧 BC	爪底圆弧 ga	圆弧与圆弧
直线 CD	包络线 ef	直线与包络线
爪底圆弧 DE	爪顶圆弧 de	圆弧与圆弧
包络线 EF	直线 cd	包络线与直线
长摆线 FG	尖点 c	摆线与点
爪底圆弧 GA	爪顶圆弧 bc	圆弧与圆弧

8.4 爪式真空泵关键参数

8.4.1 转子容积

（1）余隙容积

爪形转子的余隙容积 V_c 如图 8-8 所示，是重要的参考数值，它的数值大小能反映出这个被分析的爪形转子的吸排气等问题。正常情况，吸入的气体等于排出的气体，但是爪形转子的特殊形状导致每一个旋转周期结束后总会有一小部分气体无法排出，会与下一周期的吸入气体混合，再次进行压缩排出。这个也是混合过程。余隙容积的大小会间接显示出转子的效率问题。

图 8-8 爪形转子的余隙容积

（2）吸气容积

吸气容积 V_s 如图 8-8 所示，是爪形转子在工作过程中，可以吸入气体的体积。转子的性能优先取决于余隙容积和吸气容积，吸气容积越大越好，余隙容积越小越好，因为这样能让转子的效率变高，但是综合考虑转子的受力变形、受热变形等情况，并非两者越极端越好。排气容积 V 是转子在一个旋转周期内从开始排气角度到转子排气结束角度转子与定子腔配合形成的腔的体积。

8.4.2 爪式真空泵压缩比

爪式真空泵的工作过程如图 8-9 所示。

设排气压力为 P_0，吸气压力为 P_i，在混合过程中，一部分压力为 P_0，体积为余隙容积 V_c 的气体因为余隙容积的存在无法排出，所以这部分气体会与吸气压力为 P_i，体积为 V_s 的气体混合，设混合后的气体压力为 P。使 V_s 与 V_c 内的压力暂时平衡为压力 P_0，假定温度不变，则膨胀前后的气体量可列如下方程式：

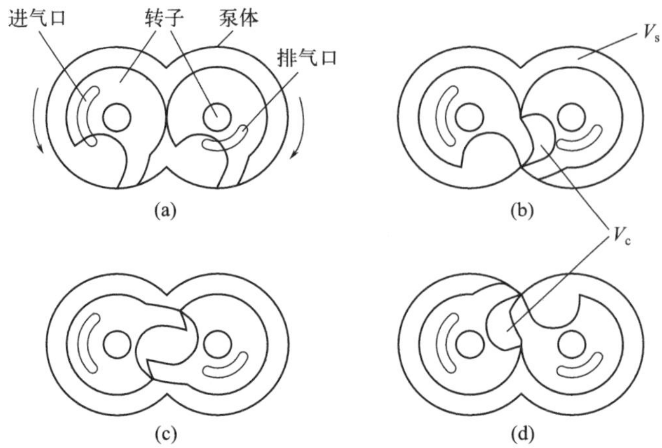

图 8-9 爪式真空泵工作过程示意图

$$P_0 \times V_c + P_i \times V_s = (V_c + V_s) \times P$$

当转子继续从图（c）转到图（d）位置，形成与图（b）位置同样的封闭容积 V_c，但此时 V_c 内的气体压力为 P。当转子继续转动通过图（a）位置回到图（b）位置后，容积 V_c 内的气体将再次膨胀成容积 V_s，压力为 P_i，所以有如下方程成立：

$$P \times V_c = P_i \times V_s$$

$$\text{很显然得到：} P_0 / P_i = (V_s / V_c)^2 = K$$

K 就是压缩比。

8.4.3 爪式真空泵几何抽速

几何抽速是假设转子运动中的泄漏值为零的情况下的一种速率。如图 8-9 所示，假设在图（b）位置吸气口和排气口开始关闭，在图（d）位置打开吸气口，我们可以得到转子一周的排气量为：

$$Q = V_s \times P - P_0 \times V_c$$

因为 $P = \dfrac{P_0 V_c + P_i V_s}{V_c + V_s}$

所以 $Q = \left(\dfrac{P_0 V_c + P_i V_s}{V_c + V_s}\right) \times V_s - P_0 \times V_c$

设泵的理论容积为 V，因为 $Q = P_i \times V$，

所以 $V = \left(\dfrac{P_0 V_c + P_i V_s}{P_i (V_c + V_s)}\right) \times V_s - \dfrac{P_0}{P_i} \times V_c$

因为 $K = P_0 / P_i$，

所以 $V = \dfrac{(V_s)^2 - K \times V_c^2}{V_c + V_s}$

所以很容易可以得出：$S=nV/60$，其中 n 是转子转速，r/min。

$$S=\frac{n}{60}\times\frac{(V_s)^2-K\times(V_c)^2}{V_c+V_s}$$
$$=\frac{n}{60}\times\frac{(A_s)^2-K\times(A_c)^2}{A_c+A_s}\times L\times10^{-6}(L/S) \tag{8-1}$$

式中，A_s 为对应 V_s 的端面积，mm^2；A_c 为对应 V_c 的端面积，mm^2；L 为转子的厚度，mm。

8.5 爪式真空泵保养维护

爪式真空泵的保养维护主要包括以下几个方面：

① 定期清洁泵体部件：定期清洁泵体和内部部件，去除积累的灰尘和污垢，保持良好的散热性能，防止过热。

② 检查和更换润滑油：定期检查润滑油的使用情况，及时更换或补充，确保油位适中，避免油品污染或油路不畅影响泵的性能。

③ 更换零部件：定期检查易损件如密封件、轴承等，发现磨损或老化及时更换，确保泵的密封性和运行效率。

④ 安装油雾分离器：安装高效的油雾分离器，过滤油雾，提升泵的性能并降低油耗。

具体的保养维护步骤如下：

① 确保安全：在进行任何维护工作前，确保泵已完全停机并断开电源，使用适当的防护装备。

② 检查故障：通过观察、听声、闻味等方式，检查泵是否存在异响、异味等现象，确定故障的具体原因。

③ 清洁维护：拆卸泵体，清理内部和外部的积灰、污垢，使用清洁剂和清洁布擦拭，确保表面干净整洁。

④ 更换零部件：根据泵的型号和规格，购买相应的零部件，拆卸损坏的零部件，安装新的零部件，确保安装正确牢固。

⑤ 检测调试：连接泵并开启电源，观察泵的运转情况，检测真空度和排气量等指标，确保泵能正常工作。

⑥ 定期维护：根据使用情况，定期进行上述保养工作，延长泵的使用寿命。

通过以上保养维护措施，可以有效延长爪式真空泵的使用寿命，确保其稳定运行。

第9章 分子真空泵与低温真空泵

9.1 分子真空泵

分子真空泵（简称分子泵）是在1911年由德国人盖德（w·Gaede）首先发明的，并阐述了分子泵的抽气理论，使机械真空泵在抽气机理上有了新的突破。分子泵的抽气机理与容积式机械真空泵靠泵腔容积变化进行抽气的机理不同，分子泵是利用高速旋转的转子把能量传输给气体分子，使之压缩、排出的一种真空泵。它有如下几种形式：

① 牵引分子泵：牵引分子泵中，气体分子与高速运动的转子相碰撞而获得动量并被送到出口，因此是一种动量传输泵。

② 涡轮分子泵：泵内装有带槽的圆盘或带叶片的转子，它在定子圆盘（或定片）间旋转，转子圆周的线速度很高。这种泵通常在分子流状态下工作。

③ 复合分子泵：它是由涡轮式和牵引式两种分子泵串联组合起来的一种复合式分子真空泵。

（1）牵引分子泵

牵引分子泵是利用高速旋转的动叶轮将动量传给气体分子，使气体产生定向流动而抽气的真空泵。利用动量传递原理使气体定向流动而被排出泵外，从而达到抽气的目的。分子泵在电机的带动下高速旋转，采用变频电源驱动电机，目的是得到较高的转速。在分子流区域内，气体分子与高速旋转的叶片表面碰撞，动量传递给气体分子，使部分气体分子在刚体表面产生定向流动而被排出泵外，从而达到抽气的目的。通常把用高速运动的刚体表面携带气体分子，并使其按一定方向运动的现象称为分子牵引现象，利用这一现象制成的真空泵称为牵引分子泵，如图9-1所示。牵引分子泵的优点是启动时间短，在分子流态下有很高的压缩比，能抽除各种气体和蒸气，特别适于抽除较重的气体。

（2）涡轮分子泵

在牵引分子泵的基础上，后人不断进行优化和改良。1958年德国的威利·贝克（Willy Becker）初次提出有适用价值的涡轮分子泵，以后相继呈现了各种不同构造的分子泵，主要有立式和卧式两种，如图9-2所示，右图是内部叶片示意图。

涡轮分子泵是利用高速旋转的动叶轮将动量传给气体分子，使气体产生定向流动而抽气的真空泵。涡轮分子泵的优点是启动快，能抗各种射线的照射，耐大气冲击，无气体存

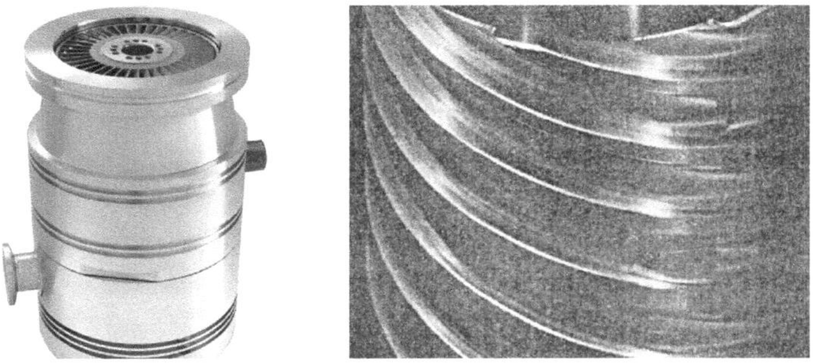

图 9-1　牵引分子泵示意图

图 9-2　涡轮分子泵示意图

储和解吸效应，无油蒸气污染或污染很少，能获得清洁的超高真空。涡轮分子泵广泛用于高能加速器、可控热核反应装置、重粒子加速器，以及真空镀膜等需要获得高真空度的制造工艺中。涡轮分子泵主要由泵体、带叶片的转子（即动叶轮）、静叶轮和驱动系统等组成，如图 9-3 所示。

(3) 复合分子泵

复合分子泵是涡轮分子泵与牵引分子泵的串联组合，集两种泵的优点于一体。泵在很宽的压力范围内（10^{-6}～1Pa）具有较大的抽速和较高的压缩比，大大提高了泵的出口压力，如图 9-4 所示。

复合分子泵的形式很多，按结构分，主要有两种：

① 一种是涡轮叶片［如图 9-5（a）所示］与盘式牵引泵的串联组合。盘式牵引级是在平板圆盘平面上按一定规律开出数条型线沟槽，然后将数块圆盘串接起来构成，型线有阿基米德螺旋线［如图 9-5（b）所示］、对数螺旋线、圆弧线等。抽气时靠高速转动的圆盘对气体分子进行“拖动”，使其沿沟槽做由内向外及由外向内的往复折回的定向流动，从而达到抽气目的。

② 另一种是涡轮叶片与筒式牵引泵的串联组合。涡轮级主要用来提高泵的抽速，一般采用有利于提高抽速的叶片形状，级数在 10 级以内，牵引级主要用来增加泵的压缩比，提高泵的出口压力。筒式牵引级是在圆筒形的转子或定子的圆柱面上开一定断面形状的沟

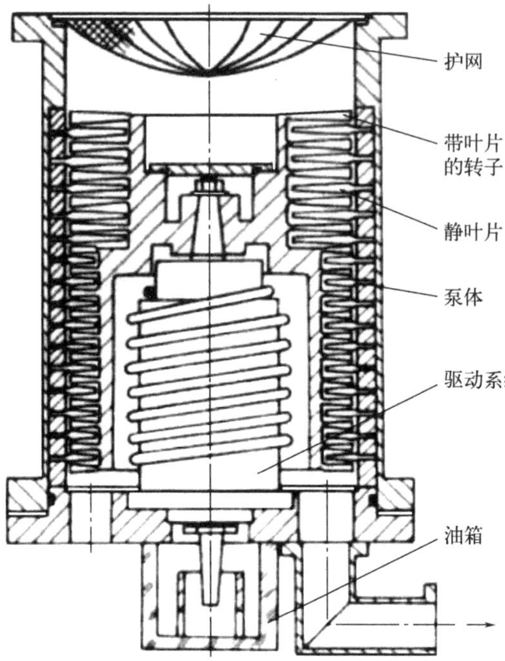

图 9-3 涡轮分子泵结构图

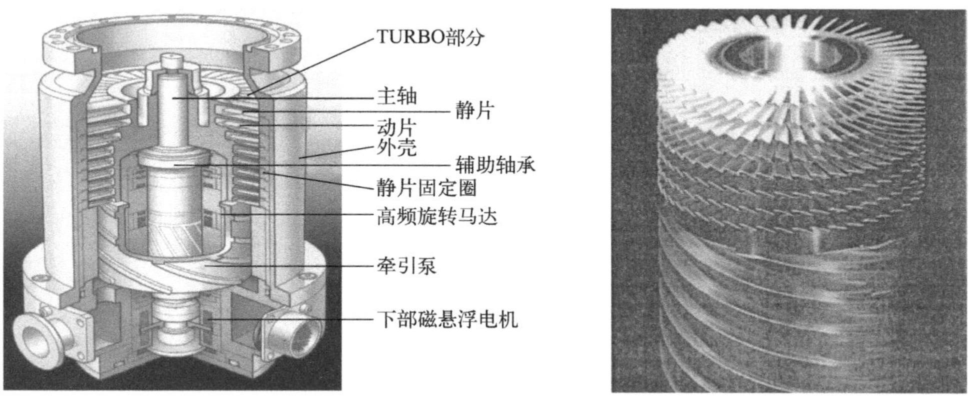

图 9-4 复合分子泵

槽，如矩形、圆弧形、三角形及其它形状的多头螺旋槽。由于筒式牵引泵型线沟槽开在转子圆柱外表面或泵体内表面上，因此可以充分利用圆柱外圆较高的线速度对气体分子进行动量传递，提高泵的抽气效果。在设计制造中，可以通过改变螺旋沟槽通道与抽气方向之间的夹角（螺旋升角）来达到较理想的抽气效果。

9.1.1 分子真空泵分类与工作原理

9.1.1.1 牵引分子泵

牵引分子泵的泵腔内有可旋转的转子，转子的四周带有沟槽并用挡板隔开。一个沟槽

(a) 涡轮叶片示意图

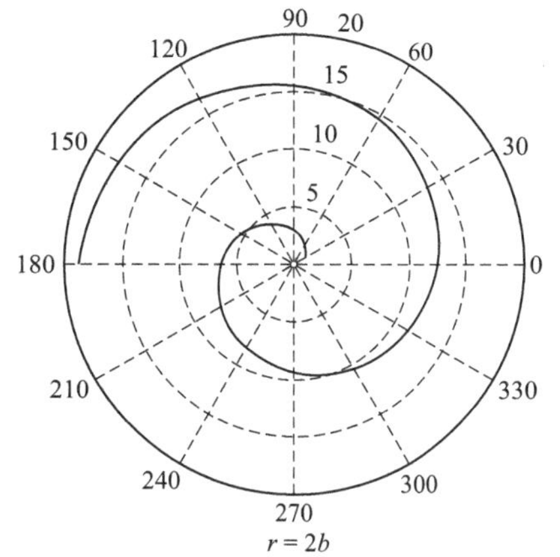

(b) 阿基米德螺旋线示意图

图 9-5　涡轮叶片和阿基米德螺旋线示意图

就相当于一个单级分子泵，后一级的入口与前一级的出口相连。转子与泵壳之间有 0.01mm 的间隙。气体分子由入口进入泵腔，被转子携带到出口侧，经排气管道由前级泵抽走。牵引分子泵的优点是启动时间短，在分子流态下有很高的压缩比，能抽除各种气体和蒸汽，特别适于抽除较重的气体。

9.1.1.2 涡轮分子泵

涡轮分子泵的动叶轮外缘的线速度非常高，通常可以达到气体分子热运动的速度（150～400m/s）。单个叶轮的紧缩比很小，涡轮分子泵要由 10 多个动叶轮和静叶轮组成。动叶轮和静叶轮交替排列。动、静叶轮几何尺寸基本相同，但叶片倾斜角相反。图 9-6 为由 20 个动叶轮组成的整体式转子。

图 9-6　涡轮分子泵动、静叶片形状图

工作过程如下：

① 气体从入口进入泵体内，与定子叶片发生碰撞，如图 9-7 所示，碰撞后形成定子漫反射。

② 发生漫反射的气体分子与转子碰撞，由于动能定理和动量守恒，给分子形成了叠加速度，分子继续沿着转

图 9-7　分子进入泵体内与定子叶片发生漫反射图

子旋转方向的切向发生飞驰，如图 9-8 所示。

图 9-8　分子与转子碰撞后加速运动图

③ 分子运动中与定子碰撞的漫反射，使分子向下一级方向运动，通过这种方式逐步向出口处运动，如图 9-9 所示。

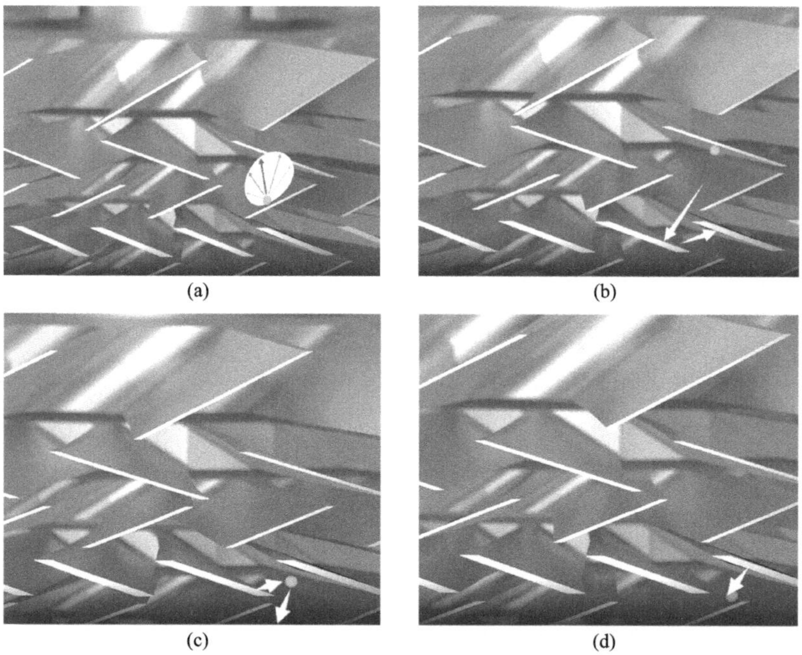

(a)　(b)　(c)　(d)

图 9-9　分子与转子、定子碰撞后的运动轨迹图

④ 最后分子在定子和转子的作用下，从排气口处离开泵腔，如图 9-10 所示。

(1) 单叶片抽气性能参考

每两个动叶轮之间装一个静叶轮。静叶轮外缘用环固定并使动、静叶轮间保持 1mm 左右的间隙，动叶轮可在静叶轮间自在旋转。在运动叶片两侧的气体分子呈漫散射。我们可以通过水平展开图看一下气体分子 a 的运动轨迹，如图 9-11 所示。

具体动、静叶片工作过程如图 9-12 所示。叶片倾角为 α_1，叶片厚度为 t，叶片节距为 a，叶片端面宽度为 e，叶片弦长为 b。在叶轮 Ⅰ 侧，运动叶片两侧的气体分子呈漫散射［图 9-12 (a)］。当气体分子到达 A 点附近时，在角度 α_1 内反射的气体分子回到 Ⅰ 侧；在

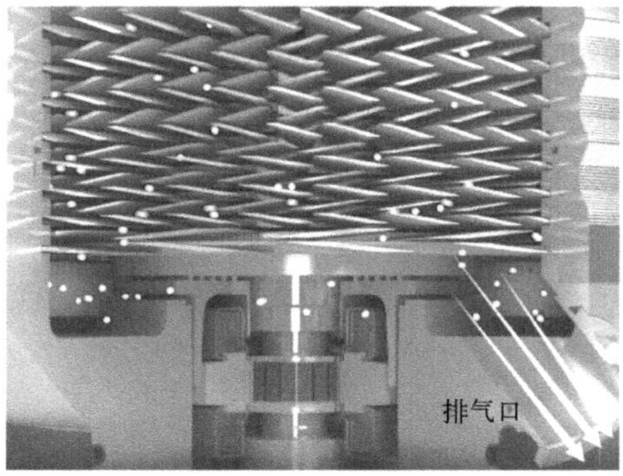

图 9-10　分子与转子、定子碰撞后从排气口排出迹图

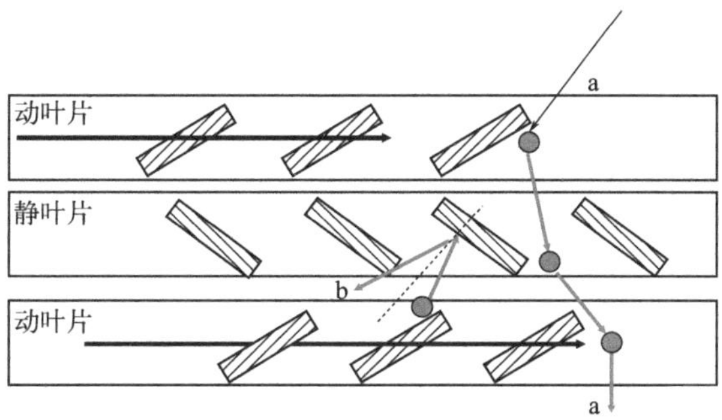

图 9-11　气体分子在涡轮分子泵中的运动轨迹示意图

角度 β_1 内反射的气体分子一部分回到Ⅰ侧，另一部分穿过叶片到达Ⅱ侧；在角度 γ_1 内反射的气体分子将直接穿过叶片到达Ⅱ侧。同理，在叶轮Ⅱ侧［图 9-12（b）］，当气体分子入射到 B 点附近时，在 α_2 角度内反射的气体分子将返回Ⅱ侧；在 β_2 角度内反射的气体分子一部分到达Ⅰ侧，另一部分返回Ⅱ侧；在 γ_2 角度内反射的气体分子穿过叶片到达Ⅰ侧。倾斜叶片的运动使气体分子从Ⅰ侧穿过叶片到达Ⅱ侧，比从Ⅱ侧穿过叶片到达左侧的概率大得多。叶轮连续旋转，气体分子便不断地由Ⅰ侧流向Ⅱ侧，从而产生抽气作用。

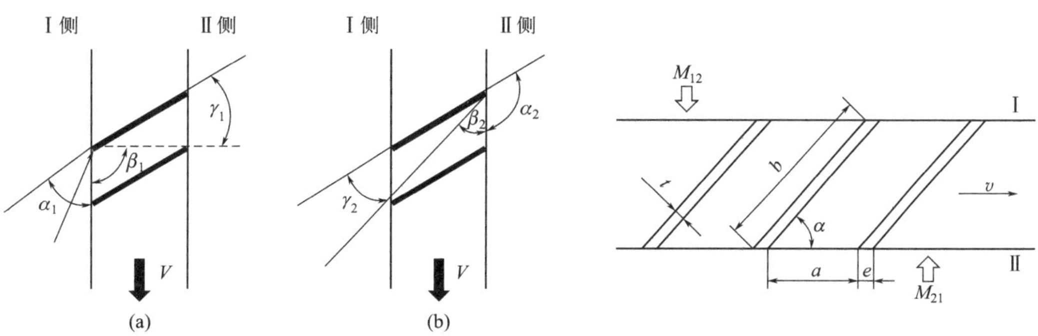

图 9-12　涡轮分子泵工作过程示意图

接下来我们推导一下其抽气量、压缩比、流量及压强之间的关系。

假设 N_1、N_2 分别表示自Ⅰ侧和Ⅱ侧入射到叶片的气体分子流量，P_{12} 和 P_{21} 分别代表气体从Ⅰ侧到Ⅱ侧的概率和从Ⅱ侧到Ⅰ侧的概率，M_{12} 表示自Ⅰ侧到Ⅱ侧的分子流量，M_{21} 表示自Ⅱ侧到Ⅰ侧的分子流量。用 W 表示由Ⅰ侧到达Ⅱ侧的净气体分子流量与入射气体分子流量之比，W 称何氏系数，表达式如下：

$$W=[(N_1\times P_{12})-(N_2\times P_{21})]/N_1$$

所以

$$N_2/N_1=(M_{12}/M_{21})-(W/M_{21})=(M_{12}-W)/M_{21}$$

假设叶片Ⅰ和Ⅱ侧的温度相等，且分子速度分布函数相同，则气体的密度比满足如下关系：

$$n_2/n_1=P_2/P_1=N_2/N_1$$

所以叶片的零流量下的最大压缩比为 $K_{\max}=P_2/P_1=M_{12}/M_{21}$。通常涡轮分子泵都是由多级叶片串联组成，即按动叶片、静叶片、动叶片、……次序交替排列的。泵的总压缩比是由叶片的级数决定的。在涡轮分子泵的设计中，应对多级叶片的组合进行优化选配。一般在泵入口侧附近应选择抽速较大的叶片形状及尺寸，其压缩比可以相对地小一些。在经过几级压缩之后气体压力升高，抽速下降了，这时就应该选择压缩比高、抽速低的叶片形状。这样设计可以得到抽速大、压缩比高、级数少的理想结果。

（2）组合叶片抽气性能参考

涡轮分子泵的总的最大压缩比与叶片级数有直接关系，且满足如下关系：

$$K=\prod_{i=1}^{n}K_i$$

式中，K_i 代表第 i 级叶片的最大压缩比，n 代表叶片级数。

涡轮分子泵总的最大压缩比为各级叶片最大压缩比的乘积，增加叶片级数可以显著增大分子泵的压缩比。

（3）组合叶片气体传输概率计算

获取组合叶片的抽气性能必须知道组合叶片的传输概率。为了提高分子泵的抽气性能，通常分子泵的叶片在抽气段和压缩段采用不同的叶片形状。由于每级叶片的正反向传输概率不同，气体分子在两级叶片间也会发生反射，因此总分子传输概率计算比较复杂。对于任意两级叶片①和叶片②，如图 9-13 所示，定义 InPut、OutPut 分别为组合叶片总的正、反向传输概率，M_{12}、M_{21} 分别为叶片①的正、反向传输概率，定义 N_{12}、N_{21} 分别为叶片②的正反向传输概率。

单位流量的气体分子从进气侧进入叶片通道，M_2N_{12} 为进气口侧单位流量气体直接通过叶片①和叶片②到达排气侧的部分流量，$M_2(1-N_{12})$ 为从叶片②反射回来的流量。如此反复，在叶片①和叶片②之间多次反射，最后可以采用递归方式得到一个无穷多次通过部分流量的总和，即：

$$\text{InPut}_n=M_{22}N_{12}+M_{12}(1-N_{12})(1-M_{21})N_{12}+M_{12}(1-N_{12})^2(1-M_{21})^2N_{12}+\cdots$$

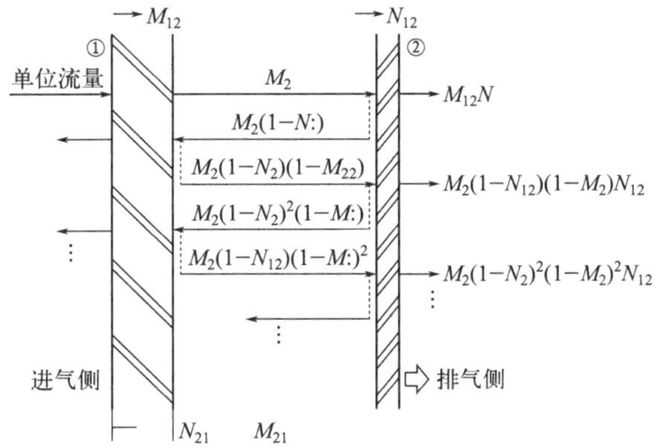

图 9-13 涡轮分子泵任意两个叶片气体传输概率示意图

整理得叶片①和叶片②总的正向传输概率为：$\text{InPut}=M_{12}N_{12}/[1-(1-N_{12})(1-M_{12})]$

同理可得叶片①和叶片②总的反向传输概率为：

$$\text{OutPut}=M_{21}N_{21}/[1-(1-N_{12})(1-M_{21})]$$

然后根据组合叶片公式进行组合，计算出前两级组合叶片的传输概率，将之视作整体后再与第三级叶片叠加。

9.1.1.3 复合分子泵

涡轮分子泵在分子流态下的抽速大，但在过渡流和黏滞流状态下抽速很小，因此在涡轮分子泵的基础上增加前级分子泵，可以更有效实现真空。一般为了提高出口压力，在涡轮分子泵的排气口前加上牵引泵，提高了泵在过渡流和黏滞流的压缩比，提高了出口压力。复合分子泵的设计中，前级泵的抽速和压力搭配比较容易，但是必须处理好涡轮级与牵引级之间的应配和衔接关系。由于涡轮级有较大的抽气面积，抽速很大，而牵引级沟槽抽气面积较小，在两种结构的连接处，由涡轮叶片压缩下来的气体分子的流动方式突然转变，使气体分子的运动在连接处由有序变成无序，致使反流增加，抽气能力下降。因此，在设计时应在涡轮级和牵引级转换处加上过渡级结构，以提高泵的抽气性能。随着复合分子泵的不断改进，其应用领域越来越广，在某些抽气系统上可以替代扩散泵，缩短了系统的抽气时间，并可获得无油污染的清洁真空环境。

盘型复合分子泵属于牵引分子泵，是动量传递型真空泵。它是利用高速旋转的动盘，与静止的静盘配合使用，形成一对相对运动的表面，从而产生牵引的作用。盘型分子泵其气体分子在通道中运动，受到动表面的拖动作用，向出口方向运动。动表面的运动方向与流动方向存在一定的角度，但是其分向量是趋向于流动方向的，其中分向量的大小决定着拖动作用的大小，因而泵的抽气槽设计非常关键。

9.1.2 分子真空泵保养维护

分子真空泵保养维护注意事项如下。

(1) 定期检查与维护

连接处检查：定期检查分子泵的所有连接处，包括电源、气管、油池等，确保它们紧固无松动，防止出现漏气或漏油现象。

润滑系统维护：检查润滑系统是否正常工作，包括润滑油是否充足、清洁。按照规定的更换周期及时更换润滑油，避免因润滑油老化或污染影响分子泵的性能。

轴承与减振检查：随着使用时间的延长，分子泵的轴承和减振系统可能会出现磨损。定期检查轴承的磨损情况，以及减振系统的减振效果。当发现轴承磨损严重或减振效果下降时，应及时更换或维修。

(2) 清洁与保养

外部清洁：定期清洁分子泵的外壳和表面，去除污垢和尘埃等杂物。清洁过程中避免使用粗糙的刷子或刮刀等工具，以免划伤表面。

内部清洗：如果分子泵内部受到严重污染，导致真空性能下降，需要进行内部清洗。清洗应由专业技术人员进行，确保彻底清除污染物并恢复分子泵的真空性能。

(3) 操作与存储

安全操作：在操作分子泵时，应遵守安全操作规程，禁止在电源未关闭的情况下进行安装和拆卸。同时，注意防止泵体出现过载情况，以免损坏关键部件。

及时监测：在分子泵运行过程中，应及时监测其运行状态，注意异常声音或振动。一旦发现异常情况，应立即停机检查并处理。

合理存储：分子泵在长时间不使用时，应进行合理的存储。避免将泵体暴露在潮湿、高温或腐蚀性环境中，以免损坏部件或影响性能。同时，定期对存储的分子泵进行检查和维护，确保其处于良好状态。

9.2 低温真空泵

低温真空泵（简称低温泵）（图 9-14）利用在低温表面上冷凝和吸附的方法将气体和水蒸气从真空室中除掉，又称冷凝泵。低温泵抽气速率大，可以获得极限压力较低的清洁真空，广泛应用于半导体和集成电路、分子束、真空镀膜设备、真空表面分析仪器、离子注入机和空间模拟装置等的研究和生产。低温泵典型的工作真空范围为 $10^{-3}\sim10^{-11}$ Torr。这一范围内气体处于自由分子流区，这意味着它们通常从一个壁面运动到另一壁面而相互之间不发生碰撞。在这一区域抽速是常数。随着抽气压力增加进入到大于 1×10^{-3} Torr 的转变区，抽速增加了，与扩散泵相比，在这一区域内低温泵具有抽速增大的特性，而扩散泵抽速则会减小。

低温抽气的基本原理是气体在低温板表面上的冷凝、吸附和低温捕集。低温冷凝是指空间被抽气体压力高于冷凝板对应的饱和蒸气压时，气体能不断地冷凝在低温板上。低温冷凝的限制是气体压力一旦达到它的饱和蒸气压，抽气便停止。要想获得更低的压力，需要采用低温吸附抽气手段，如果低温表面能保持较低的单分子层的覆盖度，那么表面的饱

图 9-14　低温真空泵示意图

和压力可降低到自身的冷凝物蒸气压的 $10^{-1}\sim10^{-12}$ 倍，因此低温泵常用冷凝和吸附实现真空处理。由于不同温度下的饱和吸附容量差异很大，在低压下，吸附容量随压力线性降低，意味着吸附位越来越多地被占据，压力就会不断升高，在淀积几个单分子层后，吸附容量就达到极限，如果此时气体压力高于饱和蒸气压，就开始出现凝结现象，吸附层厚度随抽气时间增加，最大淀积层厚度受限于淀积层表面温度和周围高温表面热辐射。低温捕集是指气体分子在淀积的松散的霜层表面或内部的吸附现象。在超高真空条件下，淀积层的厚度和淀积速度都很小，所以它不是低温泵抽气的主要机理，可能存在此种现象，但作用有限。

低温泵的最大优点是可以获得清洁真空（或无油真空）。它的工作介质全封闭在杜瓦瓶或制冷机内部而不暴露于真空中，不存在油脂、汞等杂质气体的污染问题。其次是低温泵的抽速可从 10^2L/s 增加到 10^5L/s。用于大型空间环模设备的低温泵的抽速需要数十万至数百万升每秒，这样大的抽速用其他真空泵很难实现。低温泵和扩散泵、涡轮分子泵相比，具有很强的选择性抽气效应。不同气体的抽速、最大抽气量以及极限压力差别很大，选用低温泵时应考虑被抽气体成分对低温泵抽气性能的影响。此外，低温泵的启动压力、最高工作压力、最大抽气量还受限于制冷机的最大制冷量。和溅射离子泵相似，低温泵仅适用于高真空、超高真空，而不适用于低真空。

9.2.1　低温真空泵工作过程

一款低温泵的组成结构如图 9-15 所示，低温泵的冷冻机为 2 段式，1 段具有较大的制冷能力，可以冷却至 80K 或更低，2 段的制冷能力较小，可以冷却至 10～12K。15K 挡板（冷凝板）和 15K 挡板（吸附板）安装在冷冻机的 2 段上，80K 挡板和 80K 屏蔽桶安装在制冷能力较大的 1 段上，防止受到室温的热辐射。

低温泵主要的导入和放出气体如表 9-1 所示。根据蒸气压力表可知，水蒸气（H_2O）温度在 130K 以下的话，蒸气压力就会在 10^{-8}Pa 以下，氮气（N_2）、氧气（O_2）、一氧化碳（CO）、氩气（Ar）等气体，由于蒸气压力高而不能在 80K 时冷凝，需要通过 20K 以

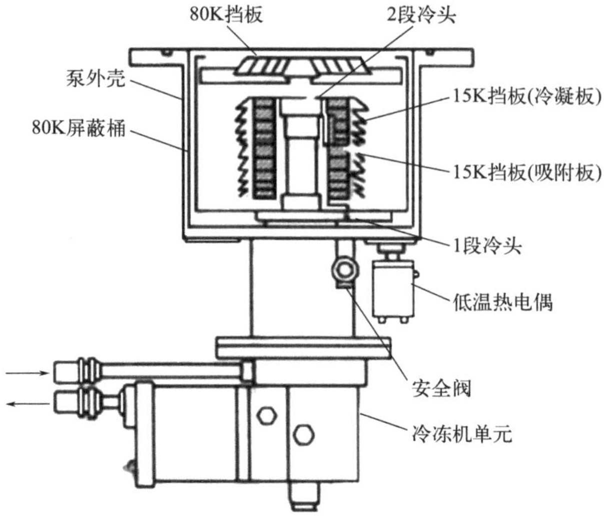

图 9-15　低温真空泵组成示意图

下挡板的外表面来冷凝和排气。氦气（He）、氢气（H_2）、氖气（Ne）等更高蒸气压力的气体在 10～20K 的温度下不会冷凝，因此通过安装在 15K 挡板（冷凝板）内侧的吸附剂来吸附和排气。吸附剂安装在 15K 挡板（吸附板）中，为了防止吸附剂表面不被覆盖，吸附剂被安装在浓缩性气体不能进入的挡板的内侧。80K 屏蔽桶、80K 挡板、15K 挡板（冷凝板）的外表面为镜面，可以反射室温的辐射热。80K 屏蔽桶的内表面进行了黑化处理，是为了防止室温辐射在 80K 屏蔽桶的内面再反射到 15K 挡板上。为使低温泵正常工作，80K 屏蔽桶、80K 挡板的温度必须在 130K 以下，15K 挡板必须在 20K 以下。为了能够确认这些温度，在 80K 挡板上安装了 CA 热电偶，在 15K 挡板上安装了氢气蒸气压温度计（H2VP）及 MB 型低温热电偶温度计。

表 9-1　低温真空泵排气示意表

空气（N_2、O_2）			真空设备粗抽后的残余气体
放出气体	1	H_2O	吸附在真空容器表面（普通真空设备中最大的部分），从玻璃、塑料、陶瓷释放出来的气体的主要成分
	2	H_2	由真空容器的金属壁内部扩散放出（超高、极高真空的问题），熔融金属（特别是铝）放出（蒸镀、溅射）
	3	CO、CO_2、CH_4、C_nH_m	真空设备壁面上的污垢
导入气体	4	Ar	溅射设备
	5	H_2	离子注入
	6	O_2	氧化物
	7	其他	

9.2.2 低温真空泵的性能参数

低温泵在冷凝板沉积物表面的低温抽气过程，不但有分子凝聚的正向过程，同时还会有气体反射和被凝聚分子蒸发的逆向过程。抽气时，正向过程进行的速度大于逆向过程进行的速度。总的抽气速度在数值上等于两者速度之差。假设 N 个气体分子落在冷凝板上，其中有 N_r 个气体分子被反射出去，N_2 个气体分子蒸发，则被抽除（即被捕获）的气体分子数 N_1 为：$N_1=N-(N_r+N_2)$，这个公式是冷凝抽气的最基本方程。

通常衡量低温泵的主要性能参数包括：①冷却降温特性；②排气速度；③排气容量；④最大流量；⑤交叉压力；⑥极限压力；⑦热负荷能力等。

(1) 低温泵的凝结系数

低温泵凝结系数（理论）α 为入射到冷凝面上的气体分子被冷凝吸附的概率（入射到冷凝面上并发生物理吸附的气体分子数与入射到冷凝面上的分子数之比）。设有一个温度为 T 的低温表面 ds，单位时间内被 N 个气体分子所碰撞，有 N_r 个气体分子被反射出来，则有 $N_1=N-N_r$ 个气体分子被凝结（表面温度越低，吸附的时间越长），与此同时 ds 表面上还有 N_2 个气体分子从冷凝面上蒸发（脱附）出来，则凝结系数 α 可以有两种情况：

$\alpha=(N-N_r)/N=N_1/N$　不考虑蒸发情况下的凝结系数

$\alpha=(N-N_r-N_2)/N=(N_1-N_2)/N$　考虑蒸发情况下的凝结系数

(2) 低温泵的极限压力

在分子流状态下，根据气体分子运动理论，有 N 个气体分子打在冷凝板上，其中有 N_r 个分子被反射回来。另外已经被冷凝的气体分子中也有 N_2 个分子被蒸发出来。根据余弦定律（麦克斯韦速度分布），在单位面积单位时间碰撞的气体分子数 N 满足如下公式：

$$N=\frac{1}{4}n\overline{V}=\frac{P}{\sqrt{2\pi MRT}} \tag{9-1}$$

式中，P 为压力，M 为摩尔质量，R 为普适气体常量，T 为热力学温度。

如果气体分子落到冷凝板的凝结系数为 α，则 $N_1=N\times\alpha$

对应的气体蒸发个数为 $N_2=\dfrac{P_z}{\sqrt{2\pi MR_zT_z}}$

式中，T_z 是冷凝板温度，P_z 是对应的饱和蒸气压力。

当冷凝吸附速率和蒸发速率相等时，即 $N_1=N_2$ 时，极限压力 P_j 为

$$P_j=(1/\alpha)\times P_s\times(T/T_z)^{1/2}$$

(3) 低温泵的理论抽速

考虑抽速时需要结合气体的流体状态，比如分子流、湍流还是过渡流等，根据克努森余弦定理得到单位面积上的速率流量公式：

$$S_{th}=\frac{1}{4}n\overline{V}\times A=\frac{P}{\sqrt{2\pi MRT}}\times A \tag{9-2}$$

式中，A 为单位端面面积。

(4) 低温泵的排气量

低温泵的排气量是指泵的抽速下降至零（或下降30%）时，所抽的气体总量，又称抽气容量。即 $Q=S\times P\times t$，Q 为排气量，P 为工作压力，S 为抽速，t 为排气时间。排气量与工作压力有关。在高压力下，气体的传导热和冷凝热十分可观，甚至气体的对流换热也起作用，再加上辐射热，决定了低温泵的最大工作压力，从而决定了低温泵的最大排气量。低温泵的极限压力与排气量相互矛盾，极限压力越低则排气量越小，因为排气量越大，则在冷凝板表面凝结的固态沉积物越多，层厚越大。但是这些沉积层仅仅只有底层才直接与冷凝板接触，接近冷凝温度。由于沉积层的热阻，使沉积层表面部分的温度较高，且沉积层愈厚，表面温度愈高，从而使气相中的平衡压力升高，极限压力也将升高。要求的极限压力愈低，允许的凝聚层温升就越小，因而允许的排气量也越小，故论及一台低温泵的排气量时，应结合极限压力来确定。

9.2.3 低温真空泵的保养维护

低温泵保养维护的核心内容包括定期检查、清洁与润滑、温度与压力控制，以及避免超负荷运行。

首先，定期检查是保养维护的基础。这包括每日检查轴承体内的油位，确保其处于合适的水平，不超过规定的上限；定期检查泵的运行状态，注意是否有异常振动或泄漏现象，一旦发现问题应立即处理；保持泵的清洁和干燥，避免油污和杂物附着，确保转动部件的灵活性；避免泵在抽空状态下运行，以防止剧烈振动缩短泵的使用寿命；防止大块固体颗粒或柔韧性物质进入泵内，以免损坏过流部件或堵塞叶轮流道。

其次，清洁与润滑也是保养的重要环节。这包括定期清洁泵体内部和外部的杂物和沉积物，特别是过滤器和冷却片，以防止堵塞和降低热交换效率；根据制造商的建议，定期为泵进行润滑和维护，包括添加或更换润滑剂、检查轴承和密封件的磨损情况，并进行必要的调整或更换；监测和控制泵的工作温度，确保其在规定的温度范围内运行，过高的温度可能导致设备故障或损坏；定期检查冷却系统的压力和温度，确保其处于适当范围内，避免过热和过高压力发生。

最后，避免超负荷运行和专业维护也是关键。避免电机发生超负荷、高速度或运转不平稳的情况，定期对设备进行强制切断，防止设备的运转时间过长；定期聘请专业人员进行维护和检查，以确保设备的长期稳定运行。

第10章 真空系统部件材料与制造

10.1 涉及材料范围

真空系统的用材范围包括：真空设备的腔体，真空规管，置放于真空系统内的各种固定、活动、可拆卸机构及部件，各类密封材料等具体如表 10-1 所示。真空系统中所用的材料大致可分为以下两类。

（1）结构材料

结构材料是构成真空系统主体的材料，它将真空系统与大气隔开，承受着大气压力。这类材料主要是各种金属和非金属材料，包括可拆卸连接处的密封垫圈材料。

（2）辅助材料

系统中某些零件连接处或系统漏气处的辅助密封用的真空封脂、真空封蜡、装配时用的粘接剂、焊剂、真空泵及系统中用的真空油、吸气剂、工作气体及系统中所用的加热元件材料等。

表 10-1　常用的真空系统材料

零部件名称	低真空及高真空	超高真空
腔体、管路、阀、内部零件	普通碳素钢、不锈钢	不锈钢、钛
密封垫圈	丁基橡胶、氟塑料	氟橡胶、氟塑料、铜、金、银、铟
导电体	铜、不锈钢、铝	铜、不锈钢
绝缘体	酚醛、氟塑料、玻璃、陶瓷	玻璃、致密高铝瓷等
观察口	玻璃	硼硅玻璃、透明石英玻璃
润滑剂	低蒸气压的油及脂	二硫化钼
加热元件	镍铬铁合金、钨、钼、钽、碳布	钨、钼、钽、钨铼合金、石墨碳纤维

10.2 材料性能要求

在真空工程领域中，不仅要对材料的物理、化学和力学性能有所要求，还要对这些材料的真空性能有特殊要求。以一个最简单的真空系统为例，该真空系统的抽气方程（动态平衡方程）为：

$$V \times dP/dt = -P \times S_e + Q \tag{10-1}$$

式中，V 为被抽真空容器的容积；P 为气体压力；S_e 为对真空容器的有效抽速；Q 为气源的出气量。

当 $dP/dt = 0$ 时，即真空系统处于抽气与气源达到动平衡状态时，式（10-1）变为

$$P = Q/S_e \tag{10-2}$$

从式（10-2）可见，该系统所能达到的极限压力 P，其主要取决于气源的出气量 Q，而 Q 包含如下几个部分：

① 漏孔的漏气量；

② 大气通过真空室器壁材料渗透入内的气体量；

③ 真空容器内表面材料的蒸发、升华、分解等放出的气体量；

④ 材料的出气；

⑤ 抽气系统的反流。

由上述可见，真空系统内的气源主要与材料的真空性能有关，下面我们将对这些性能进行简单的介绍。

10.2.1 材料渗透性

因为在真空容器器壁两侧的气体总是存在压力差，所以即使壁面固体上存在的微孔小到足以阻止正常气流通过，但壁面材料总要或多或少地渗透一些气体。则气体从密度大的一侧向密度小的一侧渗入、扩散，通过和逸出固体阻挡层的过程称为渗透。在这种情况下的稳态流率称为渗透率。从微观的角度来看，渗透过程的步骤如下：

① 气体原子或分子碰撞到真空器壁的外表面；

② 被器壁外表面吸附；

③ 吸附时有的气体分子能离解成原子态；

④ 气体在入射一侧的壁面表层达到一个平衡溶解度；

⑤ 由于浓度梯度的存在，气体向壁面的另一侧扩散；

⑥ 气体扩散到器壁的另一面重新结合成分子态（如果存在步骤 3 时）后释放，或气体扩散到器壁的另一面后解吸和释出。

一般说来，在渗透过程中，扩散这一环节是最慢最关键的一步，它与渗透气体及壁面材料的种类和性质有密切关系。对于金属材料来说，例如氢气通过钢铁材料的渗透过程，是先以分子态吸附在材料的表面上，然后由铁表面的亲和力引起氢分子较弱的 H—H 键断裂，使氢离解成原子态并渗透过材料，在壁面的另一侧重新结合成分子态氢。氢气对于非金属材料，则是以分子态形式扩散渗透。

根据扩散定律，可推导出渗透量的表达式

$$Q = K \times A \times \Delta p^{1/j} / h \tag{10-3}$$

式中，Q 为气体透过固体壁面的渗透速率；K 为某种气体对某种固体的渗透系数，

$cm^3(STP)/(cm^2 \cdot s \cdot Pa \cdot mm^{-1})$；$A$ 为容器壁的面积，cm^2；Δp 为器壁两侧的气体压力差，Pa；j 为溶解常数，对金属中的双原子气体 $j=2$，对非金属中的气体 $j=1$；h 为壁厚，mm。

其中，K 值与材料和气体种类、温度密切相关。只要知道渗透系数 K，就可以根据该材料的壁厚 h、壁的面积 A、壁两侧的气压差 Δp，求得渗透速率。其中 K 的意义是器壁两侧的压力差为一个大气压下，温度为 0℃（即在标准状态下）渗透过单位厚度（cm）的单位面积（cm^2）壁面的气体量。所以 K 的单位常用制外单位表示：如使用（cm^2/s）则与扩散系数的单位一致，形式简单，但物理意义不够明确。渗透系数 K、扩散系数 D、溶解度 S 之间存在以下关系

$$K=DS \tag{10-4}$$

式中，D 为气体在固体中的扩散系数，cm^2/s；S 为气体在固体中的溶解度，$cm^3(STP)/(cm^3 \cdot Pa)$，表示压力为大气压力的平衡条件下，单位体积的固体材料中所溶解的气体体积。

扩散系数、溶解度、渗透系数这三个参数都是温度的指数函数。由于渗透率与气体和材料的种类有关，而且在实际应用中常常要估算容器壁面一侧处于大气压力时的渗透速率，因此需要考虑大气成分。

在真空工程领域中所用的金属、玻璃、橡胶及塑料等，对气体来说或多或少都可以渗透，其渗透量因不同的气体和材料而异，而且差异较大。

对金属来说，有些金属（如不锈钢、铜、铝、钼等）的气体渗透系数就很小，在大多数实际应用中可以忽略不计。但对某些金属（如铁、镍等），氢气对它们就具有较高的渗透率。氢气对钢的渗透率随含碳量的增加而增加，所以选择低碳钢做真空室材料为好。另外有些金属对气体的渗透具有选择性，如氢气就极容易透过钯，氧气易透过银等。可以利用这个性质对气体进行提纯和真空检漏。

气体对玻璃、陶瓷等的渗透，一般是以分子态的形式进行的。渗透过程和气体分子的体积及材料内部微孔大小有关。

气体对有机材料（如橡胶、塑料）的渗透过程一般是以分子态进行的。由于有机材料的微孔比较大，因此气体对有机材料的渗透能力比玻璃、金属要大得多。

10.2.2 材料出气速率

任何固体材料在大气环境下都能溶解、吸附一些气体。当材料置于真空中时，就会因解溶、解吸而出气。对一般真空设备来说，材料的出气是真空系统中最主要的气源。常用的出气速率单位有：$Pa \cdot L/(s \cdot cm^2)$。

出气速率通常与材料中的气体含量和温度成正比。所以有时用高温下材料的出气总量作为选材依据。出气总量的单位：以体积含量为主时可用 $Pa \cdot L/g$；以表面含量为主时则用 $Pa \cdot L/cm^2$。

材料的出气速率除了与材料性质有关外，还和材料的制造工艺、储存情况等有关。同

时材料的预处理工艺（如清洗、烘烤、气体放电轰击、表面处理等）对材料的出气速率影响也很大。因此计算材料出气速率时必须考虑这些情况。

材料出气速率是温度的函数，通常材料出气速率与温度之间的关系可以通过阿伦尼乌斯方程（Arrhenius equation）来描述。阿伦尼乌斯方程是描述化学反应速率与温度之间关系的经典公式，适用于描述材料出气过程中气体释放的动力学行为。阿伦尼乌斯方程的一般形式为：

$$k=A\mathrm{e}^{-\frac{E_a}{RT}} \tag{10-5}$$

式中，k 为出气速率常数（与出气速率直接相关）；A 为指前因子（pre-exponential factor），与材料性质和气体释放机制有关；E_a 为活化能（activation energy），表示气体从材料中释放所需的能量；R 为普适气体常量；T 为热力学温度，K。

材料的出气速率 Q 通常与式（10-5）中的出气速率常数 k 成正比，因此可以将阿伦尼乌斯方程改写为：

$$Q=Q_0\mathrm{e}^{-\frac{E_a}{RT}} \tag{10-6}$$

式中，Q 是在温度 T 下的出气速率；Q_0 是与材料性质和表面状态相关的常数。

为了便于实验数据的分析，通常将上述方程取自然对数，得到线性关系：

$$\ln Q=\ln Q_0-\frac{E_a}{R}\times\frac{1}{T}$$

在实际应用中，材料的出气速率可能不仅受温度影响，还受其他因素（如材料表面状态、气体种类、压力等）的影响。因此，阿伦尼乌斯方程可能需要结合其他经验公式进行修正。例如：

$$Q=Q_0\mathrm{e}^{-\frac{E_a}{RT}}f(P,S) \tag{10-7}$$

其中，$f(P,S)$ 是与压力 P 和表面状态 S 相关的修正函数。

因为出气速率与温度有关，所以在设计真空系统时必须选用实际使用时的温度数据。如无此数据，则可根据两个不同温度下的数值按式（10-5）、式（10-6）、式（10-7）进行估算。另外从式中也可以看出，出气速率按指数变化，所以出气量是时间的慢变化函数(即时间延长一个数量级，出气速率降低较慢)。已经出过气（经除气后）的材料经长时间暴露大气后，能重新吸气并恢复到原来的情况。因此，对真空系统来说，为了降低出气率，缩短抽空时间，应该经常保持在真空状态。例如，经常运转的真空系统，如果只是在两次运转之间短时间暴露于大气的话（如 1h 以内），则大约等效为材料已在真空中进行了 10h 的出气；对于经常运转而只暴露于低真空的材料，则可等效于已经历了 100h 的出气。

另外，材料的出气速率不仅和所经历的出气时间有关，而且和材料的表面预处理方法、表面状况有很大关系。例如：对于清洁的表面来说，表面的光洁度越高，吸附的水气就越少；在干燥氮气或空气中烘烤，可使不锈钢表面形成一层密实的淡黄色氧化膜，也可以减少出气，而且可以将表面的污染物氧化成气体或烧掉；用有机溶剂去脂时，表面的单分子层污染是无法除掉的，只能在真空下烘烤来除掉。实验表明，在温度 200℃以上的真空环境下烘烤可有效地除掉水气，在400℃以上的温度下真空烘烤可以有效地除掉氢气。

对真空系统设计来说，仅有材料出气速率的数据还是不够的，因为有许多真空泵的抽气能力是有选择性的，所以如果能进一步知道材料出气中的各种气体成分的比例，就能有针对性地选配合适的真空获得设备。

各种材料的出气速率都是用实验方法（如动态法或静态法）测得的，数据存在较大差异，通常需要查阅大量有关手册。

10.2.3 材料蒸气压

物质通常有三种不同状态，即气态、液态和固态。它们依据一定的条件而相互转化。液态转化成气态的过程称为蒸发，固态转化成气态的过程称为升华。

在一定的温度下，在封闭的真空空间中，由于液体（或固体）气化的结果，使空间的蒸气密度逐渐增加，当达到一定的蒸气压力之后，单位时间内脱离液体（或固体）表面的分子数与从空间返回液体（或固体）表面的再凝结分子数相等，即蒸发（或升华）速率与凝结速率达到动态平衡，这时可认为气化停止，此时的蒸气压力称为该温度下该液体（或固体）的饱和蒸气压。

饱和蒸气压与温度之间有如下近似关系：$\lg P=(A-B)/T$

式中，P 为饱和蒸气压；A，B 为常数；T 为热力学温度，K。

一般说来，在一定温度下饱和蒸气压高的材料，其蒸发（或升华）速率也大。蒸气压和蒸发（升华）速率之间有以下关系：$W=0.058P\sqrt{M/T}$

式中，W 为蒸发（升华）速率，$g/(cm^2 \cdot s)$；P 为温度 T 时的饱和蒸气压，Pa；M 为分子摩尔质量，g/mol；T 为绝对温度，K。

实际情况下要把材料的蒸气压力与放气压力区分开，材料的放气压力与材料对气体的解吸、放气或渗透有关。虽然有时放气或热解吸造成的气体压力比材料固有的蒸气压力要高得多，通过在真空下烘烤能够降低它们对气体压力的影响，但是材料的蒸气压力却是材料本身所固有的、不变的。

在真空技术中，材料的蒸气压力和蒸发（升华）速率都是需要重视的参数。不能使用在真空系统的工作温度范围内蒸气压力很高的材料。在工作温度的范围内，所有面对真空的材料的饱和蒸气压力应该足够低，不应因为其本身的蒸气压或放气特性而使真空系统达不到所要求的工作真空度（或使真空度过度降低）。尽管室温下某些材料的蒸气压很低，甚至有时觉察不出来，但随着温度的升高，蒸气压力最终可以上升到测得出来的值。真空工程中常用材料及清洗用有机溶剂的蒸气压请查阅有关手册。

10.2.4 材料的其他性能

（1）机械强度

实际应用中系统的器壁必须承受得住大气的压力。因此它必须满足最低机械强度和刚度的要求，应考虑相应尺寸的结构所能承受的总压力（当然，容器结构形状也有较大的影响）。

（2）热学性能

许多真空系统要承受温度的变化，如加热和冷却。因此必须要考虑所用材熔点，也要考虑强度随温度的变化。例如，铜的力学性能在低于熔点温度之前就开始下降，因而不宜用铜制做真空容器的承压器壁。另外，真空系统的材料除了受到温度缓慢变化的影响外，还会受到温度突变的冲击影响。

（3）电磁性能

许多真空系统中的部件必须具备能完成某项功能或工序所要求的电性能，同时这些性能又不能与真空系统的要求相矛盾。在许多真空系统中，往往要应用带电粒子束。但这些带电粒子束往往容易受到某些不必要磁场的干扰。因此在有电子束或离子束的系统中，必须考虑系统材料的磁性能，在某些情况下，即使很小的磁场也可能造成很严重的问题。因此必须考虑用非磁性材料。

同时光学性能、硬度、抗腐蚀性、热导率和热膨胀等性能也常常起着十分重要的作用，在设计系统时要同时综合考虑。

10.3 金属材料

真空系统设计与制造中，常用的金属及其合金材料需具备低放气率、高耐腐蚀性、良好的力学性能和热稳定性等特点。常用的金属及其合金材料主要有低碳钢、不锈钢、铜、铝、镍、金、银、钨、钼、钽、铌、钛、铟、镓、可伐合金、镍铬（铁）合金、磁性合金、铜合金、铸铁、铸铜、铸铝等。选择材料时需综合考虑真空度、温度、腐蚀性、力学性能和经济性。不锈钢、铝、铜、钛及其合金是最常用的材料，而镍、钼、钨、金、银、铂及其合金则用于特殊需求。

10.3.1 铸件

金属铸件由于表面粗糙，微孔较多，很少用于制造高真空系统零件。高级铸铁及有色金属铸件大多用于制造各种机械真空泵。要求铸件具有较高的致密性，通常采用的铸铁牌号有 HT200、HT250、HT300 等。铸造铝合金牌号有 ZL109（Al、Si、Cu、Mg、Ni）、ZL203（Al、Cu）、ZL301（Al、Mg）等。当工作温度较高时，不应选用含有磷、锌、镉等元素的铜合金铸件。

10.3.2 钢及不锈钢

碳钢在低真空工作范围内的应用较为普遍。通常根据工艺要求，碳钢制造的真空室内表面需要镀层涂覆或裸露抛光。除了镀层表面以外，碳钢表面放气速率比不锈钢大得多，尤其是锈蚀表面放气量更大，表面状态是影响碳钢真空性能的主要因素。所以，应尽量使其内表面光滑、无锈。一般情况下工作真空度越高，则对内表面的要求也越严格。实践表明，室温时由大气渗透到真空中去的气体是很少的。然而，随着温度的升高，这种渗透量将急剧增加。在室温常压下氢气渗透过低碳钢钢板的速率要比低碳钢的表面放气速率小几个数量级。在室温下氮渗透过低碳钢的速率远低于氨，但是在高温下则相反，故在设计热态工作真空系统时必须注意。

在真空工程中常用的不锈钢主要有奥氏体型不锈钢和马氏体型不锈钢两种类型。奥氏体型不锈钢中应用最多的牌号主要有 0Cr18Ni9（304）、1Cr18Ni9Ti 等，它们属于耐热、耐蚀无磁不锈钢，大量应用于真空室壳体、管路、阀体中；常用的马氏体型不锈钢主要有 0Cr13、1Cr13、2Cr13、3Cr13 等，主要用于具有较高韧性及受冲击负荷的零件，如耐蚀真空泵叶片、轴类、喷嘴、阀座、阀片等需要一定硬度及耐腐蚀的场合。

10.3.3 不锈复合钢板

不锈复合钢板是以碳钢为基体，以不锈钢为复层经热连轧工艺制成的复合钢板。它既满足了真空性能的要求，又节省了大量不锈钢板，是制造大型真空设备的一种好的代用钢板。其规格、品种和使用温度范围如表 10-2 所示。

表 10-2 复合钢板的规格、品种和温度范围

类型	复层元素构成	基体元素构成	使用温度
奥氏体类型复合钢板	奥氏体不锈钢（如 304、316 等） 主要元素： 铬（Cr）：17%～20% 镍（Ni）：8%～12% 碳（C）：≤0.08% 其他：锰（Mn）、硅（Si）、钼（Mo，316 含 2%～3%）	低碳钢或低合金钢 主要元素： 铁（Fe）：主要成分 碳（C）：0.1%～0.25% 锰（Mn）：0.3%～1.0% 硅（Si）：≤0.35%	复层：－196～800℃（短期可达 900℃） 基体：－20～400℃（取决于碳含量）
铁素体类型复合钢板	铁素体不锈钢（如 430、409 等） 主要元素： 铬（Cr）：10.5%～17% 碳（C）：≤0.12% 其他：钛（Ti，409 含少量）、锰（Mn）、硅（Si）	低碳钢或低合金钢 主要元素： 铁（Fe）：主要成分 碳（C）：0.1%～0.25% 锰（Mn）：0.3%～1.0% 硅（Si）：≤0.35%	复层：－50～600℃（短期可达 800℃） 基体：－20～400℃（取决于碳含量）

（1）复层元素构成

① 奥氏体类型：复层为奥氏体不锈钢，主要元素为铬（Cr）和镍（Ni），其中铬提供耐腐蚀性，镍稳定奥氏体结构。

② 铁素体类型：复层为铁素体不锈钢，主要元素为铬（Cr），铬含量较低，不含镍，部分牌号含钛（Ti）以改善耐腐蚀性。

（2）基体元素构成

两种复合钢板的基体均为低碳钢或低合金钢，主要元素为铁（Fe），含少量碳（C）、锰（Mn）和硅（Si），以提供强度和韧性。

（3）使用温度

① 奥氏体类型

a. 复层：奥氏体不锈钢具有优异的低温韧性，可在－196～800℃范围内使用，短期可达 900℃。

b. 基体：低碳钢或低合金钢的使用温度一般为－20～400℃，具体取决于碳含量和合金成分。

② 铁素体类型

a. 复层：铁素体不锈钢的使用温度范围为－50～600℃，短期可达 800℃，但低温韧性较差。

b. 基体：低碳钢或低合金钢的使用温度一般为－20～400℃，具体取决于碳含量和合金成分。

10.3.4 有色金属

（1）镍

镍是真空技术中广泛应用的一种金属。在许多真空应用中常可以见到镍作为电真空器件中的阴极、栅极、阳极、吸气剂和热屏蔽罩，以及作为许多其它机械构件中的基体材料。镍对各种腐蚀都具有相当好的抵抗能力。另外，Ni 沉积薄膜、Ni 电镀层或 Ni 涂层可使其它材料表面具有所期望的抗腐蚀性。镍不仅对大气，而且对水、盐水、碱以及大多数的有机酸都具有抗腐蚀性。但镍在次氯酸、硝酸以及像氯气（T＞580℃时）、溴气、SO_2 和 $N_2+H_2+NH_3$ 的混合气体那样的潮湿气体中很容易被腐蚀。

镍具有铁磁性，它的磁化强度很强，但是它的居里温度较低，仅为 350℃左右。可采用向镍中加钴的方法来提高镍的居里温度。由于镍导磁性好，故在需要避免磁效应的场合应禁止使用。

镍对氢具有很高的可渗透率和溶解度。氢可在镍中形成固溶体。H_2、O_2、CO 等都能在 Ni 中扩散，但是惰性气体却不能透过 Ni，当加热到 400～500℃时，大部分氢气可从 Ni 中排出，而且 Ni 的硬度变化不大。但是当加热到 600℃以上时，虽然可使大量溶解在 Ni 中的 CO 放出，却会使 Ni 变脆。

（2）铜

铜具有很高的塑性，良好的导电和导热性能，常用作导电材料。常用的铜类材料有紫铜（纯铜）及铜合金。

黄铜具有较高的塑性，在机械加工和压力加工下可制成形状复杂的零件。但由于其含锌量高，在加热时会放气影响真空、污染设备，多用于低真空中。由于青铜的机械强度较大，因此多用不含有锡和锌的铝青铜或铍青铜制造真空设备中所用的弹性元件、波纹管、电触点和涡轮等。

紫铜是真空技术中应用较多的材料，由于普通的紫铜放气困难，普通铜中溶解的氧气在低于铜的软化点温度下不能释放出来，所以在高真空及超高真空中最常用的是无氧铜，如用作蒸气流泵的喷嘴、障板、冷阱、密封件、电极等。无氧铜是紫铜的一种，表 10-3 列出了它的某些性质。

表 10-3　铜的性质

性质	数值
原子序数	29
原子量	63.546
密度（20℃）	8.96g/cm^3
熔点	1084.62℃
比热（25℃）	0.385J/(g·K)
热导率（20℃）	401W/(m·K)
线热膨胀系数（20℃）	16.5μm/(m·K)
布氏硬度（取决于加工状态）	35～150HB
抗拉强度（退火状态）	210～220MPa
杨氏模量	110～128GPa
刚度	48GPa（剪切模量）
电阻率（20℃）	$1.68\times10^{-8}\Omega\cdot m$
电阻率的温度系数	0.00393/℃
电子逸出功	4.7eV
退火温度（取决于具体工艺）	400～700℃

无氧铜纯度高（Cu 含量≥99.98%），含氧量极低，又不含有氧化亚铜，在受热时不产生脆裂，故适合在超高真空中应用。无氧铜具有良好的延展性和非多孔性，且电导率和热导率极高，故又称无氧高导铜。由于无氧铜具有良好的真空气密性，对气体的溶解度低，在室温下不渗透氢和氦，而且对氧气和水蒸气的敏感性差、塑性又好，因此被广泛地用作金属超高真空系统中的可拆卸密封的密封垫片。通常，Cu 的使用温度不应过高，在 200℃以上时 Cu 的抗拉强度陡降；当温度超过 500℃时，Cu 的饱和蒸气压比 Ni 的饱和蒸气压大约高一个数量级。无氧铜会被氧腐蚀，并在 200℃以上时产生锈斑。它也会被含氧的酸腐蚀。另外，汞和汞蒸气对 Cu 也有很强的作用，因此铜一般不应用在用水银作为工作介质的场合。

由于紫铜很软，所以其加工难以实现高精度。一般铜很难用普通电弧焊或电阻焊接方法进行焊接，但可以进行锡焊和钎焊（例如用 Ag-Cu 共熔合金、Au-Cu 合金、Au-Ni 共熔合金以及其他合金焊料）。

(3) 铝

铝是一种重量轻、延展性相当好的金属。由于铝易于压制成形，且其导电导热性能好（稍次于铜），又是非磁性材料，故常用作真空室内的轻型支架、放电电极、扩散泵的喷嘴、导流管、挡油障板、分子泵中的叶片及耐腐蚀镀层等，性质如表 10-4 所示。

表 10-4 铝的性质

性质	数值
原子序数	13
原子量	26.9815
密度	$2.70g/cm^3$
熔点	660.32℃
比热	0.897J/(g·K)
热导率	237W/(m·K)
线热膨胀系数	$23.1\times10^{-6}/K$
布氏硬度	245MPa
抗拉强度	纯铝约为 90MPa，铝合金可达 300～600MPa
杨氏模量	70GPa
刚度	70GPa
电阻率	$2.65\times10^{-8}\Omega\cdot m$
电阻率的温度系数	0.00429/K
电子逸出功	4.06～4.26eV
退火温度	300～400℃

铝在空气中，甚至在潮湿的空气中几乎不受腐蚀，这是因为在它的表面上有一层薄的氧化铝保护膜。铝对 HCl 和 HNO_3 都有良好的抗腐蚀能力，但是溶于 HF、浓 H_2SO_4，碱和 CO_2 也能腐蚀铝。

(4) 钛

钛的强度高、重量轻、耐腐蚀，是真空工程中特别有用的金属。表 10-5 给出了 Ti 的物理性质。钛可以加工成形，而且没有磁性，因而是理想的结构材料，适合用作镀膜设备中的磁控溅射靶、溅射离子泵的阴极等。钛对活性气体（如 O_2、N_2、CO、CO_2 以及 650℃以上的水蒸气）的吸附性很强，蒸发在泵壁上的新鲜 Ti 膜形成一个具有高吸附能力的表面，这一性质使得 Ti 在超高真空抽气系统中作为吸气剂而得到广泛的应用，如用在钛升华泵、溅射离子泵等。

Ti 也像 Al、Zr 及不锈钢那样，表面上有氧化膜保护层，因而具有抗腐蚀性。但应避免在 H_2 气氛中加热 Ti，因为这样能迅速形成 TiH。

Ti 可以用高速钢刀具进行机械加工。可以用多种焊接方法对 Ti 进行焊接，焊接一般应在保护性气体的保护下进行，因为吸附的各种气体会使钛脆化、形成薄膜、翘曲和变形。

表 10-5　钛的性质

性质	数值
原子序数	22
原子量	47.867
密度	$4.506g/cm^3$
熔点	1668℃
比热	0.523J/(g·K)
热导率：	21.9W/(m·K)
线热膨胀系数：	$8.6\times10^{-6}/K$
布氏硬度（取决于合金状态）	70～330HB
抗拉强度	纯钛约为 240MPa，钛合金可达 900～1200MPa
杨氏模量	116GPa
刚度	116GPa
电阻率：约	$4.2\times10^{-7}\Omega\cdot m$
电阻率的温度系数	0.0038/K
电子逸出功	4.33eV
退火温度（取决于合金成分	650～800℃

（5）锆

纯锆是一种特别活泼的金属，可以用来作吸气剂（如锆铝吸气泵），它特别对氢气及氢的同位素氘、氚等有较强的吸附能力。表 10-6 给出了 Zr 的某些性质。Zr 的中子截面很小，因而可用作中子窗。Zr 的二次电子发射产额低，可以将它镀在其它基体材料上。因为 Zr 的表面上有一层氧化膜，故有良好的抗腐蚀性。Zr 对 HCl、HNO_2、稀 H_2SO_4、H_3PO_4 以及碱都具有稳定性。

表 10-6　锆的性质

性质	数值
原子序数	40
原子量	91.224
密度	$6.52g/cm^3$
熔点	1855℃
比热	0.278J/(g·K)
热导率	22.7W/(m·K)
线热膨胀系数	$5.7\times10^{-6}/K$
布氏硬度	200～300HB（取决于合金状态）
抗拉强度	纯锆约为 330MPa，锆合金可达 550～900MPa
杨氏模量	88GPa

续表

性质	数值
刚度	88GPa
电阻率	$4.2\times10^{-7}\Omega\cdot m$
电阻率的温度系数	0.0044/K
电子逸出功	4.05eV
退火温度	700～900℃（取决于合金成分）

10.4 非金属材料

10.4.1 氟塑料

氟塑料（聚四氟乙烯）俗称塑料王，其商品名称是Teflon，是四氟乙烯的聚合物，为白色或灰白色的物质。它是在高压下由三氯甲烷与氢氟酸聚合制成四氟乙烯（粉末），在370℃时，将得到的四氟乙烯粉末装模、烧结，产生一种坚韧的、非热塑性和非多孔性的树脂。聚四氟乙烯虽然大多是结晶体，但却没有熔点。它的塑性随温度升高而增加，而力学性能则急剧变坏。而且在高于327℃时，转变为非流动无定形的胶状物。在高于400℃时，聚四氟乙烯分解，放出有毒的挥发性氟化物气体。它的低温性能也很好，温度低于－80℃时仍能保持其韧性。表10-7给出了聚四氟乙烯的某些性质，由于聚四氟乙烯的结构是致密的，因此它有优良的真空性能。它的渗透率很低，在室温下的蒸气压和放气率都很低，比橡胶和其它塑料都要好。其25℃时的蒸气压为10^{-4}Pa，350℃时为4×10^{-3}Pa。

聚四氟乙烯与其本身或与钢之间的摩擦系数很低，对钢的摩擦系数为0.02～0.1，可用作无油轴承材料，也可用于真空动密封，但必须保证有良好的导热性（或用改性氟塑料），以避免因摩擦过热而损坏。

表10-7 聚四氟乙烯性质

参数	数值或描述
结构	线型高分子聚合物，化学式为 $(C_2F_4)_n$
密度	$2.15\sim2.20g/cm^3$
工作温度	－200～＋260℃
比热	约1.04J/(g·K)
热导率	约0.25W/(m·K)
线热膨胀系数	约10^{-4}/K
抗拉强度	20～35MPa
杨氏模量	约0.5GPa
电阻率	约$10^{18}\Omega\cdot cm$

续表

参数	数值或描述
电击穿强度	约 60kV/mm
电介质常数	约 2.1
永久变形	在长期应力下会发生冷流变形（永久变形）
用环作试验区	低摩擦系数（0.05～0.10），优异的耐磨性和化学稳定性

聚四氟乙烯的弹性和压缩性不如橡胶，而且在高负荷时趋于流动，甚至破裂。当加载高于 3MPa 时，产生残余变形，加载到 20MPa 左右时，会被压碎。因此聚四氟乙烯一般只用作带槽法兰的垫片材料，而且负荷不超过 3.5MPa。聚四氟乙烯具有良好的电绝缘性能。它的电阻率极高，电介质损耗很低，由于聚四氟乙烯不吸附和不吸收水蒸气（不吸水也不被水浸润），因此即使在 100％的相对湿度下，表面电阻率仍很高。这一特性及其抗飞弧性，使得聚四氟乙烯特别适用于各种需要绝缘的场合。

聚四氟乙烯的化学性质十分稳定，这一点优于任何其它的弹性塑料材料。它与所有已知的酸和碱（包括三大强酸和氢氟酸）都不发生反应。聚四氟乙烯不会受潮，也不溶解于任何已知的溶剂（但能溶解于熔融的碱金属）。聚四氟乙烯不可燃、无毒，当加热温度高于 400℃时才会放出有毒气体。由于聚四氟乙烯的性质不活泼，因此只能采用特殊的方法对它粘接。在粘接时应注意粘接剂的最高工作温度。在真空技术中，聚四氟乙烯可用作密封垫片、绝缘元件和低摩擦的运动元件等。聚四氟乙烯的应用温度范围为－50～200℃，其最高工作温度可达到 250℃。

10.4.2 碳

真空技术中常用的碳是人工石墨，其性质如表 10-8 所示。碳的熔点高、蒸气压低、热导率高、导电性好、电子发射的逸出功高、热发射率高、化学性质稳定、刚度大、吸气性好和价格便宜。故石墨可用作真空炉的加热器、镀膜及熔炼用的坩埚、金属镀膜中的热屏蔽罩以及电弧焊（炉）中的电极，但其缺点是熔融物会产生碳污。碳还可以用于提高热发射率，同时抑制了二次电子的发射，如镍涂覆碳。碳的主要缺点是强度低、含气量大，去气困难、机械加工性差、焊接困难。

表 10-8 碳（石墨）性质

参数	数值或描述
原子序数	6
原子量	12.01
密度	1.8～2.2g/cm^3（石墨）
熔点	约 3652℃（石墨升华温度）
比热	约 0.71J/(g·K)
线热膨胀系数	约 $2\times10^{-6}\sim6\times10^{-6}$/K（平行于基面方向）

续表

参数	数值或描述
布氏硬度	5～10HB（石墨，较软）
抗拉强度	10～20MPa（石墨）
杨氏模量	10～15GPa（石墨）
电阻率	$5\times10^{-6}\sim10\times10^{-6}\Omega\cdot m$（石墨，各向异性）
电子逸出功	约 4.6eV

10.4.3 碳纤维

碳纤维是 20 世纪 60 年代以来迅速发展的一种新材料。在真空技术中，它主要用于加热装置的电热体、绝热层和防腐耐热的环境中。它有着优异的电学、热学和力学性质。其纤维是一种比蜘蛛丝还细、比铝还轻、比不锈钢还耐腐蚀（耐大多数化学试剂腐蚀，仅与强氧化剂发生反应，例如铬酸盐等在高温下能起反应）、比耐热钢还耐高温，又能像铜那样导电的新材料。碳纤维的工作温度可达－180～3300℃。即使从 3000℃冷却到室温也不炸裂。其织品是真空电炉中颇具优势的好材料。若将碳纤维加热到 2000～3000℃，并让其受张力作用，即可成为含碳量大于 99%的石墨纤维。其性能比碳纤维更佳。根据需要可织成布、带、管、绳等，与钨、钼、碳棒相比，辐射率高，发射率为钨的 2 倍。辐射面积大，热惯性小，导电率高，密度小（质量轻），在高温下不变形、熔点极高，易成型，其另一特点是受热时，在轴向是冷胀热缩，而且其热膨胀系数很低，是普通钢的几十分之一，实际上近乎为零。石墨纤维用于真空加热材料时，其一些性能与难熔金属之间的比较如表 10-9 所示。

表 10-9　碳纤维与难熔金属的比较

性能	材料			
	钨	钼	钽	碳纤维（石墨带）
熔点/℃	3400	2600	3000	3800
密度/(g/cm^3)	19.6	10.2	16.6	2.24
使用温度/℃	2750	2100	2000	3300
蒸气压/Pa	1.3×10^{-3}	4×10^{-1}	6.6×10^{-6}	4×10^{-4}
黑度（ε）	0.03～0.3	0.1～0.3	0.2～0.3	0.95
升温强度变化	下降	下降	下降	提高

10.4.4 碳纤维-树脂复合材料

碳纤维-树脂复合材料（碳纤维增强塑料），是以树脂为基体，用碳纤维增强的一种新型复合材料。作为基体材料的树脂，目前以环氧树脂、酚醛树脂和聚四氟乙烯树脂应用最广。作为增强材料，与玻璃纤维等增强材料相比，碳纤维具有高强度、高模量、断裂伸长率小等特点，高强度碳纤维拉伸强度可达3500MPa，而断裂伸长率为1%，并在2000℃以上高温，其强度和弹性模量保持不变，这是难得的优良性质。

碳纤维增强塑料还具有很高的比强度、比模量，耐疲劳，吸振，抗蠕变，线膨胀系数小，热导率大和耐水性好等特点。碳纤维增强塑料在真空工程中可用于制做轴承、密封圈、垫片、齿轮等零件，具有耐磨、耐腐蚀、耐热、无须润滑等特点。目前应用的碳纤维增强塑料产品有以下几种分类，具体如表10-10所示。

表10-10　碳纤维增强塑料分类

材料	基体材料	增强材料	主要性质	使用温度	典型应用
T300/5208	环氧树脂5208	T300碳纤维	高强度、高模量，耐疲劳性能好，良好的耐热性和耐化学性	−55～120℃	航空航天结构件（如机翼、尾翼）、高性能体育器材、工业设备中的轻量化部件
T300/914	环氧树脂914	T300碳纤维	高强度、高模量，耐疲劳性能优异，耐湿热性能较好	−55～130℃	航空航天结构件（如机身、机翼）、汽车轻量化部件、高端体育器材
Rigidite 5245	高性能环氧树脂	高模量碳纤维	高刚性、高强度，耐疲劳性能优异，耐高温性能较好	−55～180℃	航空航天高温部件、高性能汽车部件、工业设备中的高刚性部件
4211/T30	环氧树脂4211	T30碳纤维	高强度、高模量，耐疲劳性能优异，良好的耐热性和耐化学性	−55～120℃	航空航天结构件、高端体育器材、工业设备中的轻量化部件
5221/T30	环氧树脂5221	T30碳纤维	高强度、高模量，耐疲劳性能优异，良好的耐热性和耐化学性	−55～120℃	航空航天结构件、高端体育器材、工业设备中的轻量化部件
HD01C碳/环氧复合材料	环氧树脂	高模量碳纤维	高强度、高模量，耐疲劳性能优异，良好的耐热性和耐化学性	−55～150℃	航空航天结构件、高端体育器材、工业设备中的轻量化部件

从表10-10可以得出如下结论：

① 基体材料：均为环氧树脂，但具体型号不同（如5208、914、4211、5221等），性能略有差异。

② 增强材料：T300和T30碳纤维为主，Rigidite 5245和HD01C使用高模量碳纤维。

③ 使用温度：T300/5208和4211/T30、5221/T30的使用温度范围为−55～120℃，适合常温至中温环境。T300/914的使用温度略高，为−55～130℃，耐湿热性能较好。Rigidite 5245的使用温度最高，为−55～180℃，适合高温环境。HD01C的使用温度为−55～150℃，介于中温和高温之间。

10.4.5 其它真空材料

机械泵油：适当的黏度、较低的饱和蒸气压。

扩散泵油：为了获得较低的入口压力及较少的返流率，希望泵油在常温下具有很低的饱和蒸气压，含易挥发（轻馏分）的成分少、溶解气体的能力低，黏度适宜。然而，又希望在锅炉温度下，泵油具有较高的饱和蒸气压以保证足够密度的蒸气射流抽气。热稳定性及抗高温氧化性好。

扩散喷射泵油：由于要求油增压泵在高压力（$10\sim10^{-2}$Pa）下有较高的抽气量，所以泵油的热稳定性和抗氧化性一定要好。在锅炉温度下有较高的饱和蒸气压（室温下的饱和蒸气压并不需要很低），馏分要窄。

10.4.6 辅助密封材料

真空辅助密封材料主要依据真空密封的部位和真空度不同分为封蜡、封脂、封泥和封漆等。封蜡适合低真空、简单操作场景，成本低但耐温性差。封脂适合中低真空、活动部件密封，耐温性好但清洁困难。封泥适合中真空、临时密封，灵活但长期效果有限。封漆适合高真空、固定部件密封，耐温性和化学稳定性优异，但操作复杂且成本高，具体特性对比如表 10-11 所示。

表 10-11 辅助密封材料特性对比

特性	封蜡	封脂	封泥	封漆
主要成分	蜡类物质	油脂和添加剂	黏土和添加剂	树脂和溶剂
可塑性	良好	高	高	低（固化后坚硬）
适用真空度	低真空	中低真空	中真空	高真空
应用部位	接头、缝隙	阀门、活动部件	临时密封、修补	固定部件
耐温性	较差（高温易软化）	较好	一般	优异
化学稳定性	一般	较好	一般	优异
操作难度	简单	中等	简单	复杂
固化时间	无须固化	无须固化	无须固化	需要固化时间
清洁难度	容易	较难	容易	较难
成本	低	中等	低	高
优点	操作简便，成本低	耐温性好，密封持久	使用灵活，适应性强	耐温性和化学稳定性好，密封持久
缺点	耐温性差，高温易软化	清洁较困难	长期密封效果有限	操作复杂，固化时间长

(1) 真空封脂

真空封脂主要用于真空系统的磨口、活栓及活动连接处的密封和润滑，是一种脂膏状物质。真空封脂的性能如表 10-12 所示。

表 10-12　真空封脂性能对比

真空脂类型	主要成分	饱和蒸气压（20℃）/Pa	滴点温度/℃	最高使用温度/℃
1＃真空脂	矿物油＋稠化剂	1.0×10^{-4}	120	120
2＃真空脂	合成烃油＋稠化剂	1.0×10^{-5}	150	150
3＃真空脂	聚二甲基硅氧烷	1.0×10^{-6}	200	200
4＃真空脂	全氟聚醚油＋稠化剂	1.0×10^{-7}	250	250
7501 高真空脂	全氟聚醚油＋聚四氟乙烯稠化剂	1.0×10^{-8}	300	300

① 主要成分

a. 1＃真空脂：以矿物油为基础，成本较低，适用于低真空和低温环境。

b. 2＃真空脂：以合成烃油为基础，具有较好的润滑性和中等真空性能。

c. 3＃真空脂：以聚二甲基硅氧烷为基础，具有良好的化学稳定性和耐温性。

d. 4＃真空脂：以全氟聚醚油为基础，具有极低的饱和蒸气压和优异的化学惰性。

e. 7501 高真空脂：以全氟聚醚油和聚四氟乙烯稠化剂为基础，适用于超高真空和高温环境。

② 饱和蒸气压：表示在 20℃时，真空封脂的蒸气压，数值越低，真空性能越好。

③ 滴点温度：表示真空封脂开始流动的温度，反映其耐热性。

④ 最高使用温度：表示真空封脂能稳定工作的最高温度。

⑤ 应用场景：

a. 1＃真空脂：适用于低真空和低温环境，如普通真空密封。

b. 2＃真空脂：适用于中低真空和中温环境，如一般工业应用。

c. 3＃真空脂：适用于中真空和中高温环境，如高真空系统。

d. 4＃真空脂：适用于高真空和高温环境，如科研和精密仪器。

e. 7501 高真空脂：适用于超高真空和高温环境，如航空航天和半导体领域。

(2) 真空漆

真空漆（如紫漆和甘酞树脂漆）也可在真空技术中刷涂或喷涂于零件表面及焊缝，用来堵漏或防止 H_2 渗入金属器壁中。它的饱和蒸气压较低（约 1×10^{-4}Pa）。在干燥和硬化后能承受 200℃以下的温度，同时还具有良好的抗腐蚀能力。真空漆主要特性如下：

① 高绝缘性：在高压和高频环境下仍能保持良好的绝缘性能。

② 耐热性：能够在高温环境下保持稳定，不易分解或老化。

③ 低挥发性：在真空环境下挥发性低，不会产生气泡或孔洞。

④ 附着力强：能够牢固地附着在金属、陶瓷等材料表面。

常见分类包含如下几种：

① 环氧真空漆：具有优异的绝缘性和耐热性，常用于高要求的电子元件。

② 聚氨酯真空漆：具有良好的柔韧性和耐化学性，适用于需要一定弹性的场合。

③ 聚硅氧烷（俗称硅酮）真空漆：耐高温性能优异，常用于高温环境下的绝缘保护。

10.5 真空系统部件铸造工艺

铸件，作为制造业中不可或缺的重要组成部分，广泛应用于汽车、航空航天、能源等众多领域。在真空系统中，通过铸造的方式对关键部件进行加工制造。铸造工艺是一种古老而重要的金属成型技术，它利用具有特定性能的原砂等材料作为造型材料，通过熔炼金属液体并注入铸型中，经冷却凝固后获得所需形状和性能的零件。铸造工艺在汽车工业、航空航天等领域占据重要地位，具有制造成本低、工艺灵活性大、能制造复杂形状和大型铸件等优点。

铸造工艺的历史可以追溯到远古时期，中国早在 6000 年前就已开始使用铸造技术。随着工业技术的发展，铸造工艺不断革新和完善，尤其是在 19 世纪末和 20 世纪，出现了低压铸造、陶瓷铸造、连续铸造等新技术，推动了铸造工艺的现代化和精密化。

10.5.1 铸造工艺的分类

铸造工艺根据不同的分类标准可以划分为多种类型，主要包括砂型铸造、特种铸造两大类。

（1）砂型铸造

砂型铸造是最传统的铸造工艺之一，它利用型砂和芯砂等材料制成铸型，适用于生产各种复杂形状和尺寸的铸件。砂型铸造具有成本低、适应性强等优点，广泛应用于汽车、机床等机械制造领域。其工艺流程包括模型制作、砂型制造、浇注、冷却凝固和脱模清理等步骤。

（2）特种铸造

特种铸造则包括离心铸造、低压铸造、差压铸造、增压铸造、石膏型铸造、陶瓷型铸造等多种方式。这些工艺通常具有更高的精度和更复杂的成型能力，适用于生产对尺寸精度、表面质量和力学性能要求较高的铸件。

① 离心铸造：利用离心力使金属液在铸型内凝固成型，适用于生产管类和环状铸件。

② 低压铸造：在较低压力下将金属液注入铸型，并在压力下凝固，以获得致密且轮廓清晰的铸件。

③ 压铸：利用高压将金属液快速压入模具中，形成铸件。压铸工艺生产效率高，产品质量好，适合大批量生产。

④ 熔模铸造（失蜡铸造）：利用易熔材料制成模样，再包覆耐火材料形成型壳，通过加热使模样熔化后浇注金属液。熔模铸造具有尺寸精度高、表面光洁等优点，适用于生产

复杂且精密的铸件。

10.5.2 铸造工艺的主要特点

① 成本低：相对于其他金属成型方法，铸造工艺制造成本较低，尤其适合生产大型和复杂形状的铸件。

② 灵活性大：铸造工艺可以生产各种形状和尺寸的铸件，满足不同领域的需求。

③ 生产效率高：随着自动化和机械化技术的发展，铸造工艺的生产效率不断提高。

④ 适应性强：铸造工艺可以适应多种合金材料的铸造需求，包括钢、铁、铜、铝、镁等。

10.5.3 铸造工艺的发展趋势

随着对铸造质量、精度、成本和自动化等要求的提高，铸造工艺正向着精密化、大型化、高质量、自动化和清洁化的方向发展。未来，铸造工艺将更加注重智能化和数字化技术的应用，如工业互联网、大数据、云计算等技术的引入，将推动铸造工艺的全面升级和转型。

① 智能化：通过智能设备和智能系统实现铸造生产过程的实时监控和数据分析，提高生产效率和产品质量。

② 数字化：利用数字化技术进行铸件设计、工艺规划和生产管理，实现铸造工艺的精准控制和优化。

③ 绿色化：注重环保和可持续发展，推广使用绿色材料和清洁能源，减少铸造过程中的污染和能耗。

总之，铸造工艺作为一种重要的金属成型技术，在机械制造等领域发挥着不可替代的作用。随着科技的不断进步和市场需求的变化，铸造工艺将不断创新和发展，为制造业的转型升级和高质量发展提供有力支持。

10.5.4 铸造常见缺陷

铸造工艺过程复杂，影响铸件质量的因素很多，往往由于原材料控制不严，工艺方案不合理，生产操作不当，管理制度不完善等原因，会使铸件产生各种铸造缺陷。常见的铸件缺陷名称、特征和产生的原因如表 10-13 所示。

表 10-13 铸件常见缺陷特征及主要原因

缺陷名称	特征	产生的主要原因
气孔 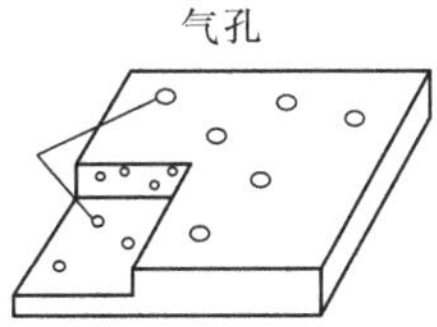	在铸件内部或表面有大小不等的光滑孔洞	①炉料不干或含氧化物、杂质多；②浇注工具或炉前添加剂未烘干；③型砂含水过多或起模和修型时刷水过多；④型芯烘干不充分或型芯通气孔被堵塞；⑤春砂过紧，型砂透气性差；⑥浇注温度过低或浇注速度太快等

续表

缺陷名称	特征	产生的主要原因
缩孔与缩松 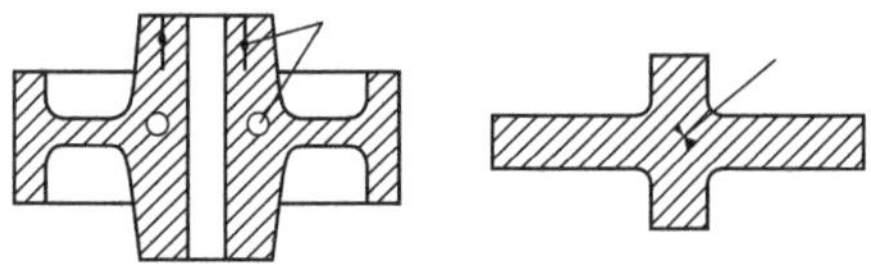	缩孔多分布在铸件厚断面处，形状不规则，孔内粗糙	①铸件结构设计不合理，如壁厚相差过大，厚壁处未放冒口或冷铁；②浇注系统和冒口的位置不对；③浇注温度太高；④合金化学成分不合格，收缩率过大，冒口太小或太少
砂眼 	在铸件内部或表面有型砂充塞的孔眼	①型砂强度太低或砂型和型芯的紧实度不够，故型砂被金属液冲入型腔；②合箱时砂型局部损坏；③浇注系统不合理，内浇口方向不对，金属液冲坏了砂型；④合箱时型腔或浇口内散砂未清理干净
粘砂 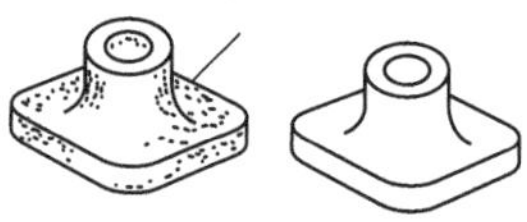	铸件表面粗糙，粘有一层砂粒	①原砂耐火度低或颗粒度太大；②型砂含泥量过高，耐火度下降；③浇注温度太高；④湿型铸造时型砂中煤粉含量太少；⑤干型铸造时铸型未刷涂斜或涂料太薄
夹砂 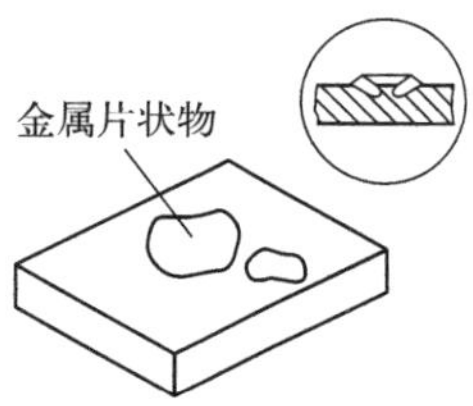	铸件表面产生金属片状凸起物，在金属片状凸起物与铸件之间夹有一层型砂	①型砂热湿拉强度低，型腔表面受热烘烤而膨胀开裂；②砂型局部紧实度过高，水分过多，水分烘干后型腔表面开裂；③浇注位置选择不当，型腔表面长时间受高温铁水烘烤而膨胀开裂；④浇注温度过高，浇注速度太慢
错型 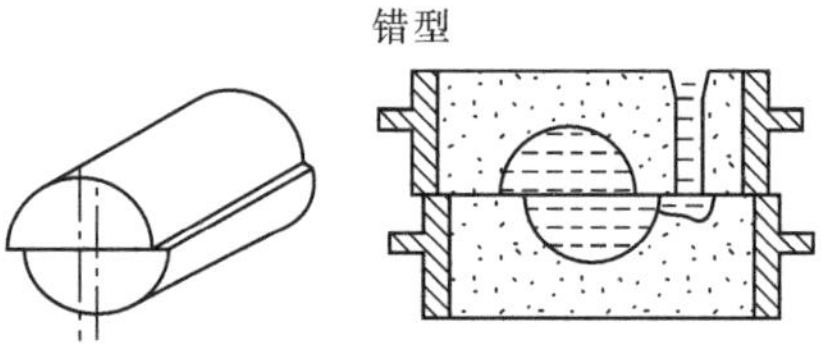	铸件沿分型面有相对位置错移	①模样的上半模和下半模未对准；②合箱时，上下砂箱错位；③上下砂箱未夹紧或上箱未加足够压铁，浇注时产生错箱
冷隔 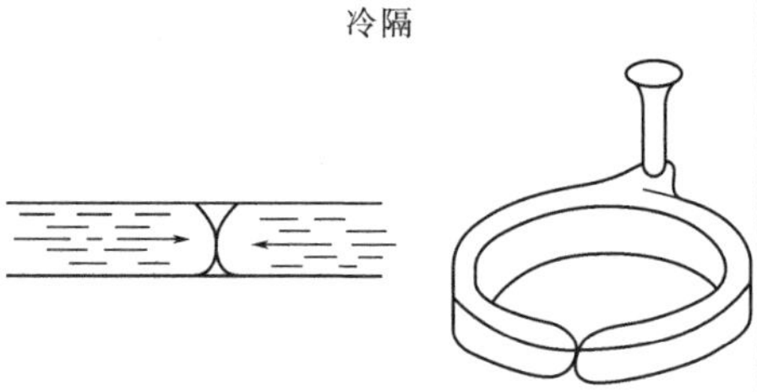	铸件上有未完全融合的缝隙或洼坑，其交接处是圆滑的	①浇注温度太低，合金流动性差；②浇注速度太慢或浇注中有断流；③浇注系统位置开设不当或内浇道横截面积太小；④铸件壁太薄；⑤直浇道（含浇口杯）高度不够；⑥浇注时金属量不够，型腔未充满
浇不足 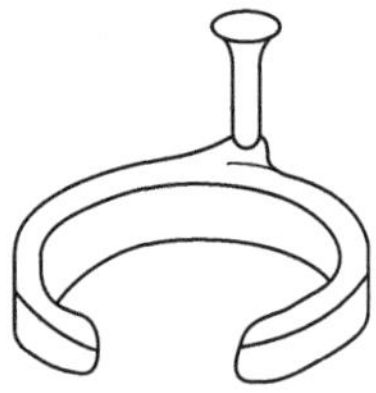	铸件未被浇满	

续表

缺陷名称	特征	产生的主要原因
裂纹 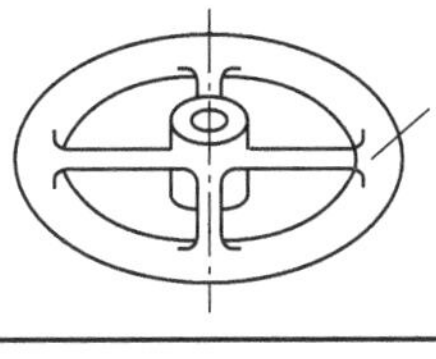	铸件开裂，开裂处金属表面有氧化膜	①铸件结构设计不合理，壁厚相差太大，冷却不均匀；②砂型和型芯的退让性差，或舂砂过紧；③落砂过早；④浇口位置不当，致使铸件各部分收缩不均匀

10.5.5 铸造质量控制

铸造质量控制是确保铸造产品质量的关键环节，它贯穿于铸造生产的全过程，包括原材料选择、工艺设计、生产操作、产品检测等多个方面。以下是对铸造质量控制的详细阐述：

(1) 原材料控制

① 材料选择：选择符合要求的铸造材料，确保材料的化学成分、物理性能和力学性能等符合标准。这是铸造质量控制的基础，因为原材料的质量直接影响最终产品的质量。

② 质量检测：对进厂的原材料进行严格的质量检测，包括化学成分分析、力学性能测试等，确保原材料质量可靠。

③ 存储与管理：对原材料进行合理存储和管理，避免材料受潮、锈蚀或污染，影响后续加工质量。

(2) 工艺设计

① 产品设计：在铸造质量控制中，产品设计是至关重要的一环。合理的产品设计可以减少铸造缺陷的发生，提高产品的质量。设计时需要考虑到材料的收缩率、热胀冷缩等因素，以确保产品的尺寸和形状符合要求。

② 模具设计：模具的制造质量直接影响铸造产品的质量。在铸造质量控制中，需要对模具的材料、尺寸和表面质量进行控制。同时，还需要进行模具的定期维护和保养，以确保模具的使用寿命和铸件的质量。

③ 浇注系统设计：合理的浇注系统设计可以有效地控制铸造过程中的气孔、夹杂和缩孔等缺陷。在铸造质量控制中，需要考虑到浇注系统的形状、尺寸和流动性，以确保熔体能够均匀地填充模腔。

(3) 生产操作控制

① 工艺参数控制：严格控制铸造过程中的工艺参数，如熔炼温度、浇注温度、浇注速度、冷却时间等，以确保铸件的质量。这些参数对铸件的内部组织、力学性能和外观质量都有重要影响。

② 过程监控：对铸造过程进行实时监控，及时发现并纠正生产过程中的问题，确保

铸件质量稳定。这包括监控熔炼过程、浇注过程、冷却过程等各个环节。

（4）产品检测

① 外观检查：通过目视观察铸件的外观质量，包括表面光洁度、有无缺陷等。这是最基本的检测方法之一。

② 尺寸测量：采用测量仪器对铸件的尺寸进行测量，包括长度、宽度、高度等，以确保铸件的尺寸精度符合设计要求。

③ 化学分析：通过化学分析仪器对铸件的化学成分进行检测，确保合金成分符合要求。这有助于控制铸件的内部组织和力学性能。

④ 力学性能测试：采用万能试验机等测试设备对铸件进行硬度、强度、韧性等力学性能测试。这些测试可以评估铸件在使用过程中的安全性和可靠性。

⑤ 无损检测：采用无损检测技术对铸件进行内部质量检测，如 X 射线检测、超声波检测等。这些技术可以检测铸件内部的缺陷如裂纹等问题，提高产品的质量和安全性。

（5）质量管理体系

① 标准制定：在铸造质量控制中，需要制定相应的质量标准，明确产品的质量要求和检测方法。这有助于规范生产操作和产品检测过程。

② 过程控制和记录：在铸造过程中，需要进行过程控制和记录，以确保每一个环节都符合质量要求。这有助于追溯问题源头并采取相应的改进措施。

③ 不良品处理：对于发现的不良品需要进行及时处理。这包括对不良品的分类、分析和处理，以避免不良品对产品质量的影响。

结合工程实践，铸件质量预防措施一般采用如表 10-14 所示的措施。

表 10-14　铸件质量预防关键措施

序号	缺陷名称	缺陷特征	预防措施
1	气孔	在铸件内部、表面或近于表面处，有大小不等的光滑孔眼，形状有圆的、长的及不规则的，有单个的，也有聚集成片的。颜色有白色的或带一层暗色，有时覆有一层氧化皮	降低熔炼时金属的吸气量。减少砂型在浇注过程中的发气量，改进铸件结构，提高砂型和型芯的透气性，使型内气体能顺利排出
2	缩孔	在铸件厚断面内部、两交界面的内部及厚断面和薄断面交接处的内部或表面，形状不规则，孔内粗糙不平，晶粒粗大	壁厚小且均匀的铸件要采用同时凝固，壁厚大且不均匀的铸件采用由薄向厚的顺序凝固，合理放置冒口的冷铁
3	缩松	在铸件内部微小而不连贯的缩孔，聚集在一处或多处，晶粒粗大，各晶粒间存在很小的孔眼，水压试验时渗水	壁间连接处尽量减小热节，尽量降低浇注温度和浇注速度。
4	渣气孔	在铸件内部或表面形状不规则的孔眼。孔眼不光滑，里面全部或部分充塞着熔渣	提高铁液温度，降低熔渣黏性，提高浇注系统的挡渣能力，增大铸件内圆角
5	砂眼	在铸件内部或表面有充塞着型砂的孔眼	严格控制型砂性能和造型操作，合型前注意打扫型腔

续表

序号	缺陷名称	缺陷特征	预防措施
6	热裂	在铸件上有穿透或不穿透的裂纹（主要是弯曲形的），开裂处金属表皮氧化	严格控制铁液中的S、P含量。铸件壁厚尽量均匀。提高型砂和型芯的退让性。浇冒口不应阻碍铸件收缩。避免壁厚的突然改变。开型不能过早，不能激冷铸件
7	冷裂	在铸件上有穿透或不穿透的裂纹（主要是直的），开裂处金属表皮氧化	
8	粘砂	在铸件表面上，全部或部分覆盖着一层金属（或金属氧化物）与砂（或涂料）的混（化）合物，致使铸件表面粗糙	减少砂粒间隙。适当降低金属的浇注温度。提高型砂、芯砂的耐火度
9	夹砂	在铸件表面上，有一层金属瘤状物或片状物，在金属瘤片和铸件之间夹有一层型砂	严格控制型砂、芯砂性能。改善浇注系统，使金属液流动平稳。大平面铸件要倾斜浇注
10	冷隔	在铸件上有一种未完全融合的缝隙或洼坑，其交界边缘是平滑的	提高浇注温度和浇注速度。改善浇注系统。浇注时不断流
11	浇不到	由于金属液未完全充满型腔而产生的铸件缺肉	提高浇注温度和浇注速度。不要断流和防止跑火

可见铸造质量控制是一个复杂而系统的过程，需要从原材料选择、工艺设计、生产操作、产品检测等多个方面入手，确保铸件的质量符合设计要求和客户要求。通过建立健全的质量管理体系和实施全面质量管理，可以有效地提高铸造产品的质量和市场竞争力。

10.5.6 铸造过程

铸造生产时，首先要根据铸件的结构特征、技术要求、生产批量、生产条件等因素，确定铸造工艺方案。其主要内容包括浇注位置、分型面、铸造工艺参数（机械加工余量、起模斜度、铸造圆角、收缩率、芯头等）的确定，然后用规定的工艺符号或文字绘制成铸造工艺图。铸造工艺图是指导铸造生产的技术文件，也是验收铸件的主要依据。

10.5.6.1 浇注位置的确定

浇注时铸件在铸型中所处的位置称为浇注位置。铸件的浇注位置对铸件的质量、尺寸精度、造型工艺的难易程度都有很大的影响。通常按下列基本原则确定浇注位置。

(1) 铸件的重要工作面或主要加工面朝下或位于侧面

浇注时金属液中的气体、熔渣及铸型中的砂粒会上浮，有可能使铸件的上部出现气孔、夹渣、砂眼等缺陷，而铸件下部出现缺陷的可能性小，组织较致密。浇注位置应将导轨面朝下，以保证该重要工作面的质量。

（2）铸件的大平面朝下或倾斜浇注

由于浇注时炽热的金属液对铸型的上部有强烈的热辐射，引起顶面型砂膨胀拱起甚至开裂，使大平面出现夹砂、砂眼等缺陷。大平面朝下或采用倾斜浇注的方法可避免大平面产生铸造缺陷。

（3）铸件的薄壁朝下、侧立或倾斜

为防止铸件的薄壁部位产生冷隔、浇不到缺陷，应将面积较大的薄壁置于铸件的下部，或使其处于侧壁或倾斜位置，浇铸示意图如图 10-1 所示。

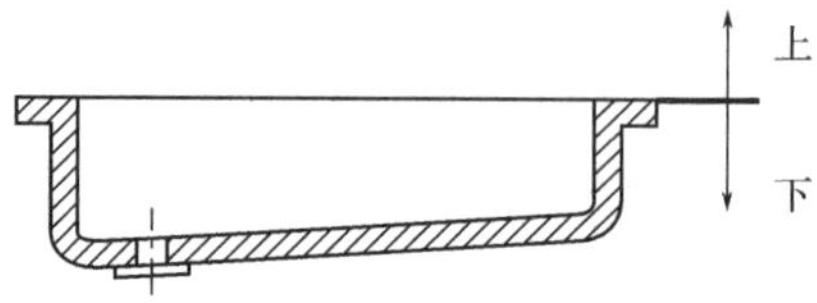

图 10-1　浇铸示意图

10.5.6.2　工艺参数的选定

（1）机械加工余量和公差

指铸件加工面上预留的、准备切除的金属层厚度。加工余量取决于铸件的精度等级，与铸件材料、铸造方法、生产批量、铸件尺寸、浇注位置等因素有关。

（2）起模斜度

为使模样（或型芯）易从铸型（或芯盒）中取出，在模样（或芯盒）上与起模方向平行的壁的斜度称为起模斜度，模样的起模斜度可采用增加壁厚、加减壁厚、减小壁厚三种方法。

（3）收缩率

为补偿铸件在冷却过程中产生的收缩，使冷却后的铸件符合图样的要求，需要放大模样的尺寸，放大量取决于铸件的尺寸和该合金的线收缩率。一般中小型灰铸铁件的线收缩率约取 1%；非铁金属的铸造收缩率约取 1.5%；铸钢件的铸造收缩率约取 2%。

（4）铸造圆角

模样壁与壁的连接和转角处要做成圆弧过渡，称为铸造圆角。铸造圆角可减少或避免砂型尖角损坏，防止产生粘砂、缩孔、裂纹。但铸件分型面的转角处不能有圆角。铸造内圆角的大小可按相邻两壁平均壁厚的$\frac{1}{3}\sim\frac{1}{5}$选取，外圆角的半径取内圆角的一半。

（5）芯头

是指砂芯的外伸部分，用来定位和支承砂芯。芯头有垂直和水平芯头两种。

10.5.7　浇铸系统

浇注系统包含浇口杯、直浇道、横浇道、内浇道和冒口等。合理地设计浇注系统，可使金属液平稳地充满铸型型腔，控制金属液的流动方向和速度，调节铸件上各部分的温度，控制冷却凝固顺序；阻挡夹杂物进入铸型型腔。冒口起补缩、排气和集渣作用。按金属液导入型腔的位置，浇注系统可分为底注式、顶注式、阶梯式、缝隙式等几类，如图10-2所示。

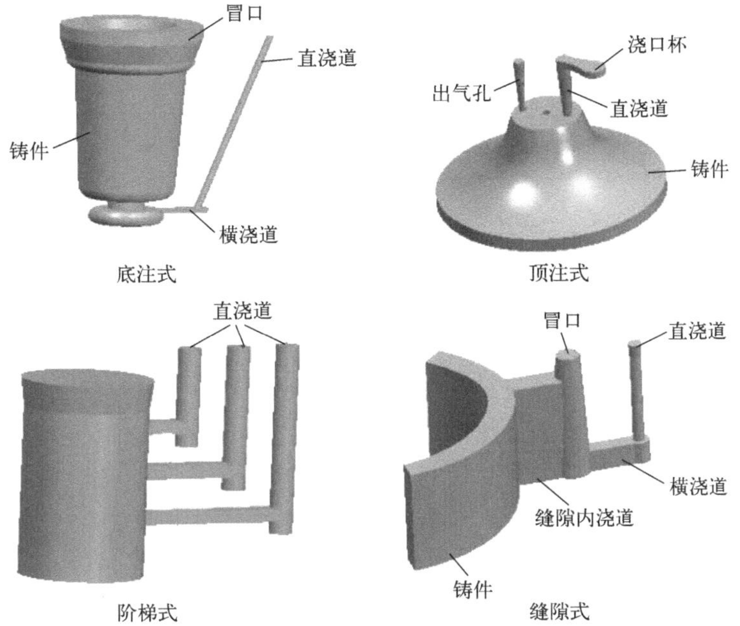

图 10-2　浇铸系统分类示意图

第11章 真空设备应用与展望

11.1 典型应用及真空设备要求

随着科技进步和应用需求，很多新兴产业及高新技术产业的制造过程中都需要真空系统，并且部分场景下要求真空系统具备抽除腐蚀性气体、粉尘颗粒物、有毒气体、无油污染等功能，部分场景要同时满足抽速范围宽、抽气腔内无油及元件无摩擦、能耗低、耐腐蚀等。面对新的要求，真空获得产品已经出现更新换代的趋势，要求真空设备与时俱进，比如大量的有油真空系统被无油真空系统所替代。真空获得设备成为各行各业不可或缺的设备，在IC半导体制备、精密加工、新能源装备、冶金、化工、医药、食品、航天等多个领域得到广泛应用。

① 在IC制备领域，比如在制造半导体芯片、显示面板、光伏面板时，需要使用真空室来创建和维护高纯度、无尘的环境，以确保产品的精密制造。此外，真空室还用于电子设备的封装和防潮处理，以提高其稳定性和耐用性。

② 在化工行业，真空设备应用于反应、分离和提纯等过程。使用真空室可以降低反应温度和压力，提高产物的纯度和收率，同时减少副反应的发生。

③ 在航天领域，真空设备用于火箭发射、卫星制造等过程，确保在高真空环境下进行精密制造和组装，保证航天器的质量和安全。

④ 在医药行业，真空技术用于确保药品在无菌环境中包装，避免污染，延长保质期。此外，真空技术还应用于生物制药等领域，提高生产效率和产品质量。

⑤ 在冶金行业，真空设备主要用于真空冶金、真空热处理等过程，通过降低气压和温度，提高工艺效率和产品质量。

⑥ 在食品行业，真空技术用于食品包装，确保食品在无菌环境中保存，避免污染，延长保质期。同时，真空技术还应用于食品加工过程中，提高产品质量和生产效率。

11.1.1 IC制备行业

真空设备在IC行业中的应用非常广泛，主要用于保持工作空间的洁净和抽除空气，以减少空气对工艺的影响，如图11-1所示。常见真空泵类型包括干式真空泵、分子泵、水环泵、旋片泵等。这些泵能够满足电子行业对高真空度的要求，同时具有清洁、安全、耐磨、造价低、维修方便等优点。如在半导体制造中，真空泵是不可或缺的设备之一。半导体芯片的生产过程需要在超高真空环境中进行，以确保芯片的纯净度和性能。无油真空泵通过其高效的抽真空能力，为半导体制造提供了稳定可靠的真空环境，确保半导体产品的高质量生产。在平板显示器制造过程中，无油真空泵同样发挥着关键作用。平板显示器的制造过程需要采用真空蒸镀技术，以保证屏幕的清晰度和稳定性。无油真空泵在薄膜沉积和真空抽气过程中发挥着重要作用，提高了生产效率，确保了显示器的质量。光伏电池生产中，无油真空泵也功不可没。在电池生产的过程中，需要通过真空技术来保障电池的制备过程无尘、无杂质。无油真空泵通过其高度净化的抽气系统，确保光伏电池的生产环境洁净、高效。

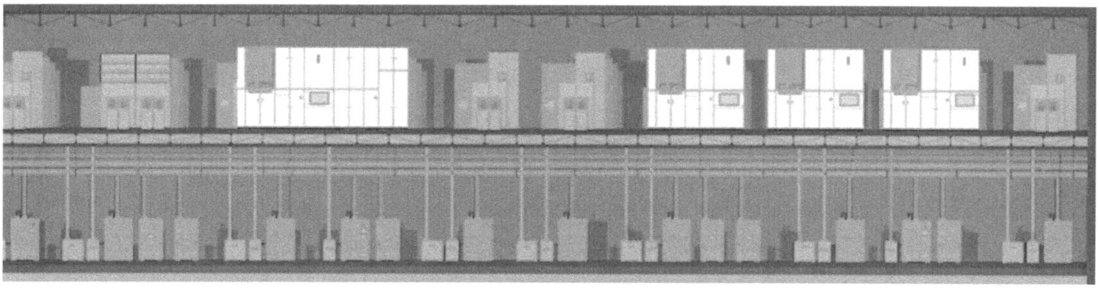

图 11-1　真空设备应用场景示意图

11.1.1.1　在半导体制备行业中的应用

（1）应用工艺范围

半导体产品的整个制造过程可分为晶圆加工、氧化、光刻、刻蚀、薄膜沉积、互连及封测等步骤，大部分工艺环节需要在无油真空环境下进行。为了防止空气中的氧气、水蒸气、灰尘等杂质对半导体材料产生不利影响，从而导致器件性能下降甚至失效，需要在极高真空或极低压环境下工作，利用真空设备创造和维持一个纯净、无污染的环境，确保半导体器件的高质量生产。具体来说，真空技术在半导体制造中的应用包括以下几个方面：

① 真空沉积技术：在真空中加热材料，使其蒸发并在晶片表面沉积，形成各种微电子元器件的介质层、金属导线、触头等。

② 光刻：光刻的主要作用是将掩模版上的芯片电路图转移到硅片上，是 IC 制造的核心环节，也是整个 IC 制造中最复杂、最关键的工艺步骤。

③ 真空蒸镀技术：在真空条件下使金属蒸发并在物体表面沉积形成薄膜，通常用于制作金属导体、连接器等。

④ 晶片加工：包括原子沉积、蚀刻、清洗等过程，排除气体分子防止介质材料氧化、污染。

⑤ 薄膜涂覆：通过控制真空度、温度和薄膜材料的性质，获得具有所需性能的薄膜材料。

⑥ 化学气相淀积：在真空中将气体反应物转化为固态或液态物质并沉积在晶片表面，用于形成各种薄膜材料。

⑦ 等离子体刻蚀：使用高能等离子体对材料进行刻蚀，实现材料的去除和图案化，确保刻蚀过程的精度和一致性。

这些技术的应用确保了半导体制造过程的高效、稳定和精度，是现代电子设备和高科技产品的基础，这些环节都离不开真空获得设备。

（2）各工艺具体应用对真空设备的要求

① 真空获得设备（真空泵）在半导体生产线上的应用主要是将进出样品腔（L/L 腔）和工艺处理腔抽真空。在 L/L 腔抽真空过程中，真空泵主要面对的挑战是耐受高频大气冲击，以及要满足大规模制造对节省水/电/气以及安装空间提出的要求，要考虑真空泵的体积，并要求节省成本和节能。

② 工艺处理：真空腔在预抽真空阶段要求泵从高压到低压均具有大的抽速，同时此阶段的节能要求也比较高，可以靠变频泵及泵的多级结构来实现。另外工艺腔工艺处理抽真空过程中，工艺腔中可能会产生粉尘及腐蚀性气体（如刻蚀工艺），真空泵需要耐腐蚀（取决于工艺气体），耐制程产物（不仅要考虑物理特性，更要考虑其化学特性），并且要求真空泵热稳定性高，处理粉尘能力强，能耗则为次要考虑因素，目前多通过精确控制泵体温度方式保证泵的长期稳定运行。

③ 硅片制造环节主要包括：拉单晶（单晶硅炉）、硅片切、磨、抛、外延，利用绝缘层将单晶硅薄膜与单晶硅片隔离开来（sililcon on insulator，SOI），如图 11-2 所示。

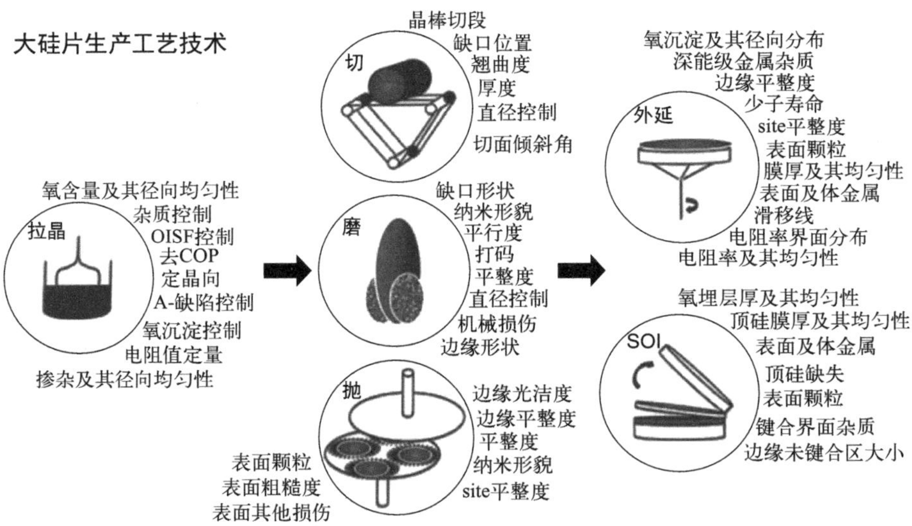

图 11-2　真空泵场景应用示意图

在硅片制造环节，真空泵遇到的工艺挑战主要是抽真空时气流中的巨量超细硅粉及氩气处理。工艺流程及产品（单晶硅棒价值很高）对真空泵的要求是可以稳定运行，便于维护保养，且维护成本可控。

④ 刻蚀工艺：半导体刻蚀工艺基本工况与 CVD（化学气相沉积）工艺类似，但工艺反应相较 CVD 略轻，对泵的要求以粉尘为主要考量因素，因工艺气体比较单一，无剧烈化学反应，所以工艺气体为次要因素。真空泵的防腐防尘主要靠抽气工艺来调整和解决，

比如采用控制泵腔内温度和降低粉尘浓度来防腐及防尘。另外，在泵抽含粉尘气体时，用干燥气体吹轴封处（使轴封与轴之间产生间隙减少摩擦），使其形成气体密封保护。

⑤ 光刻环节：光刻的主要作用是将掩模版上的芯片电路图转移到硅片上，是 IC 制造的核心环节，也是整个 IC 制造中最复杂、最关键的工艺步骤。耗费时间约占整个硅片工艺的 40%～60%，成本极高，约占整个硅片制造工艺的 1/3，如图 11-3 所示。

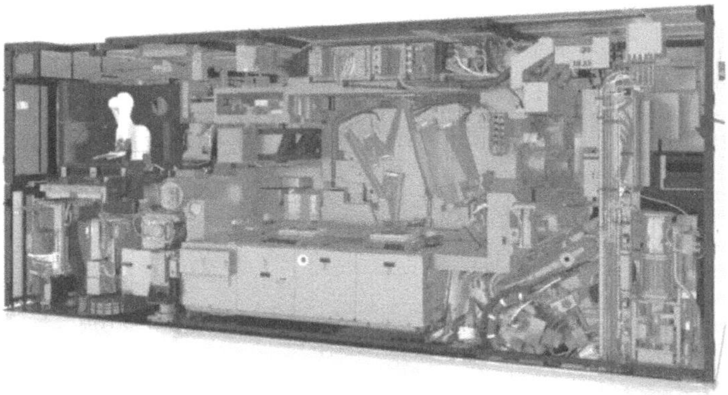

图 11-3　半导体光刻示意图

光刻工艺要经历硅片表面清洗烘干、涂底、旋涂胶、软烘、对准曝光、后烘、显影、硬烘、刻蚀、检测等工序。其中 DUV（深紫外）/EUV（极紫外）设备则是光刻工艺的核心设备，也是所有半导体制造设备中技术含量最高的设备，集合了数学、光学、流体力学、高分子物理与化学、表面物理与化学、精密仪器、机械、自动化、软件、图像识别领域等多项顶尖技术。其工作原理如图 11-4 所示。这个过程中紫外光极易被介质吸收，在空气中容易损耗，只有真空才能最大程度保证光源能量不被损失。真空环境可以减少空气流动波和空气折射率引入的测量差。对于 EUV 设备来说，更是需要使用精密反射光学器件和整个光束路径的真空密封。在 EUV 设备工作过程中，需要使大量的氢气作为气氛气体，以防止锡氧化。同时，氢气也可以防止颗粒污染物沉积在反射透镜的表面上，确保关

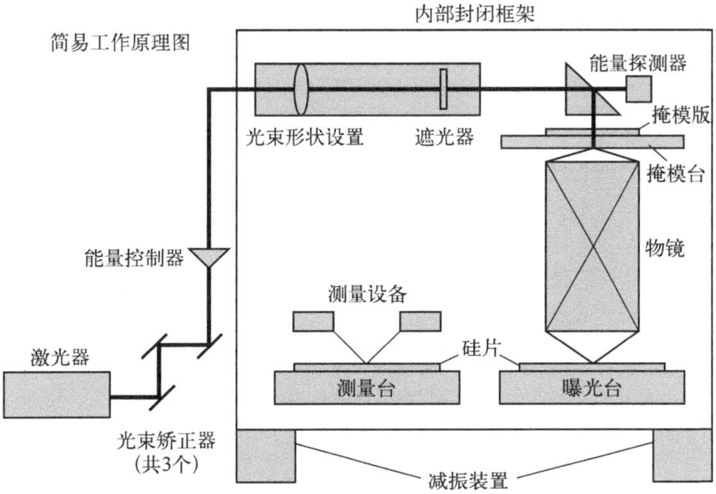

图 11-4　半导体光刻工作原理图

键光学器件不受污染。由于氢气在空气中易燃，因此引起了人们对安全和环境的高度关注。因此，EUV 真空系统中不仅有专为 EUV 工艺设计的真空泵，还需要装配氢气回收系统（HRS），以回收和再利用大部分（至少 70%）的氢气，减少 EUV 设备运作时的能源消耗。

11.1.1.2 在显示面板行业

显示面板制造工艺与半导体类似，如图 11-5 所示。也有 PVD（物理气相沉积）与 CVD、光刻等制造工艺，在具体工艺过程中仍需要真空环境，以确保产品质量和性能要求。两者不同点在于应用于显示平面显示的设备比较大，泵的型号相较半导体行业大很多。

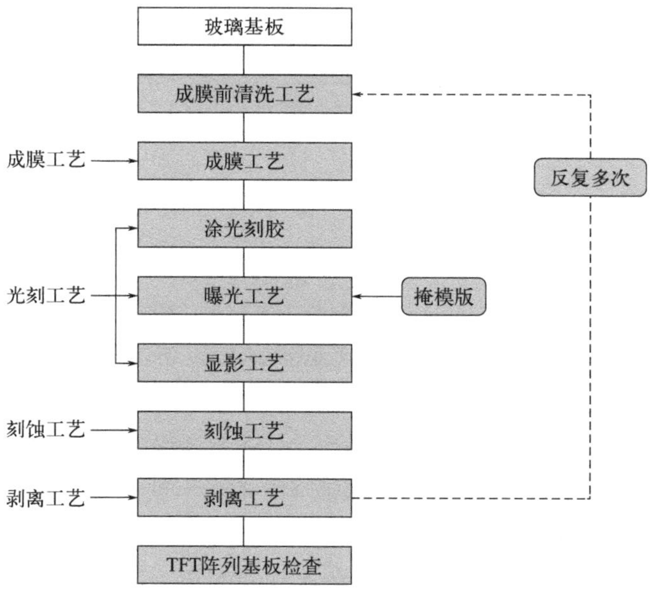

图 11-5 显示面板制造工艺图

11.1.2 新能源行业

11.1.2.1 在太阳能光伏面板行业

太阳能光伏行业的生产工艺链条较长，其中很多工艺需要应用到真空技术。图 11-6 所示为光伏组件的制造工艺流程。太阳能光伏电池片制备按工艺路线来讲分晶硅及薄膜两种，晶硅电池片以单晶硅为基底，薄膜电池片是以玻璃为基底，其制备工艺基本为 CVD、PVD 工艺或两种工艺结合。光伏晶体硅片的制备与半导体单晶制备类似，但纯度要求略低。制备工艺与真空技术密不可分，单晶硅多晶硅烧结过程中，真空环境可防止杂质污染，和其他气体的反应，提高拉晶纯度。

在晶硅片制备中，真空泵面临的工艺挑战为大量硅粉及氩气，同时太阳能光伏行业所用的真空泵在满足性能前提之下，成本更具考量因素。

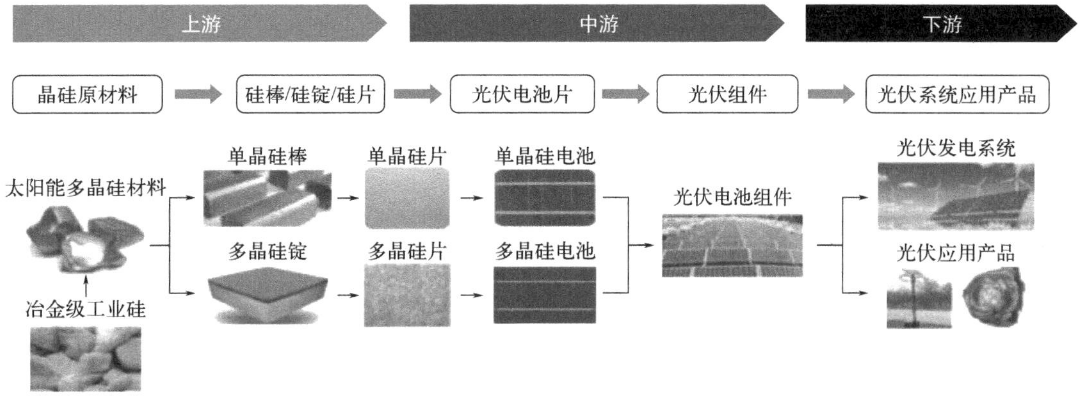

图 11-6　光伏组件制造工艺流程图

11.1.2.2　在锂电行业应用

锂电池制造领域，离不开真空技术，真空系统及真空泵的性能对锂电池的寿命和性能产生重要影响。锂电池的生产工艺根据制造先后顺序，可以分为前段、中段、后段三个环节。主要涵盖电极制作阶段（前段）、电芯合成阶段（中段），以及封装的包装检测阶段（后段）。

制造工艺的前段为电池正负极制造过程，包含搅拌、涂布、辊压、分切、制片、模切等工序，其中核心环节是用涂布机将搅拌后的浆料均匀涂覆在金属箔片上，并烘干制成正、负极片。在搅拌及合浆工艺中需要抽真空，消除浆料中的空气，保证浆料均匀，避免涂覆时产生气泡，影响涂布效果。

中段为电池主体制作过程，包含叠片/卷绕、入壳、焊接、干燥、注液等工序。为了除去电芯在前段生产工序中残存的溶剂和湿气，实现最低含水量指标，必须对电芯进行真空干燥处理。另外，在激光焊接完后，为了检测电池的气密性，也需要获取真空，通过保压后检测气压压降，来判断是否漏气。

后段为电池检测组装环节，包含化成、分容检测、Pack 成组等工序。负压化成时，锂电池在化成过程中会产生大量气体，需要对电池进行抽真空，减少析锂的可能性。

11.1.3　化工行业应用

真空设备在化工行业的主要应用包括减压蒸馏、真空干燥、真空浓缩、真空输送、真空过滤、惰性化和真空除臭等。这些应用利用了真空环境的特点，如降低沸点、加速挥发、防止氧化等，以提高生产效率和产品质量。

在具体应用方面，真空设备在化工行业中有着广泛的应用实例。例如，干式罗茨真空泵组被用于苯乙烯抽除装置的改造，提高了系统真空度和生产效率，同时降低了能耗和物料损耗。此外，干式真空泵系统在制药和化工产品生产中解决了废气和污染油的问题，满足了高真空度的要求，推动了新药品的生产。真空设备在化工行业中的应用优势显著。首先，真空设备可以降低生产过程中的温度，减少热量传递，使得温度控制更加精准。其次，通过创造低压或无氧环境，可以有效防止氧化反应，提高反应选择性和产率。最后，真空设备还可以减少热量传递，提高能量转换效率和稳定性，从而降低生产成本，提高产品质量。

11.1.3.1 减压蒸馏

真空设备在减压蒸馏中的应用主要是通过降低蒸馏塔内的压力，使高沸点物质能够在较低温度下蒸馏，同时避免物质受热分解、氧化或聚合。减压蒸馏的核心设备是减压塔和它的抽真空系统，通过抽真空设备将塔内产生的不凝气和水蒸气连续抽出，以保证减压塔的真空度要求。在减压蒸馏过程中，真空设备的作用至关重要。它通过降低蒸馏塔内的压力，使被蒸馏的原料油沸点范围降低，从而能够提取更多的轻质组分。此外，真空设备还能防止高沸点物质在常压蒸馏时未达到沸点就已受热分解、氧化或聚合，保证馏出的产品质量。不同类型的真空设备在减压蒸馏中有不同的应用。常用的真空设备包括蒸汽喷射器和机械真空泵。蒸汽喷射器将蒸汽的势能转变为动能，并进行能量交换，最终达到抽真空的目的。机械真空泵则通过旋转叶片或转子，将气体压缩并排出，常用于干式减压蒸馏和小型炼油厂的减压蒸馏装置上。具体来说，罗茨真空泵和双级水环真空泵组成的真空机组在石油减压蒸馏装置上应用广泛。罗茨真空泵作为主抽泵，具有不怕油污染、不怕水气及微尘等优点，而双级水环真空泵则具有较高的极限真空度和在较高真空度工况下抽速大的优点。这种组合不仅提高了原油的拔出率，还消除了水污染源，具有较高的经济效益和社会效益，如图 11-7 所示。

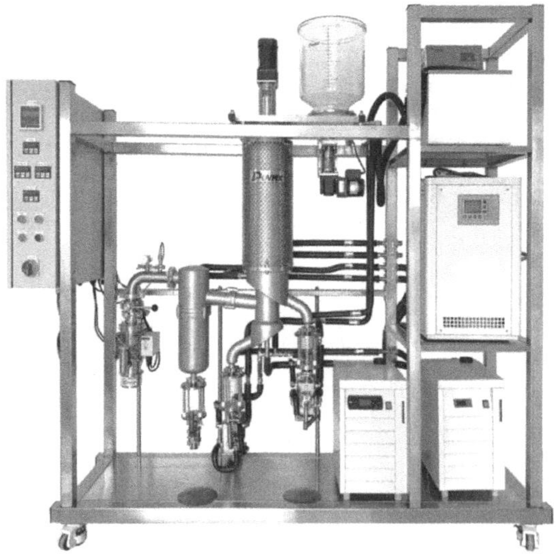

图 11-7　真空系统在减压蒸馏中应用

11.1.3.2 真空干燥应用

真空干燥技术是一种在真空条件下对物料进行加热干燥的方法，适用于高附加值、热敏性的物料。这种方法通过在密闭容器中抽去空气，减压进行干燥，能够在低温环境下进行，避免高温对物料中功效成分的破坏。真空干燥技术在多个领域有广泛应用。在制药行业，真空干燥箱用于药品的低温干燥，确保药品的稳定性和质量。在食品加工中，真空干燥技术用于制作即食食品和脱水蔬菜，保留食品的营养成分和口感。在生物制药领域，真空冷冻干燥机用于保存疫苗和血清等生物制品，确保其在无菌、稳定的状态下长期保存和运输。此外，真空干燥技术还应用于化工行业、医疗卫生、农业研究等领域，消毒、灭菌、烘焙粉末。其还用于电子、皮革、纺织等行业的原料干燥。真空干燥器如图 11-8 所示。

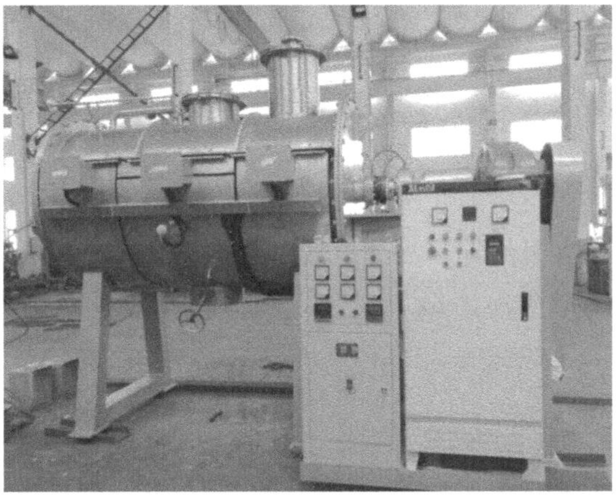

图 11-8　真空干燥器

11. 1. 3. 3　真空浓缩设备

真空浓缩设备如图 11-9 所示，主要有以下几种：

图 11-9　真空浓缩设备

① 降膜式浓缩设备：物料循环时间短，物料受热时间仅 2min 左右，故适合于热敏性物料的浓缩。其传热系数、能耗与升膜式相近。有时液膜形成不均匀，物料易焦化、结垢。

② 双效升（降）膜式浓缩设备：该设备的结构及工作原理与单效膜式浓缩设备相似，主要是增加了一台热泵，并增加了二效加热器、二效分离器等。主要是由于二次蒸汽能够加以利用，降低了能耗，生产能力大。但设备结构趋于复杂，给操作和管理带来较高要求。

③ 间歇式单效盘管式真空浓缩锅：该设备主要由盘管式加热器、蒸发室、冷凝器、抽真空装置、雾沫分离器、进出料阀及各种控制仪表所组成。该设备结构简单、制造方便、操作稳定、易于控制。

④ 单效升膜式浓缩设备：该设备为自然循环的长管型液膜式蒸发器，主要由加热器、分离器、雾沫捕集器、水力喷射泵、循环管等组成。

该设备工作时，液料自加热器底部进入加热管，液位约占管长的1/5～1/4，蒸汽在管外加热，使料液沸腾，迅速气化，蒸汽高速在管内上升，将物料挤向管壁，二次蒸汽在管内由下而上逐渐增多，使物料不断形成薄膜，在二次蒸汽的诱导及分离器高真空的吸力下，被浓缩的物料及二次蒸汽以较快的速度沿切线方向进入分离器。在分离器离心力作用下，物料沿其周壁高速旋转，并均匀分布于周壁及锥底上，物料液表面积增大，加速了水分的进一步气化。二次蒸汽及其夹带的物料液滴、经雾沫分离器进一步分离后，二次蒸汽导入水力喷射泵冷凝，分离得到的浓缩液沿循环管下降，回到加热器底部，与新加入的料液自行混合，再进入加热管浓缩。几分钟后，料液浓度即可达到要求。其中一部分浓缩液可在循环管底部连续抽出，一部分回到加热器。

11.1.4 航天领域应用

真空设备主要应用在航天领域的推进系统、舱内环境控制、实验室设备和航空发动机试验等几个方面。这些应用不仅确保了航天器的正常运行，还提高了科研活动的效率。

① 在推进系统中，真空泵用于产生真空环境，确保推进系统的高效运行。推进系统需要在真空环境中工作，以提供足够的推力和速度，使航天器能够进入轨道并执行各项任务。真空泵通过排空推进系统中的气体，创造出真空环境，保障了推进系统的高效运行。真空设备在航天推进系统中发挥着至关重要的作用，确保了航天器的安全、效率和可靠性，具体应用如图11-10所示。

② 舱内环境控制方面，真空设备用于保持航空器和航天器的舱内气压和气体组成的稳定，确保航天员的生存和工作环境的稳定。通过控制气压和气体组成，真空设备维持了舱内环境的稳定性，保障了航天员的安全和舒适。

③ 在实验室设备和航空发动机试验中，真空设备同样发挥着重要作用。在研发和试验过程中，真空设备用于模拟太空环境，测试航天器的性能。此外，真空设备还用于产生高真空环境，模拟发动机在高空飞行时的工作环境，进行各项性能测试和调试，确保航空发动机的稳定性和可靠性。

④ 技术创新方面，真空装备团队通过技术创新，突破了宽温区高精度控温和智能化测控等关键技术，形成了大型智能化真空装备研制技术体系。这些技术的突破，不仅提升了真空装备的技术水平，还提高了其在市场中的竞争力。

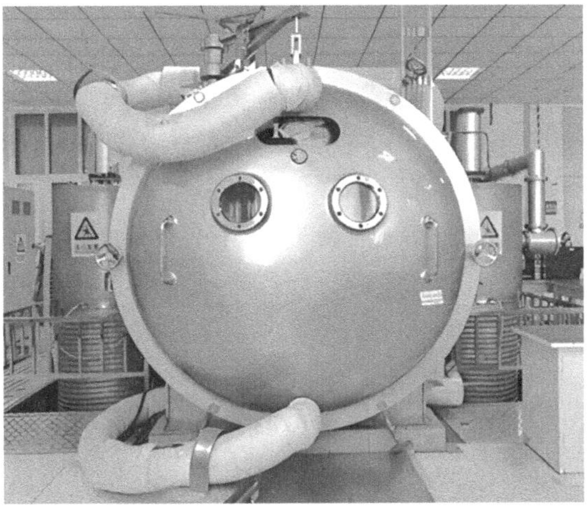

图 11-10　航天真空热平衡实验

11.1.5　集成部件使用

真空泵还可以被集成到大型设备上使用，比如在真空镀膜机中集成使用。在 IC 行业中对那些需要在较高真空度下进行镀膜的工件进行镀膜处理，以提高其性能或使其美观。常见的真空镀膜机包括磁控溅射镀膜机、光学镀膜机、离子镀膜设备等，如图 11-11 所示。

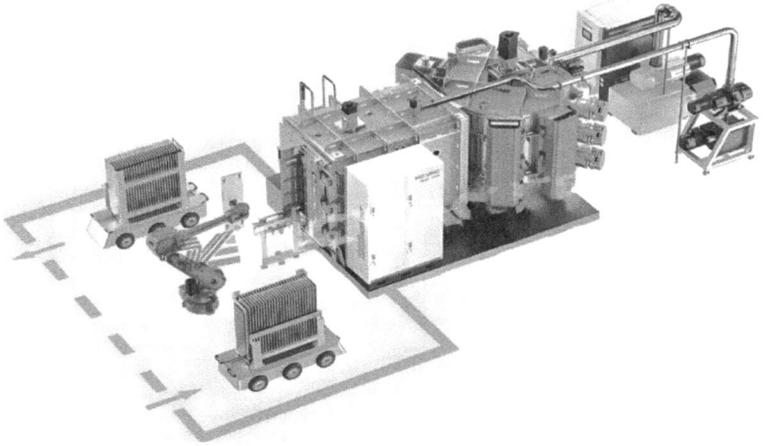

图 11-11　真空镀膜机应用图

这些设备可以用于镀钛、镀金、镀银等多种金属和非金属材料的镀膜，广泛应用于半导体、光电、机械加工等行业。真空镀膜主要实现原理有蒸发和溅射两种，如图 11-12 所示。真空镀膜机的工作过程主要包括以下几个核心步骤：

① 真空环境的创建：在真空室内创建一个高度控制的真空环境，通常通过使用机械

泵、分子泵等设备排出空气，以达到低于一个大气压的气体环境，减少空气中杂质对镀膜过程的干扰。真空度根据需要可以分为低真空、中真空、高真空和超高真空，通过使用不同的真空泵（如机械泵、分子泵等）来实现。真空度的测量通常采用压力计进行。

② 镀膜过程：在真空环境下，通过物理或化学手段，将膜材蒸发或分解成气相原子或分子，这些原子或分子在真空中飞行，并沉积在基材表面形成薄膜。常见的镀膜方式包括蒸发镀膜和溅射镀膜等。蒸发镀膜一般是加热靶材使表面组分以原子团或离子形式被蒸发出来，沉积在基材表面形成薄膜；溅射镀膜则是利用电子或高能激光轰击靶材，使表面组分以原子团或离子形式被溅射出来，最终沉积在基材表面。

③ 膜层生长：膜层的生长过程通常包括成核、岛状生长、连片和层状生长等阶段。成核是初始阶段，原子或分子在基底表面聚集形成小岛；随着时间的推移，这些小岛逐渐连成片，最终形成连续的薄膜。生长机制受材料性质、基材表面状态、沉积温度和沉积速率等因素的影响。膜层的生长不仅受到镀膜材料的物理性质影响，还受到基材表面的动力学和热力学条件的制约。薄膜的基本性质包括厚度、均匀性、附着力、硬度、光学性质和电学性质等。

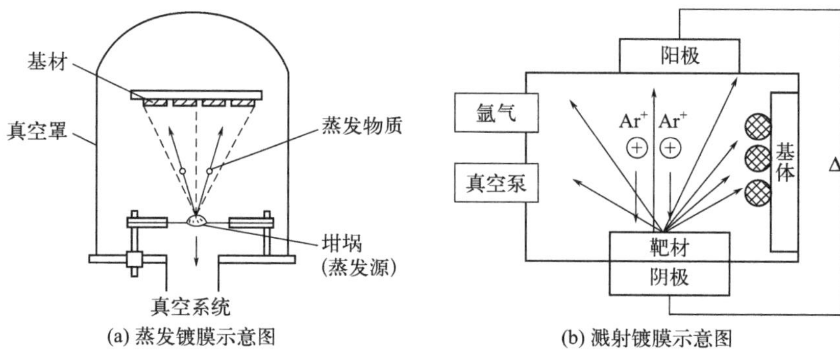

图 11-12　真空镀膜

按照上述核心步骤我们可以采用图 11-13 的设计思路来设计镀膜系统。

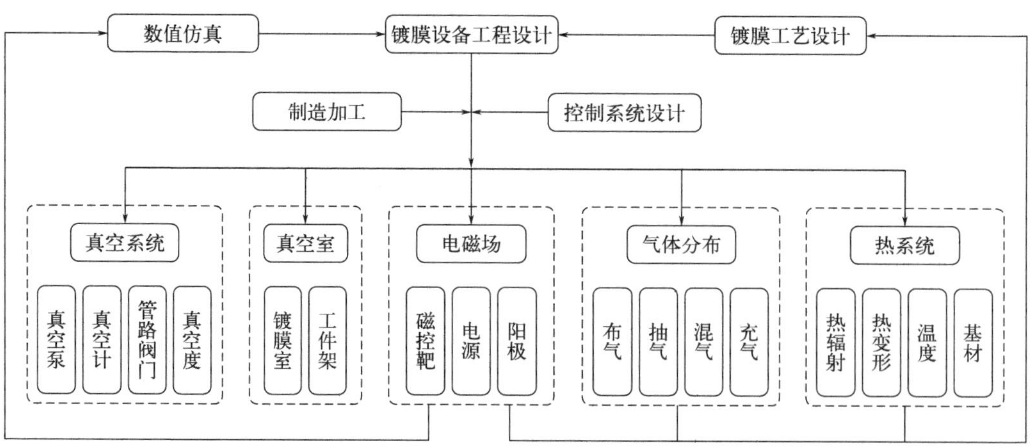

图 11-13　真空镀膜系统设计

11.2 真空设备发展展望

近年来，随着科技的快速发展，真空技术在工业和科研中的应用越来越广泛。中国在真空获得设备领域取得了显著进步，但与国际先进水平相比，仍存在一些差距。在技术创新方面，国外在高端真空技术方面具有明显的创新优势。欧美和日本等国家和地区拥有悠久的研发历史，在高精度真空泵、超高真空系统等领域积累了丰富的经验。相比之下，国内在这些高端领域的自主创新能力还有待增强。虽然近年来国内企业在中低端市场上取得了一定成就，但在高端产品的研发和技术突破上仍需加大力度。在制造精度方面，高端真空设备对制造精度和材料要求极高。国外企业通常在制造工艺和质量控制上具有更成熟的技术和经验，能够生产出更高精度的设备。中国企业在这方面需要进一步提高制造水平，通过引进先进技术和培养高端人才来缩小差距。在材料科学方面，真空设备的性能很大程度上依赖于核心部件的材料质量。国外在新材料的研发和应用上相对领先，能够提供更耐用、更可靠的材料选择。国内在材料科学方面需要加强研发力度，以开发出适用于高性能真空设备的新型材料。在研发投入方面，国外企业通常具有较高的研发投入比例，这使得它们能够持续进行技术创新并保持市场领先。在研发投入方面，国内在这一领域需要增加研发投资，支持企业进行技术研发和产品升级，以实现技术赶超。同时随着科技的不断进步和市场需求的变化，真空设备的未来发展将呈现出多样化的趋势。

（1）更高的真空性能

未来真空设备的发展将致力于实现更高的真空度。在半导体制造和尖端材料研究中，高真空环境是必不可少的。为了满足这一需求，研发人员将探索新型材料和创新技术的应用。例如，分子泵和涡轮分子泵等新型设备将被广泛应用，以实现更低的压力和更高的抽气速度。这些泵的设计将结合先进的气动技术和优化的机械结构，以确保在极端条件下的高效运行。此外，真空设备的热管理和气体泄漏控制技术也将得到进一步优化。温度控制技术的进步将使设备在高真空环境中保持稳定，而气体泄漏检测技术的提高将确保设备在运行过程中的真空完整性。这些技术的结合将使得真空设备在高要求的应用中更加可靠。

（2）智能化与自动化

随着物联网（IoT）和人工智能（AI）技术的迅猛发展，真空设备将越来越智能化。传统的设备操作往往需要人工干预，而未来的真空系统将具备自我诊断和故障预测的能力。这意味着设备可以实时监测其运行状态，并在故障发生前自动发出警报，降低停机时间和维护成本。同时，远程监控技术的应用将使操作人员能够随时随地对设备进行管理，提升生产效率。在自动化方面，未来的真空设备将集成更多自主控制的功能，如自动调节抽气速度、自动清洗和保养等。这将减少人工操作的需要，提高生产线的自动化程度。例如，自动化的真空包装系统在食品行业中将大幅提高生产效率，并降低人为操作带来的风险。在科研领域，自动化的样品处理和分析将使研究人员能够更专注于数据分析和结果判断，提高科研效率。

此外，人工智能算法的引入将推动设备的自适应能力，使其能够根据实时数据调整运行参数，以优化性能和降低能耗。这种智能化的趋势将使设备的使用更加灵活和高效。智能化设备的另一个重要特点是数据分析能力。通过收集和分析历史运行数据，设备可以预测潜在故障，进行预防性维护。这种预防性维护将显著减少停机时间，提高生产连续性。此外，智能设备还可以通过云平台进行远程监控和维护，用户可以在任何地方对设备进行管理。这种便利性将大大提升生产线的灵活性和响应速度，特别是在快速变化的市场环境中。

随着 5G 及 5G-A 技术的普及，设备之间的通信将更加迅速和可靠，实时传输数据的能力将进一步增强。这将使得真空设备不仅能自主运行，还能与其他生产设备实现无缝连接，形成更为智能的生产系统。

（3）节能与环保

在全球对可持续发展要求日益增强的背景下，真空设备的设计和运行将更加注重节能和环保。未来的设备将采用新型泵浦技术，以降低能耗，同时，新材料的应用将使设备在运行过程中减少废气和噪声的排放。例如，采用高效能的电动真空泵或涡轮泵将大幅降低能耗。这不仅有助于降低企业的运营成本，也符合全球环境保护的趋势。此外，开发可再生能源驱动的真空设备也是未来的发展方向之一，以促进绿色制造。在这一点上，电池供电或太阳能供电的真空设备将逐步进入市场，尤其在偏远地区或缺乏电力基础设施的场合，其应用潜力巨大。通过这种方式，真空设备能够在更广泛的环境中使用，推动可持续发展的目标。

（4）多功能化

随着科技的进步，未来的真空设备将不仅限于单一功能，而是向多功能化发展。集成气体分析、材料处理和表面改性等功能的真空设备将为用户提供更高的灵活性。例如，在材料科学领域，真空设备可以同时进行薄膜沉积、气体分析和样品处理，极大地提高了实验效率和数据的可靠性。这种多功能化不仅能节省空间和成本，也为科研和生产提供了更多的可能性。

此外，真空设备的多功能化还将体现在不同应用领域的整合上。例如，真空设备与 3D 打印技术的结合，将为新材料的快速开发和应用提供新的机会。通过在真空环境中进行 3D 打印，可以实现更高的材料精度和更复杂的结构设计。未来的真空设备还可能与生物技术相结合，实现生物材料的精确处理，为生物医学领域带来创新的解决方案。

（5）教育与人才培养

未来的发展离不开专业人才的支撑。随着真空技术的不断发展，对专业技术人员的需求将持续增长。加强教育和人才培养，提升从业人员的专业技能，成为行业发展的关键。通过产学研结合，培养理论扎实的科研技术专家。

（6）市场竞争与全球化

全球市场的开放带来了更大的竞争，同时也提供了更多的机遇。企业需要在技术研发、服务质量和成本控制等方面提升能力，以应对市场变化和客户需求的快速转变。跨国合作和技术交流将成为趋势，促使企业不断创新和改进产品，以保持在全球市场中的竞争优势。此外，随着新兴市场的崛起，真空设备的需求将进一步增加，为企业提供了新的增长点。

总之，未来真空设备行业将朝着高效、环保、智能的方向快速发展。在技术进步和应用扩展的驱动下，真空设备将在更多领域中发挥关键作用，为工业、医疗、食品和其他行业提供重要支持。这一行业的未来充满活力，其发展前景令人期待。企业需要把握机遇，积极创新，以在这一充满活力和挑战的市场中取得成功。

参考文献

[1] 钱学森. 工程控制论[M]. 戴汝为，何善堉. 译. 新世纪版. 上海：上海交通大学出版社，2007.

[2] 达道安. 真空设计手册[M]. 第 3 版. 北京：国防工业出版社，2004.

[3] 杨乃恒编. 真空获得设备[M]. 第二版. 北京：冶金工业出版社，2006.

[4] 王晓冬，巴德纯，张世伟，等. 真空技术[M]. 北京：冶金工业出版社，2006.

[5] 叶伟国，余国祥. 大学物理[M]. 北京：清华大学出版社，2012.

[6] 张以忱，黄英. 真空材料[M]. 北京：冶金工业出版，2005.

[7] 罗惕乾. 流体力学[M]. 第 4 版. 北京：机械工业出版社，2017.

[8] 韩占忠，王国玉，黄彪. 工程流体力学基础[M]. 第 3 版. 北京：北京理工大学出版社，2020.

[9] 刘玉岱. 真空测量与检漏[M]. 北京：冶金工业出版社，1992.

[10] 王祎才. 金属材料与热处理[M]. 北京：化学工业出版社出版，2016.

[11] 余欢. 铸造工艺学[M]. 北京：机械工业出版社，2018.

[12] K. H. Becker. Physics of Rarefied Gases[M]. Berlin：Springer，2015.

[13] A. S. D. S. de Almeida. Thermodynamics of Rarefied Gases[J]. Journal of Physics，2019.

[14] S. R. B. B. V. R. S. G. K. P. T.. Applications of rarefied gas dynamics[J]. Aerospace Science and Technology，2020.

[15] D. G. McCarty. Evaporation and condensation phenomena[J]. Journal of Physical Chemistry，2017.

[16] L. A. P. H. Smith. Rarefied gas dynamics：fundamentals and applications[M]. Berlin：Springer，2020.

[17] BSI. Vacuum technology - Standard methods for measuring vacuum-pump performance-Part 1：General description：ISO/FDIS 21360-1：2020[S]. BSI Standards Limited，2020.

[18] BSI. Vacuum technology - Standard methods for measuring vacuum-pump performance-Part 2：Positive displacement vacuum pumps：ISO/FDIS 21360-2：2020[S]. BSI Standards Limited，2020.

[19] 国家市场监督管理总局，国家标准化管理委员会. 真空技术 术语：GB/T 3163—2024[S]. 北京：中国标准出版社，2024.

[20] 国家质量监督检验检疫总局，中国国家标准化管理委员会. 真空技术 罗茨真空泵性能测量方法 第 1 部分：最大允许压差的测量：GB/T 25753. 1—2010[S]. 北京：中国标准出版社，2011.

[21] 国家质量监督检验检疫总局，中国国家标准化管理委员会. 真空技术 罗茨真空泵性能测量方法 第 2 部分：零流量压缩比的测量：GB/T 25753. 2—2010[S]. 北京：中国标准出版社，2011.

[22] 国家质量监督检验检疫总局，中国国家标准化管理委员会. 真空技术 罗茨真空泵性能测量方法 第 3 部分：溢流阀压差的测量：GB/T 25753. 3—2011[S]. 北京：中国标准出版社，2012.